AK Trivia Book No. 25

도해
항공모함

노가미 아키토 / 사카모토 마사유키 | 지음

AK TRIVIA BOOK

■ 실루엣으로 살펴보는 항모 건조의 역사 (동일 축척)

아거스 – HMS Argus
(영국 : 1918)

호쇼 – 鳳翔
(일본 : 1922)

아카기 – 赤城
(일본 : 1927)

엔터프라이즈 – USS Enterprise
(미국 : 1938)

쇼가쿠 – 翔鶴
(일본 : 1941)

에식스 – USS Essex
(미국 : 1942)

(6쪽에 계속)

「함재기 파일럿」이라고 하는 단어에는 다른 어느 것과도 비교하기 어려운 매력이 담겨 있습니다. 저 높은 창공을 마음껏 날아다니는 파일럿의 모습과 대해원을 누비고 다니는 바다 사나이라는 모습이 동시에 겹쳐져 보이기 때문이지요. 하늘과 바다라고 하는 두 개의 거대한 세계에 걸쳐서 군림할 것을 허락받은 특별한 존재, 그것이 바로 함재기 파일럿인 것입니다.

20세기 최대의 발명품이라고도 할 수 있는 항공기의 등장은 그저 새로운 교통수단의 등장이라는 것에서 그치지 않고 군사적인 면에서도 엄청난 혁신을 일으켰습니다. 이러한 항공기를 해상에서 운용하기 위해 항공모함이 탄생한 것은 불과 100년 전의 일이었습니다.

그리고 지금으로부터 약 70여 년 전, 일본의 해군 기동부대가 진주만을 기습하면서 보인 활약은 전 세계를 경악시켰고, 이를 계기로 그때까지 군사적 힘의 상징이었던 거대 전함은 과거의 유물로 전락하는 신세가 되고 말았습니다. 이후 제2차 세계 대전을 거쳐 오늘날에 이르기까지 항공모함이라고 하는 새로운 종류의 함선은 세계의 군사력을 상징하는 '슈퍼 파워'로서 군림하고 있지요.

현대의 국제 사회에 있어서도 거대한 항모의 존재는 매우 특별한 의미를 지니고 있습니다. 최근 약 20년 정도의 기간을 살펴보더라도, 페르시아 만, 아프가니스탄, 그리고 이라크 등, 세계사에 기록될 굵직한 규모의 전장에는 언제나 미국의 슈퍼캐리어(Supercarrier)가 그 모습을 드러냈었습니다. 「항모(항모 전단)가 파견되었다」고 하는 뉴스는, 해당 지역에 국제적으로 큰 사건이 발생했다는 것을 시사하며, 사람들에게 그 사실을 강하게 실감하게끔 해주는 것이었습니다.

일본인들에게 있어서도 항모라고 하는 것은 상당히 특별한 의미를 갖는 존재입니다. 항모라는 무기체계의 위력에 일찍 눈을 뜨고, 그 진가를 결정적인 것으로까지 키워낸 것은 다름 아닌 일본이기 때문이지요. 또한 현대의 세계 질서를 유지함에 있어, 그 한 축을 담당하는 미국의 슈퍼캐리어가 미국 내를 제외하고 유일하게 모항으로 삼고 있는 타국의 항구가 일본의 요코스카(橫須賀)라는 점을 생각한다면 더더욱 그러하다 할 수 있을 것입니다. 어쩌면 그 압도적일 정도로 웅장한 자태를 바로 눈앞에서 보고 감명을 받은 사람이 있을지도 모르는 일이지요.

항모는 군사 기술이라는 이름의 범주에 속하는 수많은 것들이 집약되어 있는 존재입니다. 하지만 이와 동시에 이러한 것들을 조종하고 관리, 운용하기 위해 매일같이 훈련을 쌓고 있는 파일럿이나 기타 승무원들의 절제되어 보이면서도 한편으론 사람 냄새가 나는 생활과 만날 수 있는 곳이기도 합니다. 이러한 항모라는 존재가 지니고 있는 매력과 재미를 그중의 극히 일부분이라도 이 책을 읽고 계신 독자 여러분들에게 전해드릴 수 있다면 그보다 더한 기쁨은 없을 것입니다.

저자

목차

미드웨이 – USS Midway
(미국 : 1945)

엔터프라이즈 – USS Enterprise
(미국 : 1961)

니미츠 – USS Nimitz
(미국 : 1975)

인빈시블 – HMS Invincible
(영국 : 1980)

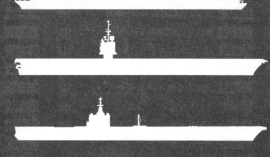

샤를 드 골 – Le Charles de Gaulle
(프랑스 : 2001)

휴우가 – ひゅうが
(일본 : 2009)

라오닝 – 遼寧
(중국 : 2012)

제럴드 R 포드 – USS Gerald R. Ford
(미국 : 2016 예정)

제1장
항모 발달의 역사와 항모의 종류

항모의 정의란?

20세기 초두에 항공기를 탑재하고 운용하기 위한 군함으로서 등장한 항모. 하지만 '항모'라 불리기 위해서는 몇 가지의 조건을 만족시켜야만 한다.

●항공기가 이착함할 수 있는 군함

우리가 흔히 부르는 항모. 그 정식 명칭은 항공모함으로 영어로는 Aircraft Carrier라 불리는 군함이며 **함종 기호**로는 CV라 표기된다. 항공기를 탑재하고 운용하며 주된 무기로 삼고 있는 것이 특징이다.

항모는 군함들 중에서도 비교적 역사가 짧은 함종이다. 영국이 건조 중이던 고속 여객선을 개조한 「아거스(HMS Argus)」가 세계 최초의 항모로서 취역한 것이 1918년의 일이므로 그 역사는 100년이 채 되지 않는다. 사실 그 항공기라는 것도 라이트 형제가 첫 비행에 성공한 1903년을 기원으로 하는 것을 생각해보면 그로부터 불과 15년 만에 '항공모함'이라고 하는 신세대의 함종이 탄생한 셈이다. 이후, 항모는 그 주된 무기인 항공기와 함께 진화의 길을 걸어왔으며, 오늘날까지도 눈부신 발전을 거듭하고 있다. 제2차 세계 대전기에 전함을 해양 전력의 주력이라는 왕좌에서 밀어낸 이래, 현대에 이르기까지 절대적인 군사력의 상징으로서 전 세계에 군림하고 있는 것이다.

하지만 항공기를 적재하고 있는 군함이라고 해서, 그것들을 전부 '항모'라 부를 수는 없는 일. 항모의 정의에는 단순히 항공기를 적재하고 있다는 것 이외에도 세 가지의 조건이 추가로 붙는다. 우선 첫 번째는 항공기가 활주할 수 있을 만한 길이의 비행갑판을 갖추고 있을 것, 두 번째는 활주로에서 이륙하는 보통의 항공기(고정익기)를 비행갑판을 이용해 이함시킬 수 있는가, 그리고 마지막 세 번째는 그런 보통의 항공기를 비행갑판에 착륙시킬 수 있는가 하는 것으로, 이 중 어느 하나라도 갖추지 못했을 경우는 항모라 부를 수 없다.

제2차 세계 대전 당시의 일부 전함이나 순양함처럼 수상기를 화약식 캐터펄트를 이용해 사출시킬 수 있는 군함도 있지만, 이 경우는 비행갑판이 없고, 함상에 착함시킬 수도 없기에 항모에 해당되지 않는다. 또한 전후에 보급된 회전익기(헬리콥터)를 운용할 수 있는 군함이 현재 다수 존재하기는 하나, 이 역시 헬기 탑재함 또는 헬기 항모란 이름으로 별도 분류되고 있다. 보통의 항공기를 함상의 비행갑판에서 이함 및 착함시킬 수 있는 함정. 이것이 바로 항모라 불릴 수 있는 조건이며 그 정의인 것이다.

항모란 항공기를 주된 무장으로서 운용하는 군함이다

항모

- ●항공기가 주된 무기
대형 함선에 항공기를 탑재하여 운용하며, 항공기가 지닌 전투력을 주된 전력으로 삼아 멀리 떨어진 상대를 공격한다.

전함 · 순양함 등

- ●함포가 주된 무기
대구경의 함포를 최대의 무기로 삼는 대형 함선. 최근에는 미사일 등을 주 무장으로 하는 경우도 많다.

구축함, 어뢰정, 미사일정 등

- ●어뢰나 미사일이 주 무장
비교적 소형의 함선으로, 탑재하고 있는 어뢰나 미사일을 주된 무기로 공격을 가함. 속도나 기동성을 장점으로 삼는다.

항모라고 불리기 위한 조건은?

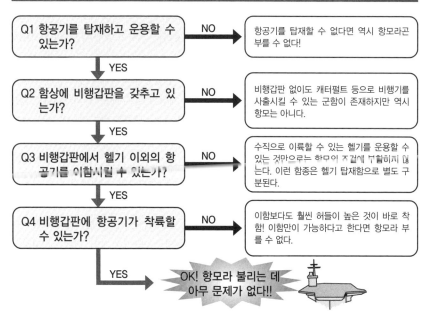

용어해설
●함종 기호 → 해군에서 군함의 종류에 따라 부여하는 알파벳 2~4문자 기호. 특히 미 해군에서 사용되고 있는 기호가 세계 표준으로 쓰이고 있다. 항모의 함종 기호는 CV이며 그 외에 전함의 경우는 BB, 중순양함은 CA, 경순양함이 CL, 구축함이 DD, 잠수함에는 SS라는 기호가 붙는다.

항모의 원조는? 탄생에 이르기까지의 역사

20세기 초반, 항공기의 발명이 있은 뒤, 얼마 되지 않아서 군함에서 항공기를 운용하려는 움직임이 시작되었다. 그리고 이러한 움직임은 결국 항모라는 새로운 함종을 탄생시켰다.

● 수상기 모함에서 시작하여 마침내 항모가 탄생!

1903년에 탄생한 이래, 전장을 뒤바꿀 신무기로서 순식간에 눈부신 발전을 한 항공기. 당연하게도 해군 또한 항공기에 많은 관심을 가졌으며, 1910년에는 임시 활주로를 가설한 경순양함 「버밍엄(USS Birmingham)」에서 미국의 비행가 유진 일리(Eugene Burton Ely)가 탑승한 커티스 육상 복엽기를 이함시키는 데 성공하였다.

한편으로 플로트를 장착한 **수상기**를 이용한 실험도 진행되었는데, 1911년에는 글렌 커티스(Glenn Hammond Curtiss)가 시험 제작한 수상기가 군함 옆의 해면에 착수하는 데 성공하였다. 하지만 여기에 그치지 않고 데릭(derrick : 크레인의 일종. 선박에 설치되어 화물의 하역 등에 사용)으로 함상에 끌어올려졌다가 다시 내려져서는 이수하는 데에도 성공하였다.

나중에 항모로 이어지는 함선이라면 수상기를 운용하는 수상기 모함이 그 원조. 1912년 프랑스 해군이 수상기를 탑재시키기 위하여 어뢰정 모함인 「푸드르(Foudre)」를 개조한 것이 그 시작으로, 그 뒤를 이어 일본, 영국, 미국 등의 열강들도 차례차례 수상기 모함을 취역시켰다. 1913년에 수송함에서 수상기 모함으로 개장된 일본 해군의 「와카미야(若宮)」의 경우, 4기의 모리스 파르망(Maurice Farman) MF.11 수상기를 탑재했는데, 이듬해인 1914년 제1차 세계 대전이 발발하자 칭다오(青島) 공략전에 참가하여, 수상기 모함의 실전 참가 세계 최초 기록을 남기기도 하였다. 당시까지는 데릭 크레인으로 기체를 수상에 내려 놓아 이륙시키는 방식이었으나, 이후 화약식 캐터펄트를 장비하여, 함상에서 직접 사출시키는 방식의 수상기 모함도 등장했다.

하지만 이런 움직임과 동시에, **육상기**를 군함에 탑재, 운용하려는 시도 또한 지속적으로 이뤄지고 있었다. 당시 이러한 개발을 선도하고 있었던 것은 영국 해군으로, 1917년에는 실험적으로 육상기를 탑재한 경순양함 「야머스(HMS Yarmouth)」가 실전에 참가하여 독일군의 비행선을 격추시키는 전과를 올리기도 하였다. 하지만 전투를 마친 뒤에는 기체를 해면에 불시착시킨 뒤 승무원만을 회수하는 것이 고작이었다. 이후 영국 해군은 해당 전투를 계기로 삼아 다수의 대형 함정에 항공기를 탑재하여 여러 성과들을 거뒀으나, 탑재기는 여전히 '1회용' 취급이었다.

그리고 1917년, 영국 해군은 미완성인 순양함 「퓨리어스(HMS Furious)」를 개조하여 격납고와 엘리베이터, 비행갑판을 설치하였다. 새로운 항공기 운용함의 탄생이었던 것이다.

항모에 앞서 등장한 수상기 모함

수상기 모함 「와카미야」

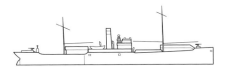

기준배수량 : 5,180t
전장 : 111.25m
탑재기 수 : 4기
최대 속력 : 10노트

실전에 참가한 최초의 수상기 모함.

화약식 캐터펄트에 올려진 수상기
(1930년 이후)

70마력 엔진

복엽식 주익

착륙용 바퀴
대신 플로트

와카미야에 탑재되었던
모리스 파르망 MF.11 수상기

열강 해군들이 경쟁적으로 시도했던 육상기의 함재 실험

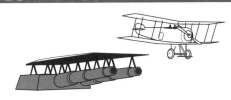

● 군함에서 육상기를 이함시키는 실험
일본의 전함 「야마시로(山城)」의 포탑에 설치된 활주로에서 이함시키는 실험. 해면 아슬아슬한 높이까지 추락했으나 간신히 기수를 상승시키는 데 성공했다.

「퓨리어스」(제2차 개장 당시)

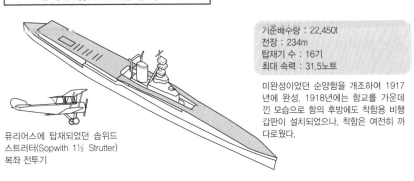

퓨리어스에 탑재되었던 솝위드
스트러터(Sopwith 1½ Strutter)
복좌 전투기

기준배수량 : 22,450t
전장 : 234m
탑재기 수 : 16기
최대 속력 : 31.5노트

미완성이었던 순양함을 개조하여 1917년에 완성. 1918년에는 함교를 가운데 낀 모습으로 함의 후방에도 착함용 비행갑판이 설치되었으나, 착함은 여전히 까다로웠다.

용어해설
● 수상기 → 플로트(Float)를 장비함으로써, 수면을 활주하여 이수(離水)하며 다시 수면에 착수할 수 있는 기능을 갖춘 항공기. 동체 자체를 배 모양으로 만들어 물에 뜰 수 있게 만든 비행정도 수상기의 일종에 속한다.
● 육상기 → 바퀴를 이용하여 지상을 활주, 이착륙하는 항공기. 수상기에 대비되는 의미로 만들어진 용어이다.

11

2차 대전 이전까지의 항모의 발달

새로운 시대의 병기로 등장하여, 3대 해군국 간의 건함 경쟁이 한창 진행 중이었던 항모. 하지만 두 차례에 걸친 군축 조약으로 제동이 걸리게 된다.

● 3대 해군국 사이에 벌어진 건함 경쟁

1917년 영국 해군은 순양함에 비행갑판을 설치한 「퓨리어스」를 탄생시켰다. 뒤이어 1918년에는 건조 중이던 고속 여객선을 개조, **전통(全通)식 평갑판**을 갖춘 「아거스(HMS Argus)」를 완성하였으며, 이것이 항공기의 착함이 가능한 세계 최초의 항모가 되었다. 하지만 여기서 그치지 않고 건조 중이던 전함을 개조한 「이글(HMS Eagle)」, 처음부터 항모로 만들 것을 전제로 설계ㆍ건조된 소형 항모 「허미즈(HMS Hermes)」등 차례차례 항모들을 취역시키고 있었다. 하지만 「허미즈」의 경우 **기공(起工)** 자체는 빨랐으나 **준공(竣工)**이 1924년으로 좀 뒤처진 탓에, (항모)전용 설계로 건조된 세계 최초의 항모의 영광은 일본의 「호쇼(鳳翔)」에게 양보할 수밖에 없었다.

1922년에 항모 「호쇼」를 탄생시킨 일본 해군도 항모의 건조에 대단히 적극적이었다. 하지만 1921~22년에 걸쳐 체결된 워싱턴 해군 군축 조약은 이러한 움직임에 제동을 걸었다. 1만 톤 이상의 항모의 경우 보유할 수 있는 함선의 합계 톤수를, 영ㆍ미ㆍ일 각각 10 : 10 : 6의 비율로 제한했던 것이다. 또한 1930년의 런던 해군 군축 조약에서는 1만 톤 이하의 항모 보유에도 제한을 두게 되었다. 그럼에도 순양 전함을 개조한 「아카기(赤城)」, 전함을 개조한 「카가(加賀)」, 그리고 실용적인 중형 항모로 건조된 「소류(蒼龍)」형, 대형 항모로 건조된 「쇼가쿠(翔鶴)」 등을 탄생시키며 항모 보유 대국으로 변모해갔다.

한편 또 하나의 해군국이었던 미국은 1921년, 석탄 운반선을 개조한 「랭글리(USS Langley, CV-1)」를 **취역**시켰다. 미 해군 또한 군축 조약의 제약에 묶여 있던 상태에서도 순양 전함을 개조한 대형 항모 「렉싱턴(USS Lexington, CV-2)」급, 소형 항모 「레인저(USS Ranger, CV-4)」, 중형 항모이면서도 탑재기의 수는 대형 항모에 맞먹는 「요크타운(USS Yorktown, CV-5)」급 등을 차례로 취역시켜나갔다.

그 외의 국가에서는 전함을 개조해서 만든 「베아른(Béarn)」을 취역시킨 프랑스 해군이 유일한 사례로, 사실상 항모의 역사는 영국, 미국, 일본이라는 3대 해군 국가 간의 건함 경쟁 속에서 만들어진 것이었다. 물론 당시의 시점에서는 거대한 함포를 무기로 하는 전함이 여전히 해군의 주력이라는 생각이 주류였다는 것 또한 사실이었다. 그러나 1939년 9월에 제2차 세계 대전이 발발한 뒤, 1941년 12월 태평양 전쟁 개전에 돌입하면서 세계는 또다시 변화를 맞이하게 되었다.

초창기부터 제2차 세계 대전기까지 일어난 항모의 진화

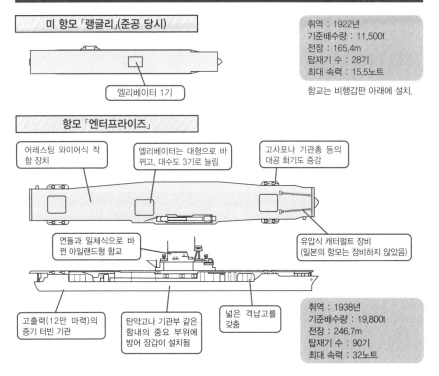

미 항모 「랭글리」(준공 당시)

엘리베이터 1기

취역 : 1922년
기준배수량 : 11,500t
전장 : 165.4m
탑재기 수 : 28기
최대 속력 : 15.5노트

함교는 비행갑판 아래에 설치.

항모 「엔터프라이즈」

어레스팅 와이어식 착함 장치

엘리베이터는 대형으로 바뀌고, 대수도 3기로 늘림

고사포나 기관총 등의 대공 화기도 증강

연돌과 일체식으로 바뀐 아일랜드형 함교

유압식 캐터펄트 장비 (일본의 항모는 장비하지 않았음)

고출력(12만 마력)의 증기 터빈 기관

탄약고나 기관부 같은 함내의 중요 부위에 방어 장갑이 설치됨

넓은 격납고를 갖춤

취역 : 1938년
기준배수량 : 19,800t
전장 : 246.7m
탑재기 수 : 90기
최대 속력 : 32노트

●1941년 12월(태평양 전쟁 개전 당시) 취역 상태에 있던 각국의 항모

국가명 / 척 수	함선명(기준배수량)
영국 / 8척	아거스(14,450t), 허미즈(10,850t), 이글(22,600t), 퓨리어스(22,450t = 두 번째 개수를 거쳐 정식 항모가 됨), 일러스트리어스(23,000t), 빅토리어스(23,000t), 포미더블(23,000t), 인드미터블(20,000t) ※커레이저스와 글로리어스는 독일군의 공격으로 침몰(각 1939, 1940년)
미국 / 8척	렉싱턴(33,000t), 사라토가(33,000t), 레인저(14,500t), 요크타운(19,800t), 엔터프라이즈(19,800t), 호넷(19,800t), 와스프(14,700t), 롱아일랜드(7,800t) ※랭글리는 수상기 모함으로 개조되면서 1937년 함종이 변경됨
일본 / 10척	호쇼(7,470t), 아카기(26,900t), 카가(26,900t), 류조(10,600t), 소류(15,900t), 히류(17,300t), 즈이호(11,200t), 쇼가쿠(25,675t), 즈이가쿠(25,675t), 타이요(17,830t)
프랑스 / 1척	베아른(22,146t)

용어해설
- **전통식 평갑판** → 함수에서 함미까지 평평하게 하나로 이어진 갑판(No.023 참조).
- **기공** → 군함의 건조가 실제로 착수된 것. 착공이라고도 한다.
- **준공** → 진수를 거쳐 의장(출항에 필요한 각종 장비를 갖춤)을 마치고 군함으로서 완성되는 것.
- **취역** → 해군에 인도되어 군적을 취득, 군의 함선으로서 임무에 들어가는 것.

항모가 주역으로 발돋움한 제2차 세계 대전

미국과 일본 간의 주된 전장이 되었던 태평양과 영국과 독일이 격돌했던 대서양. 둘 사이에는 항모의 운용 방법이나 활동 방식에 커다란 차이가 있었다.

● 거대한 국력을 지닌 미국은 항모를 대량으로 건조, 적을 압도했다

제2차 세계 대전이 시작되자, 항모는 눈부신 활약을 보이기 시작했다. 6척의 항모를 동원했던 일본군의 하와이 진주만 공습으로 그 막이 오른 태평양 전쟁에서는 전쟁 초반부터 항모의 함재기를 이용한 공격이, 이제까지 전장의 주역이었던 전함을 압도했던 것이다. 특히 미국과 일본의 항모 전단이 정면으로 격돌했던 미드웨이 해전에서는 전력의 중심이 항모와 항모의 함재기 부대로 넘어가면서, 전함이나 순양함 등은 항모의 호위 임무나 양동 작전을 펼치기 위한 별동대의 임무를 수행하는 신세가 되었다

미국과 일본 모두, 개전 이전부터 신예 항모의 건조를 진행시키고 있었다. 훨씬 앞서는 국력을 지닌 미국은 1942년 말부터 90기 이상의 탑재기 수를 자랑하는 대형 항모 「에식스(USS Essex)」급을 취역시키기 시작하였는데, 종전 시까지 취역시킨 수는 무려 17척에 이르렀다. 하지만 이에 그치지 않고 경순양함을 개조하여 체급이 작은 경항모 「인디펜던스(USS Independence)」급 또한 9척 취역시키는 위업을 달성했다.

여기에 대항하는 일본 해군도 항모 전력의 확충에 사력을 다했으나, 대전 중에 완성시킨 함 가운데, 미국의 「에식스」급에 비견할 만한 대형 항모는 「타이호(大鳳)」와 「시나노(信濃)」 2척뿐으로, 그 외에는 중형 항모인 「운류(雲龍)」형이 3척, 수상기 모함이나 잠수 모함을 개조한 개조 항모가 5척, 상선 개조 항모가 6척, 합계 16척에 그치고 말았다. 하지만 그나마도 대전 말기에는 항모에 탑재할 함재기의 숫자도 턱없이 부족하여 항모 본래의 전력은 거의 상실한 것이나 다름없는 실정이었다.

한편 대서양 전역에서는 독일의 잠수함 U보트로부터 수송선단을 지키기 위한 호위함대의 주력으로, 소형의 호위 항모가 그 진가를 발휘했다. 미국은 기준배수량 6,730~12,000t 사이의 호위 항모를 종전 시까지 90척 이상 취역시켰는데, 그중 일부(약 40척)를 영국 측에 대여했으며, 대전 후기에는 태평양 전선 쪽에도 대량으로 투입했다. 영국 해군은 대형 항모를 2척 완성시킨 것 외에 경 항모를 6척, 호위 항모를 7척, 그리고 'MAC(Merchant aircraft carrier) ship'이라 불리는 소형의 상선 개조 항모를 18척 완성시켰다. 반면 영국과 교전 중이었던 독일과 이탈리아는 각각 항모의 건조를 진행하긴 했으나 미완성인 채 종전을 맞이하고 말았다.

태평양과 대서양 전선에서 항모에 부여된 임무와 그 차이

● 태평양 전역에서 항모가 맡은 주된 역할

주된 전장은 태평양~인도양의 도서지역 주변. 강대한 해군 전력을 지닌 미국 & 영국 VS 일본의 싸움에서는 초기부터 항모가 활약.

↓

도서지역의 확보를 위해서는 제해권의 장악이 필수.

↓

제해권을 장악하기 위해 해군의 주력이 직접 격돌. 때에 따라서는 항모끼리의 직접 대결도 벌어졌음.

↓

항모에 탑재된 함재기를 이용한 공격이 유리.

↓

많은 수의 함재기를 탑재하고, 고속으로 신속한 함대 행동이 가능한 대형 항모가 전장의 주력!

● 대서양 전역에서 항모가 맡은 주된 역할

유럽과 아프리카 북부에서의 지상전이 중심이 된 전역. 해군국인 영국과 육군국인 독일이 격돌했으며, 도중에 미국이 참전함.

↓

미국에서 영국으로 대량의 물자가 제공됨.

↓

독일은 U보트나 지상 기지에서 발진한 공군기로 수송선단을 공격하는 통상파괴전으로 대항.

↓

수송선단을 호위하기 위해 항모를 활용.

↓

대잠초계기나 선단의 상공을 지키는 호위 전투기를 어느 정도 실을 수 있는 소형의 호위 항모를 대량으로 투입!

제2차 세계 대전 중에 취역한 주요 항모

1942년 5월부터 종전 시까지 취역한 주요 항모(기준 배수량) ※호위 항모는 제외했음	
미국 / 26척	에식스급(27,100t/대전 중 취역 = 17척) 인디펜던스급(11,476t/경순양함 개조, 대전 중 취역 = 9척)
일본 / 16척	타이호(29,300t), 운류/아마기/카츠라기(17,150t), 시나노(62,000t/전함 개조), 준요/히요(24,140t/상선 개조), 쇼호/즈이호(11,200t/잠수 모함 개조), 류호 (13,360t/잠수 모함 개조), 치요다/치토세(11,190t/수상기 모함 개조), 운요/추요 (17,830t/상선 개조), 카이요(13,600t/상선 개조), 신요(17,500t/독일제 상선 개조)
영국 / 8척	인플라케이블/인디패티케이블(23,450t), 유니콘 (14,750t), 콜로서스급 (13,190t/대전 중 취역 = 5척)
독일	(미완성) 그라프 체펠린(28,000t/히틀러의 명령으로 건조 중지)
이탈리아	(미완성) 아퀼라(23,000t/완성을 앞둔 상태에서 어쩔 수 없이 자침)

단편 지식

● **'급'과 '형'** → 동형함이 있을 경우 1번 함을 네임쉽(Name Ship)으로 하여 「○○」급 또는 「○○」형이라 부른다. 엄밀히 말하면 「급」은 「Class」, 「형」은 「Type」으로 좀 다르지만, 미국이나 유럽에서는 「급(Class)」을, 일본에서는 「형(Type)」이라는 용어를 사용하는 것이 통례인 관계로, 본서에서는 해당 국가의 용어 사용에 준하여 표기하기로 하였다.

전후 제트기 시대의 항모

제트 엔진 시대의 도래로 인한 함재기의 고성능화는 항모의 대형화라는 트렌드를 낳았다. 하지만 그 한편에서는 일시적으로 맥이 끊겼던 경항모의 부활이 이루어지고 있었다.

●제트기의 등장으로 항모가 대형화되기 시작했다

제2차 대전이 끝나면서 항공 업계에 제트 엔진 시대가 도래했다. 물론 당연하게도 함재기 또한 이러한 시대의 물살 앞에 예외일 수는 없었다. 제트기는 기존의 레시프로기와 비교해 기체가 더욱 크고 무거워졌으며, 이함시키는 데 필요한 속도는 물론 착함 시의 돌입 속도도 훨씬 높았다. 이에 따라 항모의 선체 또한 대형화의 길을 걷게 되었다.

항모 보유 대국이 된 미국에서는 전후에 취역한 「미드웨이(USS Midway)」급(만재배수량 : 60,000~74,000t)에 이어서「포레스탈(USS Forrestal)」급(만재배수량 : 79,250~81,163t), 「키티호크(USS Kitty Hawk)」급(만재배수량 : 82,538~83,573t)으로 항모의 대형화가 진행되었으며, 이는 종래의 항모가 갖는 개념을 초월했다는 의미로 '슈퍼캐리어'라 불리게 되었다. 하지만 단순히 함의 크기만 커진 것이 아니었다. 종래보다 훨씬 무거워진 항공기를 이함시키기 위해, 더욱 강력한 힘을 지닌 **증기 캐터펄트**를 갖추게 되었으며, 함재기의 효율적인 이착함을 가능하게 해주는 **앵글드 덱**(Angled Deck, 경사 갑판) 구조가 채용되는 등의 기술적 혁신 또한 이루어진 것이었다. 참고로 증기 캐터펄트와 앵글드 덱이라는 양대 혁신이 발명된 곳은 영국이었다.

여기에 더해 1962년에는 원자력을 동력으로 하는 원자력 항모 「엔터프라이즈(USS Enterprise)」(만재배수량 : 93,284t)가 등장했으며, 이는 또다시 「니미츠(USS Nimitz)」급(만재배수량 : 91,487~103,637t)으로 진화했다. 또한 프랑스도 독자 기술로 만든 원자력 항모 「샤를 드 골(Le Charles de Gaulle)」(만재배수량 : 42,500t)을 취역시켰다.

한편 소형의 경항모는 제트기의 운용이 어려웠기에 서서히 도태되어갔다. 대전 당시에는 대형이라 불렸던 항모들조차 대잠 항모 내지는 상륙함으로 용도가 바뀌거나 제3국에 공여 혹은 매각되는 신세를 면할 수 없었던 것이다. 하지만 단거리 이륙 / 수직 착륙이 가능한 전투공격기 해리어의 실용화와 이함을 도와주는 **스키점프대**의 발명에 힘입어, 30,000t 미만의 경항모가 다시 부활했으며, 증기 캐터펄트 대신 스키점프대를 갖춘 중형 항모도 등장했다. 이러한 중소형 항모들은 미국 이외의 수 개국에서 해군력을 상징하는 존재로 활약하고 있는 중이다.

제트 엔진 시대의 도래는 항모의 대형화를 불러왔다

START!

제트 엔진을 사용한 함재기가 주력으로 등장.

- 기체의 사이즈가 커지면서 중량 또한 무거워짐. 당연히 이함에 필요한 스피드도 UP.
- 무기와 연료의 탑재량 증가(대전 당시의 중폭격기와 동급). 이륙 중량도 더욱 무거워짐.

| 이착함 효율이 우수하며, 대형 기체에도 대응할 수 있는 앵글드 덱의 등장. | 훨씬 강력한 힘을 지닌 대형 설비, 증기 캐터펄트의 등장. | 이전보다 대형의 엘리베이터도 필요. | 훨씬 넓은 격납고와 무기고, 함재기용 연료탱크가 필요. |

GOAL!
항모의 대형화!!

현재의 항모 보유 국가(보유 척수 / 건조 중) ※2014년 5월 기준

	미국	영국	프랑스	이탈리아	스페인	러시아	브라질	인도	태국	중국
대형항모	10									
건조 중	1									
중형항모			1			1	1			1
건조 중		2	1?					2		1?
경항모		1		2	1[*1]			1	1	
건조 중										

*1 : 경항모 기능을 지닌 강습상륙함 1척 보유.
*2 : 현재는 보유하고 있지 않으나, 과거에 항모를 보유했던 국가로는 호주, 캐나다, 네덜란드, 아르헨티나, 일본이 있음.

용어해설
- **증기 캐터펄트** → 증기의 힘으로 무거운 항공기라도 이함시킬 수 있는 사출기(No.028 참조).
- **앵글드 덱** → 착함 경로에 약간의 각도를 준 비행갑판(No.025 참조).
- **스키점프대** → 비행갑판 끝에 경사를 주어 이함을 보조하는 장치(No.027 참조).

항모의 종류 구분 1 – 크기에 따른 분류

대전 당시에는 3대 운용국 모두가 크기로 항모를 분류했다. 하지만 현대 미국이 운용하는 거대한 원자력 항모는 완전히 '격'이 다른 존재라 할 수 있을 것이다.

●국가에 따라 달랐던 제2차 대전 당시의 체급 분류

항모 여명기에 건조되었던 실험 항모는 비교적 크기가 작았다. 하지만 이후에 건조된 항모들의 경우, 경순양함을 베이스로 건조된 함 외에 순양함이나 전함을 베이스로 건조된 함도 있을 정도였다. 이로 인해 제2차 대전이 발발했을 무렵에는 항모를 크기에 따라서 분류하고 있었다.

예를 들어 일본 해군에서는 **기준배수량**(Standard displacement) 20,000t을 넘는 항모를 대형 항모, 15,000t에서 20,000t 클래스의 함을 중형 항모, 그 이하의 함선을 소형 항모라 부르고 있었다. 일본 해군 함적에 속해 있던 6척의 대형 항모 가운데 「시나노」만은 기준 배수량 62,000t으로 발군의 크기를 자랑했으나, 이는 당초 세계 최대급 군함이었던 야마토형 3번함을 개조한 것이었기 때문으로, 그 거대한 크기에 비해 **탑재기 수**는 상시 운용 함재기 42기 + 예비 함재기 5기로 상당히 적은 편이었다.

미 해군의 경우 초기에는 별다른 구분법 없이, 모두 그냥 항모(CV)로 부르고 있었으나, 대전 후기에 경순양함을 개조한 「인디펜던스」급(기준 배수량 : 11,000t)이 등장하면서, 경항모(CVL)라는 카테고리로 분류해서 불렀다. 또한 영국 해군에서도 대전 중에 취역한 20,000t 이하의 항모를 경항모라 분류한 바가 있다.

●현대 미 해군이 운용하는 슈퍼캐리어는 그 '격'이 다른 존재!

전후에는 제트 함재기 시대의 도래라는 시대적 흐름 속에 항모 또한 대형화의 길을 걷게 되었다. 미 해군의 경우, 대전 직후에는 경항모와 대형 항모를 구분하는 의미로 중항모(CVB)라는 호칭을 사용한 시기가 있었으나, 얼마 되지 않아 '슈퍼캐리어'라 불리는 초대형 항모 「포레스탈」급이 탄생하면서 그 이후로는 그냥 항모(CV)라고만 표기하고 부르게 되었다. 한편 그 외 국가들이 운용하는 항모의 경우, **만재배수량**(Full load displacement)이 50,000t을 훨씬 넘는 함선도 존재하기는 하나, 미국의 슈퍼캐리어와 비교할 경우, 현재는 만재배수량 30,000t 이상의 함선조차 중형 항모 취급을 받는 실정이다. 또한 그 이하 체급의 함선은 V/STOL기를 운용하는 경항모로 분류되고 있다.

대형, 중형, 소형 항모의 크기 차이

일본 소형 항모 「류조(龍驤)」

기준배수량 : 10,600t
전장 : 180.2m

일본 중형 항모 「히류(飛龍)」

기준배수량 : 17,300t
전장 : 227.3m

일본 대형 항모 「시나노(信濃)」

기준배수량 : 62,000t
전장 : 266m

미국 슈퍼캐리어 원자력 항모 「엔터프라이즈 (CVN-65)」

만재배수량 : 93,284t
(기준배수량 : 75,700t)
전장 : 342.3m

✦ 기준배수량과 만재배수량이란?

　군함의 크기는 배수량으로 표시되는데, 이것은 아르키메데스의 원리에 의해 물체, 다시 말해 함선을 물 위에 띄우기 위해 밀려난 물의 양을 무게로 나타낸 것이다. 하지만 이 배수량이라고 하는 것이 실은 몇 종류인가의 기준이 있어 종종 혼동을 일으키는 경우가 있다.

　제2차 세계 대전 당시 주로 사용되었던 것은 「기준배수량」이었다. 이것은 해당 함선에 승무원과 탄약, 소모품을 만재한 상태의 수치로, 1922년에 체결된 워싱턴 해군 군축 조약에서 공식 기준으로 사용되었다.

　하지만 현대에 들어와서는 승무원, 탄약, 소모품에 더해 연료와 예비 보일러수(水)까지 포함시킨 「만재배수량」이 주로 사용되고 있다. 이 외에도 「상비배수량」이니 「공식배수량」이니 하는 수치들이 사용되는 경우도 있으므로 주의해서 볼 필요가 있다.

　본서에서는 기본적으로 제2차 세계 대전기까지의 항모의 경우는 기준배수량으로, 전후~현대의 항모의 경우는 만재배수량을 기준으로 그 크기를 표기하고 있다.

용어해설
● **탑재기 수** → 항모에 탑재할 수 있는 함재기의 수로, 여기에는 즉시 사용할 수 있는 「상시 운용 함재기」와 분해된 상태로 탑재되어 있는 보충용 「예비 함재기」가 포함되어 있다. 일본 해군의 경우 모든 탑재기들을 격납고에 수납시키고 있었으나, 미 해군의 경우는 비행갑판 위에 노천 계류를 시키는 것이 기본이었기에 탑재기 수가 훨씬 많았다.

항모의 종류 구분 2 – 건조 내력과 임무에 따른 분류

항모라는 함종을 세세하게 분류해본다면 상당히 다양한 종류가 존재한다. 그 건조 내력의 차이나 주어진 임무의 차이에 따라 명칭을 구분하는 경우도 있다.

● 건조 내력에 따라 명칭이 달라진다

항모 여명기에는 순양함을 개조하여 항모를 만드는 경우가 많았다. 비행갑판을 설치하기 위해 어느 정도 이상의 크기를 지닌 선체가 필요했으며, 속도가 빠른 편이 함재기의 이함에도 유리했기 때문이다. 또 군축 조약에 의해 건조 도중에 폐함이 결정된 순양 전함이나 전함을 개조한 항모나 고속 대형 여객선을 개조한 항모도 존재했는데, 이런 부류의 항모의 경우 「개조 항모」라 불리기도 했다. 여기에 더하여 일본 해군의 경우, 속도가 느린 상선을 개조하여 만든 급조함을 「보조 항모」 또는 「특설 항모」라 부르기도 하였다.

한편, 처음부터 항모로서 설계 · 건조되어 취역한 것은 일본의 「호쇼」와 영국의 「허미즈」가 최초로, 이후 항모가 해군 전력의 주력 자리에 오름에 따라 그 수가 점점 늘어갔는데, 이렇게 처음부터 전용 설계가 이뤄지고, 여기에 따라 건조된 항모를 「정규 항모」 또는 「제식 항모」라 부르게 되었다.

● 부여된 임무에 따라서도 명칭이 달라진다?!

항모 운용의 노하우와 연구 성과가 쌓여감에 따라, 임무에 따른 명칭을 붙이게 되었다. 항모의 발상지라고 할 수 있는 영국의 경우, 항모를 함대에 수반하여 운용했기에 「Fleet Aircarft Carrier = 함대 항모」라고 불렀다. 마찬가지 의미에서 미국과 일본에서는 「주력 항모」라고 불렀으나, 본래는 좀 다른 의미를 지닌 「정규 항모」라는 명칭(일본의 「아카기」, 「카가」나 미국의 「렉싱턴」급의 경우 개조 항모이지만 정규 항모로 취급했음)을 사용하기도 했다. 주력 항모의 함종 기호는 「CV」.

이 외에도 제2차 세계 대전 중에 얻은 전훈에서 탄생한, 선단 호위를 주 임무로 하는 「호위 항모」(CVE)가 있으며, 전후에는 대잠 임무를 전문으로 하는 「대잠 항모」(CVS)가 탄생했는데, 이러한 종류의 항모와 구분하기 위해, 종래의 항모를 「공격형 항모」(CVA)라 부르기도 하였다. 현대에 들어와서는 헬기만을 전문적으로 운용하는 항모를 「헬기 항모」라 부르며 통상의 항모와 구분하고 있다.

항모의 종류와 함종 기호(미 해군 표기를 기준으로 함)

	함종	함종 기호	설명
항모	항모(주력 항모)	CV	원래는 항모 전체를 CV라 표기했으나, 현재는 주력 항모에 한함.
	원자력 항모	CVN	주된 동력 기관으로 원자로를 탑재한 주력 항모.
	경항모	CVL	대전 말기에는 소형 항모라는 의미로 사용되었으나, 현재는 V/STOL 기밖에 운용할 수 없는 항모를 가리키는 용어로 사용 중이다.
	중항모	CVB	경항모에 대비되는 개념으로 사용된 바 있으나 현재는 쓰이지 않음.
	호위 항모	CVE	수송 선단의 호위 임무를 위해 건조된 소형 항모.
	대잠 항모	CVS	대잠 임무에 종사하는 항모. 1957년부터 사용되기 시작한 호칭이다.
	공격형 항모	CVA	대잠 항모와 구별하기 위한 의미로 종래의 주력 항모에 붙여진 호칭. 현재는 그다지 사용되지 않는다.
	훈련 항모	CVT	훈련용으로 사용되는 항모.
	수송 항모	CVU	항공기의 수송 임무에 사용되는 항모. 보조 항모라고도 불린다.
항모 이외의 주요 항공기 탑재 함정	헬기 항모	CVH	헬기만을 탑재 · 운용하는 항모. 고정익기 운용은 불가능하다.
	항공 순양함	CF	비행갑판을 설치한 순양함. 한때 구(舊) 소련 해군이 군사 조약 등의 문제로 자국의 함선을 '항모' 대신에 '항공 중순양함'이라 부른 시절이 있었다.
	항공 전함	——	일본 해군의 경우, 전함 「휴우가(日向)」, 「이세(伊勢)」의 후부 갑판에 항공기의 이함이 가능한 비행갑판(착함은 불가)을 설치했던 바가 있다. 때문에 함종 기호는 딱히 존재하지 않음.
	수상기 모함	AV	수상기를 탑재하고 운용하는 모함.
	비행정 모함	CVS	비행정을 운용하는 모함. 1957년까지는 사용되었으나, 현재는 없는 상태.
	강습상륙함	LHA/LHD	상륙작전을 지원하는 함선. 헬기나 V/STOL기를 운용한다.
	헬기 강습상륙함	LPD	상륙작전을 지원하는 함선. 헬기를 전문으로 운용한다.
	헬기 탑재 구축함 (헬기 탑재 호위함)	DDH	복수의 헬기를 탑재하고 운용할 수 있는 구축함. 1기만 탑재할 수 있는 일반 구축함의 경우는 DD라는 함종 기호로 분류된다(호위함은 주로 일본 해상 자위대에서 사용되는 호칭).

✤ ♧ 「CV」의 유래는?

항모의 함종 기호인 「CV」의 'C'는 항모를 영어로 표기한 「Aircraft Carrier」의 약어가 생략하기 쉽지만, 실은 순양함의 함종 기호에 그 유래를 두고 있다. 아마도 초기의 항모가 순양함을 개조하여 건조되었다는 점, 그리고 순양함급의 크기와 고속성능이 요구되었다는 것이 그 이유이리라. 또 여기서, 그러면 왜 「CA」라고 표기되지 않았던 것인가 하는 의문이 생길 수 있는데, 이는 장갑순양함 / 중순양함을 뜻하는 함종 기호로 이미 「CA」라는 기호가 쓰이고 있었기 때문이다. 여기에 더해 항모의 전신이라고도 할 수 있는 항공 순양함(Flying-Deck Cruiser)은 「CF」라는 기호를 사용하고 있었다. 'V'의 유래에 대해서는 몇 가지 설이 있으나, 프랑스어로 「날다」의 의미를 갖는 'voler'에서 유래했다는 설과, 'V'라는 알파벳이 항공기의 날개 형상과 닮았기 때문이라는 것이 대표적이다.

단편 지식

● **시대에 따라서 달라진 호칭** → 항모의 호칭은 각 국가별로, 그리고 시대에 따라서도 변화해왔다. 초기에는 주력 항모 (CV)를 영어로는 「Aircraft Carrier」라 불렀으나, 다양한 임무를 맡게 된 현대에 와서는 「Multi-Purpose Aircraft Carrier」로 호칭이 바뀌었으며, 이를 직역하면 「다목적 항모」가 된다.

항모의 종류 구분 3 – 이착함 방식에 따른 분류

함재기로서 많은 이점을 지닌 V/STOL기의 등장은 항모에 있어 새로운 변혁을 가져왔다. 이로 인해 이함이나 착함 방식의 차이에 따른 분류법이 등장했다.

●V/STOL기의 등장으로 함재기의 이착함 방식에 다양한 베리에이션이 나타나다!

1968년, 항공기의 역사에 길이 남을 커다란 혁신이 일어났다. 수직 & 단거리 이륙과 수직 착륙이 가능한 V/STOL기인 해리어 전투공격기가 영국에서 처음으로 실험 배치된 것이다. 1970년대에 들어서자, 해리어의 발전 개량 모델이 미 해병대와 영국 해군의 함재기로 채용되었으며, 이에 대항하고자 소련 해군도 VTOL기인 Yak-38 포저(Forger)를 실용화, 「키예프(Киев, Kiev)」급 항모(소련 측에서는 '항공 중순양함'이라 호칭)에 탑재하였다. 이후 세계 각국이 V/STOL기의 운용이 가능한 경항모를 건조하게 되었으며, 이러한 움직임에 맞춰 현대의 항모는 이함과 착함 방식의 차이에 따라, 크게 3종류로 나뉘게 되었다.

그 첫 번째는 종래의 표준적인 항모에 쓰이는 방식으로, 증기 캐터펄트로 CTOL기(통상적인 방식으로 이착륙하는 항공기)를 사출시키며, **어레스팅 와이어**라 불리는 착함 보조 장치로 착함하는 항공기를 안전하게 감속시키는 **CATOBAR** 방식. 함재기에 이함과 착함을 보조하기 위한 장비를 달아줄 필요가 있으나 탑재 무장이나 연료를 포함한 **페이로드**(Payload)를 증가시켜, 육상기와 비교해도 전혀 손색이 없는 성능을 발휘할 수 있다는 것이 최대의 장점이다.

두 번째는 스키점프대를 이용해서 CTOL기의 엔진 출력을 효율적으로 사용하여 단거리 활주 후 이함, 그리고 착함할 때는 어레스팅 와이어를 사용하는 **STOBAR** 방식으로, 캐터펄트를 사용하지 않는다는 점이 CATOBAR 방식과의 가장 큰 차이점이다. 하지만 항공기의 출력에 의지하는 이함 방식인 관계로 함재기가 실을 수 있는 페이로드에 어느 정도 제한을 둘 수밖에 없고, 이로 인해 **최대 이륙 중량**이 크게 줄어든다는 점이 STOBAR 방식의 단점이라 할 수 있겠다.

마지막으로 세 번째인 **STOVL** 방식은 단거리 이륙 & 수직 착륙을 의미하는 것으로, V/STOL기가 스키점프대를 통해 이함하고, 수직으로 내려와 착함하는 방식이다. 이것은 비교적 규모가 작은 함선에서도 운용이 가능하며, 갑판에 스키점프대를 설치하는 등, 최소한의 설비만으로 항모로 만들 수 있다는 점에서 「빈자의 항모」라 불리기도 한다. 하지만 그 반면에, 앞의 두 방식보다도 함재기의 성능에 따라 페이로드가 더욱 크게 좌우되는 탓에 통상의 항모보다 탑재량이 훨씬 적고, 운용상의 제약도 많다는 점이 단점이다.

이함 & 착함 방식의 차이

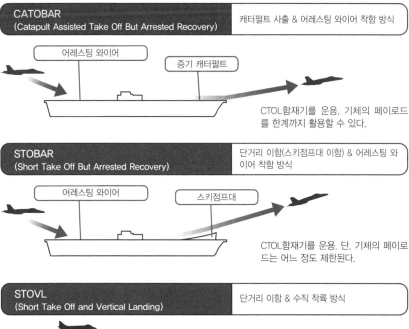

CATOBAR
(Catapult Assisted Take Off But Arrested Recovery)

캐터펄트 사출 & 어레스팅 와이어 착함 방식

어레스팅 와이어

증기 캐터펄트

CTOL함재기를 운용. 기체의 페이로드를 한계까지 활용할 수 있다.

STOBAR
(Short Take Off But Arrested Recovery)

단거리 이함(스키점프대 이함) & 어레스팅 와이어 착함 방식

어레스팅 와이어

스키점프대

CTOL함재기를 운용. 단, 기체의 페이로드는 어느 정도 제한된다.

STOVL
(Short Take Off and Vertical Landing)

단거리 이함 & 수직 착륙 방식

수직 착륙

스키점프대

V/STOL기를 운용. 페이로드는 V/STOL기의 성능에 좌우되기에 그리 크지 않다.

❖ 실용성이 낮아 사용되지 않는 VTOL방식

V/STOL기는 수직 이함도 가능하기에 초기에는 비행갑판에서 VTOL(수직이륙 / 수직착륙) 방식으로 운용된 적도 있었다. 하지만 수직으로 이륙을 할 경우, V/STOL기의 페이로드는 극단적으로 감소하고, 탑재할 수 있는 연료의 양도 줄어들게 되며, 공격 무장도 제한된 것밖에 장착할 수 없기에, 실용성이 크게 떨어지는 결과를 낳게 되었다. 이러한 이유로 인해 현재는 이 방식을 거의 사용하지 않고 있다.

용어해설
- **어레스팅 와이어** → 어레스팅 케이블이라고도 한다. 함재기의 배면에 달린 후크를 여기에 걸어 함재기를 감속시킨다 (No.031 참조).
- **페이로드** → 이륙 중량에서 연료를 넣지 않은 항공기 자체 중량을 뺀 탑재 중량으로, 탑재 무장, 연료, 승무원의 무게가 포함된다.
- **최대 이륙 중량** → 기체 자체 무게에 페이로드를 더한 중량으로, 항공기가 이륙(이함)할 수 있는 최대한의 중량.

항모의 역할

항모는 탑재하고 있는 항공기를 활용하여 다양한 임무를 수행할 수 있는 힘을 지니고 있다. 또한 그 존재 차제가 군사력의 상징으로 받아들여지기도 한다.

● 항모에는 다양한 임무를 수행할 것이 요구된다

항모가 지닌 최대의 힘이라면, 바로 탑재하고 있는 항공기에 의한 전투력! 역사적으로 보더라도 항모에 가장 크게, 그리고 가장 중요하게 요구했던 역할은 함재기를 이용해 적을 공격하는 **항공 타격전**이었다. 공격이 닿지 않는 아웃레인지(Outrange)에서 적의 군함을 공격해서 가라앉히거나, 육상에 있는 적 거점이나 부대에 폭격을 가하는 것, 이것이야말로 항모가 그 전투력을 발휘하는 최고의 시추에이션이며, 그렇기에 여러 가지 함재기들 중에서도 가장 빛나는 꽃과도 같은 존재가 바로 함상폭격기나 함상공격기(뇌격기)로 대표되는 공격기인 것이다. 원거리에 있는 적을 타격하는 것은 함상공격기가 맡은 임무로, 수상기 시대부터 이어져 온 주역 포지션이다.

한편으로 공습해오는 적 세력의 항공기를 요격하는 것 또한 항모가 맡은 주요 임무 가운데 하나로, 이 임무를 수행하기 위해 항모에는 대공 전투 능력이 높은 전투기가 탑재되어 있다. 함상전투기의 역할은 크게 나누어 세 가지가 있는데, 그중 첫 번째는 습격해오는 적 항공기로부터 아군 함대를 보호하는 영격 임무. 두 번째는 공격 목표의 상공에서 사전에 적 항공기를 격퇴하는 제공 임무. 마지막 세 번째는 아군의 공격기와 동행하며 엄호하는 호위임무이다.

이 외에도 상륙 부대와 육상 부대를 돕는 지원 임무나 적 잠수함에 대처하는 대잠 임무, 적을 탐색하는 정찰 임무, 적의 습격을 탐지하는 초계 임무, 물자를 운반하는 수송 임무 등, 항모 항공대에는 다종다양한 임무를 수행할 것이 요구되고 있으며, 이를 위해 항모에는 공격기나 전투기 외에 정찰기, 초계기 등 여러 종류의 항공기가 탑재되어 있었다. 하지만 근래에 들어와서는 여러 가지 임무 수행 능력을 겸비한 **다목적(multirole) 함재기**로 함재기를 통일하려는 추세를 보이고 있다.

이렇듯 강력한 항공 전력을 탑재하고 있는 항모는, 그야말로 이동하는 항공 기지라 할 수 있으며, 여기에 더해 함대의 기함 임무를 맡게 되는 경우도 많다. 또한 항모는 존재 그 자체가 압도적인 군사력의 상징이기에, 해당 해역에 머무르는 것만으로도 상대에게 커다란 위압감을 안겨주기도 한다. 그래서 분쟁 상대국 등 문제가 있는 국가의 주변 해역에 파견되어 압력을 가하는 **포함 외교**(Gunboat Diplomacy)용 카드로도 사용되곤 한다.

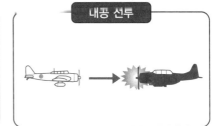

항모에 요구되는 임무

항공 타격전

내공 선투

지원 임무

대잠 초계

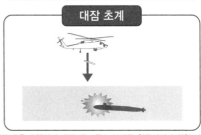

※위의 네 가지 임무 이외에도 정찰 임무, 초계 임무, 수송 임무 등을 수행하며, 최근에는 특수 부대를 침투시키기 위한 기지로 활용되거나, 재해 지역의 인도적 지원 임무 등에도 동원되는 등, 더욱 폭넓은 임무를 수행할 것이 요구되고 있다.

항모는 다양한 기능을 지닌 움직이는 항공 기지

항모는 강력한 항공 기지다!

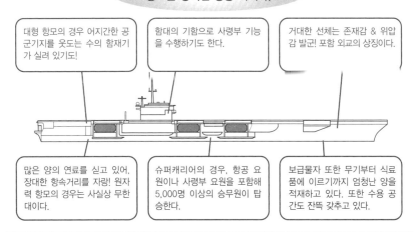

대형 항모의 경우 어지간한 공군기지를 웃도는 수의 함재기가 실려 있기도!

함대의 기함으로 사령부 기능을 수행하기도 한다.

거대한 선체는 존재감 & 위압감 발군! 포함 외교의 상징이다.

많은 양의 연료를 싣고 있어, 장대한 항속거리를 자랑! 원자력 항모의 경우는 사실상 무한대이다.

슈퍼캐리어의 경우, 항공 요원이나 사령부 요원을 포함해 5,000명 이상의 승무원이 탑승한다.

보급물자 또한 무기부터 식료품에 이르기까지 엄청난 양을 적재하고 있다. 또한 수용 공간도 잔뜩 갖추고 있다.

용어해설
● **항공 타격전** → 항공기를 이용하여 적의 함선이나 기지를 공격하는 전투 작전을 말함.
● **멀티롤 전투기** → 다용도로 사용할 수 있는 기체로, 특히 공격기의 임무도 수행할 수 있는 전투기를 말한다(No.069 참조).
● **포함 외교** → 일본을 개항시켰던 페리 제독의 예를 보듯, 군함의 힘(해군력)으로 상대에게 압박을 가해 교섭을 유리하게 진행시키는 외교 전술의 일종.

군함이나 상선을 베이스로 한 개조항모

제2차 세계 대전 당시에는, 부족한 전력을 보강하기 위해 다른 함선을 개조한 항모가 제작되기도 하였다. 하지만 이러한 개조 항모도 개조의 모체가 되었던 함의 종류에 따라 그 성능은 천차만별이었다.

● 그냥 한데 묶어 '개조 항모'라 부르지만 그 실체나 성능은 그야말로 천차만별!

항모의 여명기부터 제2차 세계 대전에 이르기까지, 다른 종류의 함선을 개조하여 만들어진 항모는 많은 수가 존재했다. 하지만 그 모체가 무엇이었는가에 따라 개개의 함선 간에는 그 성능에 많은 차이가 있었다.

예를 들어 개전 당시 주력 항모였던 일본의 「아카기」, 「카가」, 미 해군의 「렉싱턴」급의 경우 미완성이던 순양전함이나 고속 전함을 개조한 함이었다. 이들 함은 기본 설계가 대형 군함이었던 관계로 일정 이상의 방어력에 더해, 함재기의 이함에 유리한 30노트 전후의 고속 항행 능력을 보유하고 있었다. 이 때문에 엄밀히 말해서는 개조 항모였음에도 불구하고 실질적으로는 정규 항모 취급을 받을 수 있었다.

또 군축 조약으로 항모의 보유수에 제한이 걸린 일본 해군은 곧바로 항모로 개조할 수 있을 것을 전제조건으로 설계한 잠수 모함이나 수상기 모함을 준비하기도 했는데, 이 함들은 태평양 전쟁 개전을 전후하여 차례차례 항모로 개조되어, 탑재기 수 30기 전후에 26~28노트의 속력을 낼 수 있는 「즈이호(瑞鳳)」형, 「류호(龍鳳)」, 「치토세(千歲)」형 항모로 취역하였다.

이 외에 민간 선박을 개조한 항모도 여러 종류가 있었다. 예를 들어 「준요(隼鷹)」형의 경우 원래는 고속 여객선으로 기공된 선박이었으나 유사시에는 항모로 개조할 것을 전제로 설계가 이뤄져 있었다. 때문에 개전이 임박했을 무렵 일본 해군 측이 이를 매수하여 항모로 개조, 완성시켰다. 48기의 함재기를 탑재하며 26노트의 속력을 낼 수 있었던 「준요」는 **산타크루즈 해전**에 참전하여 미 항모를 대파하는 등의 활약을 보인 후 종전까지 살아남는 행운을 누리기도 하였다.

마찬가지로 민간 선박을 모체로 제작된 항모이지만, 상선을 급히 개조해서 만들었던 「타이요(大鷹)」급 등의 항모는 30기 전후의 함재기를 탑재했으며, 낼 수 있는 속력도 21노트에 불과했다. 이들 항모는 주로 남방 전선의 선단 호위나 항공기 수송에 투입되었으며, '보조 항모'라 불렸다.

한편 미국이나 영국의 경우 U보트의 공격으로 대서양 수송 선단의 피해가 속출하면서, 선단 호위 전용함을 필요로 했다. 그래서 당시 대량으로 취역 중이었던 통일 규격의 화물선인 '리버티 선(船)'(Liberty Ship)을 개조한 소형 호위 항모를 양산하여 투입했다. 겨우 16노트의 속도밖에 내지 못하는 함이었지만, 이들 호위 항모는 부여받은 임무를 충분, 아니 그 이상으로 수행해냈다.

항모 개조를 전제로 건조된 수상기 모함

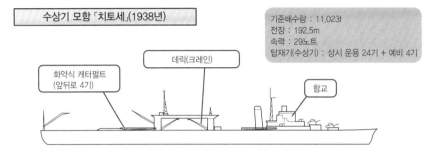

수상기 모함 「치토세」(1938년)

데릭(크레인)

화약식 캐터펄트
(앞뒤로 4기)

함교

기준배수량 : 11,023t
전장 : 192.5m
속력 : 29노트
탑재기(수상기) : 상시 운용 24기 + 예비 4기

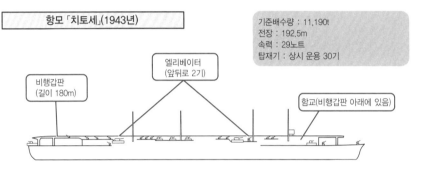

항모 「치토세」(1943년)

엘리베이터
(앞뒤로 2기)

비행갑판
(길이 180m)

함교(비행갑판 아래에 있음)

기준배수량 : 11,190t
전장 : 192.5m
속력 : 29노트
탑재기 : 상시 운용 30기

개조 항모의 베이스가 되었던 함선은?

● 군함을 베이스로 한 개조 항모

• **방어력** ➡ 높다(모체가 되었던 군함의
방어력에 준함).
• **속도** ➡ 빠르다.
• **탑재기** ➡ 정규 항모와 비교했을 경우
함선의 크기에 비해서는 좀
적은 편이다.

● 민간 선박을 베이스로 한 개조 항모

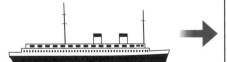

• **방어력** ➡ 낮다(민간 선박의 경우 방어
를 고려한 것이 아니므로).
• **속도** ➡ 느리다(단, 고속 여객선을 베
이스로 한 경우는 상당히 빠
른 편).
• **탑재기** ➡ 크기에 비해서는 적은 편이다.

용어해설

● **산타크루즈 해전** → 1942년 10월, 솔로몬 제도 주변 해역에서 일본의 항모 4척(즈이가쿠, 쇼가쿠, 준요, 즈이호)과 미국의 항모 2척(엔터프라이즈, 호넷)을 중심으로 한 함대가 격돌한 전투. 이 전투에서 일본은 2척의 항모가 큰 손상을 입었으며, 미국은 「호넷」이 침몰, 「엔터프라이즈」가 중파당하는 피해를 입었다.

그늘 속의 강자, 호위 항모

무방비 상태의 수송 선단을 습격해오는 잠수함이나 폭격기를 격퇴하기 위해, 선단과 함께 움직이며 함재기를 이용한 호위 임무에 종사하는 호위 항모가 탄생했다.

● 대량으로 배치된 호위 항모가 유럽 전선을 지탱했다!

제2차 세계 대전당시 유럽 서부 전선에서 고군분투하던 영국을 지탱해줬던 것은 미국 측 막대한 물자 지원이었다. 미국 측이 물자를 만재한 수송 선단을 대서양 너머 영국으로 보내자, 독일 측은 이에 맞서, 개전 초기부터 잠수함(U보트)이나 장거리 폭격기를 이용하여 철저한 통상파괴전을 전개해나갔다. 이러한 통상파괴전으로 인한 피해는 실로 막심했으며, 개전 후 3년째까지 보유 상선의 거의 절반이 침몰되었다고 할 정도였다. 여기에 맞설 해결책으로 채용한 것은 바로 수송 선단을 항공기로 보호하는 것. 화물선에 로켓식 캐터펄트를 설치하고 육상기를 탑재한 **CAM Ship**을 배치하여 수송선단을 노리는 U보트나 장거리 폭격기를 영격했다.

1941년, 영국은 독일제 상선을 개조한 「오더시티(HMS Audacity)」(기준배수량 : 5,540t)를 완성시켰으며, 이후 1~2만 톤급의 호위 항모 5척을 취역시킨 것에 더해, 민간 선박에 항모형 비행갑판을 설치한 **MAC Ship**을 만들어 선단 호위 임무에 투입시켰다.

미국 측의 경우, 1941년, **C3급 리버티 선**을 개조한 호위 항모 「롱아일랜드(USS Long Island ,CVE-1)」(기준배수량 : 7,866t)를 탄생시켰다. 전장 150m에다 비행갑판 길이는 110m에 불과했지만, 21기의 함재기를 탑재할 수 있었으며, 유압식 캐터펄트가 설치된 덕분에 동시대 타국의 기체보다 무거웠던 미국제 전투기와 공격기도 운용할 수 있었다. 속도는 16노트에 그쳤으나 수송 선단과 함께 행동하는 데는 이정도로도 충분했다.

하지만 미국은 여기에 그치지 않고 더욱 개량을 가한 「보그(USS Vogue)」급을 대량으로 건조했다. 이 「보그」급은 완성 전이던 C3급 리버티 선을 개조, 증기 터빈을 싣고, 엘리베이터와 격납고가 설치된 호위 항모로, 그 태반이 영국 해군에 공여되었다. 이후 미국은 보다 선체가 큰 T3급 유조선(Cimarron-class oiler)을 개조한 「생가몬(USS Sangamon)」급을 등장시켰으며, 개조 가능한 화물선이 없어진 뒤에도 「보그」급의 기본 설계를 유용하여 새로 건조한 「카사블랑카(USS Casablanca)」급을 탄생시키기도 했는데, 이쪽은 주로 태평양에서 활약했다. 대전 중에 미국이 건조한 호위 항모는 90척이 넘는데, 이들은 일명 **「지프 항모 (Jeep Carrier)」**라 불리며 각지의 바다를 누볐다.

호위 항모의 원조는 항공기를 탑재한 상선

CAM ship = Catapult Armed Merchant Ship

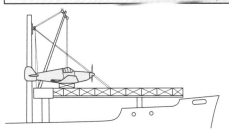

로켓식으로 가속, 사출시키는 캐터펄트를 갖추고 그 위에 육상기를 올려놓았다. 착륙할 육지가 멀리 있을 경우에는 기체를 해면에 착수시킨 뒤, 조종사만을 회수하는 방식. 해군 군적에는 등록되어 있지 않았으므로 군함으로 분류되지 않는다.

MAC ship = Merchant Aircraft Carrier Ship

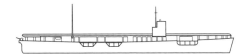

화물선이나 유조선 위에 비행갑판을 설치했다. 캐터펄트나 격납고는 없으며, 탑재기 수는 4기. 항모의 형상을 하고 있으나 이 역시 해군 군적에 등록되어 있지 않은 민간 선박이었다.

대서양의 대동맥을 수호했던 호위 항모

「보그」급 호위 항모

기준배수량 : 7,800t
탑재기 수 : 21기

완성되기 전의 C3급 리버티 선을 개조하여, 유압식 캐터펄트와 엘리베이터, 격납고를 설치한 함선이다.

● 호위 항모의 취역과 대서양에서 손실한 상선 수의 상관관계

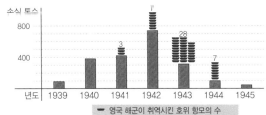

손실 토스

800

400

년도 | 1939 | 1940 | 1941 | 1942 | 1943 | 1944 | 1945

3

28

7

➡ 영국 해군이 취역시킨 호위 항모의 수
(미국 측의 공여분도 포함)

대서양에서의 상선 손실이 절정에 달한 것은 1942년으로, 이후 1943년에 호위 항모가 대량으로 도입되기 시작한 것과 시기를 같이하여 상선의 손실이 급격히 감소했다는 것을 표를 통해 알 수 있다.

용어해설

● **C3급 리버티 선** → 제2차 세계 대전 당시, 블록식 공법이나 용접을 도입하여 대량으로 건조된 동일 규격의 전시 표준 수송선인 '리버티 선(Liberty Ship)'의 일종. C1~C3급을 전부 합쳐 2,700척 이상이 건조되었다. 이 중 C3급은 디젤 기관을 탑재.

● **지프 항모** → 군용 차량의 대명사인 '지프(Jeep)'처럼 대량으로 제작되어 각지에서 활동한 반면, 방어력이 매우 빈약했다는 의미에서 사용된 별명.

태평양의 소모전을 뒷받침한 호위 항모

속도가 느린 소형의 항모는 신속함을 생명으로 하는 함대 행동에는 맞지 않았으나, 항공기나 물자를 전장으로 수송하는 등, 병참 임무에서 맡은 임무를 다했다.

●항공기를 전장으로 수송한 호위 항모

해군 전력의 중심이 되어 공격 임무를 수행했던 주력 항모. 이 주력 항모를 그늘에서 지원했던 것이 바로 보조 항모 또는 특설 항모라 불렸던 소형~중형 항모들이었다.

제2차 세계 대전 중, 일본 해군은 상선을 전시 개조한 「타이호」형 등, 5척의 소형~중형 항모를 건조했다. 하지만 느린 속력으로 인해 주력함들과의 함대 행동이 불가능했던 데다가 방어력 또한 빈약했기에, 주로 지원이나 수송 임무에 투입되었다. 특히 전황이 불리해진 대전 후기에 들어서는, 함재기는 물론 함재기를 몰 수 있는 조종사도 극히 부족한 상황이 발생하여 항모로서의 본연의 임무에 종사하는 것은 불가능했기에 남방 전선의 육상기나 물자를 수송하는 임무를 주로 수행해야만 했다.

일반적으로는 그리 알려지지 않은 사실이지만, 일본 육군도 독자적인 항모를 보유하고 있었다. 일본 육군이 수송 선단을 호위하기 위한 전용함에 대한 연구를 진행한 끝에, 상륙 주정 모함(현대의 상륙함에 해당) 위에 전통식 평갑판을 설치하여 취역시킨 「아키츠마루(あきつ丸)」가 그것인데, 취역 후 특설 항모로 재차 개조되었으나 느린 속력과 협소한 비행갑판이라는 약점 때문에 신형기의 운용은 불가능했다. 때문에 실제로는 항모가 아닌 항공기 운반선으로 사용하는 것으로 만족해야만 했다.

대서양에서 얻은 전훈으로 소형의 호위 항모를 대량으로 건조했던 미 해군은 태평양에도 호위 항모를 적극적으로 전선에 투입했다. 당연하게도 이들은 호위 항모 본연의 임무인 수송 선단 호위 임무에도 투입되었지만, 보충 전력인 예비 기체들을 탑재하고 다니며 격렬한 소모전을 지탱했다는 점은 태평양 전선 고유의 특징이라 할 수 있을 것이다. 즉 주력 항모가 격전 속에 함재기를 손실하게 되면, 곧바로 예비 기체를 적재한 호위 항모가 이를 보충해주는 연계가 이뤄졌던 것. 미국의 호위 항모는 유압식 캐터펄트를 갖추고 있었기에, 비행갑판 위에 빼곡하게 함재기를 적재하고 있는 상태에서도 보충 전력을 즉각적으로 이함시킬 수 있었으며, 이는 일본의 보조 항모와의 결정적인 차이였다. 다양한 상황에 대응할 수 있는 범용성의 승리였던 것이다.

미국은 본국과 멀리 떨어진, 광대한 태평양에서도 물량전을 전개해나갔다. 예를 들어 오키나와 전투의 경우, 미군은 무려 1,500기에 가까운 함재기를 투입했는데, 예비 기체를 만재한 채 주력 함대의 뒤에서 활약했던 호위 항모의 분투 없이는 불가능했을 것이다.

수송 임무에 사용되었던 일본의 보조 항모

타이요 / 운요 / 추요

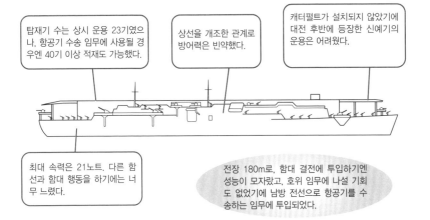

탑재기 수는 상시 운용 23기였으나, 항공기 수송 임무에 사용될 경우엔 40기 이상 적재도 가능했다.

상선을 개조한 관계로 방어력은 빈약했다.

캐터펄트가 설치되지 않았기에 대전 후반에 등장한 신예기의 운용은 어려웠다.

최대 속력은 21노트. 다른 함선과 함대 행동을 하기에는 너무 느렸다.

전장 180m로, 함대 결전에 투입하기엔 성능이 모자랐고, 호위 임무에 나설 기회도 없었기에 남방 전선으로 항공기를 수송하는 임무에 투입되었다.

호위 항모를 잘 활용했던 미 해군의 운용법

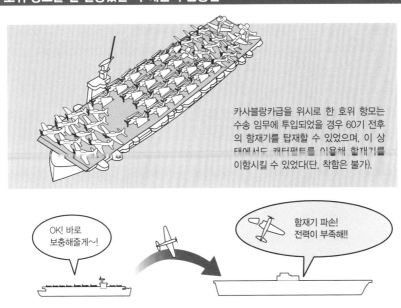

카사블랑카급을 위시로 한 호위 항모는 수송 임무에 투입되었을 경우 60기 전후의 함재기를 탑재할 수 있었으며, 이 상태에서도 캐터펄트를 이용해 함재기를 이함시킬 수 있었다(단, 착함은 불가).

OK! 바로 보충해줄게~!

함재기 파손! 전력이 부족해!!

단편 지식

● **캐터펄트의 유무는 엄청난 차이?** → 일본의 항모에는 캐터펄트가 설치되지 않았는데, 특히 소형 항모의 경우 이는 엄청난 격차가 되었다. 소형 항모의 경우, 이륙에 필요한 활주거리가 길어진 전쟁 후기의 신예기를 운용하는 데 많은 애로사항이 있었으며, 수송 임무의 경우에도 함재기의 이함이 불가능했기에 1기씩 일일이 바지(Barge)선에 옮겨 실어 뭍으로 올리는 수밖에 없었다.

항모의 개념을 바꾼 원자력 항모

원자로를 동력원으로 하는 원자력 항모는 해상의 이동 기지라 할 수 있는 슈퍼캐리어의 능력을 극한까지 끌어올렸다. 원자력의 이점은 이루 헤아릴 수 없는 것이었다.

●항속거리를 늘렸다고 하는 점을 훨씬 뛰어넘는 이점이란?

1961년 11월, 원자로를 동력원으로 하는 세계 최초의 원자력항모(CVN) 「엔터프라이즈(USS Enterprise, CVN-65)」가 탄생했다. 제2차 세계 대전 최고의 무훈함의 이름을 그대로 이어받은 이 항모는 전장 342.3m, 만재배수량 93,284t에 달하는 거대한 선체이면서 33노트의 속력을 자랑했으며, 가압수형 원자로 8기에서 뿜어내는 28만 마력의 출력에 힘입어, 동시기의 통상 동력 항모였던 「키티호크(USS Kitty Hawk)급(동년 4월 취역)보다도 훨씬 거대한 선체를 동등 이상의 속도로 항행할 수 있었다.

원자력 기관을 채용했을 때의 최대 이점은, 거의 무한한 항속거리이다. 「키티호크」급도 거의 2만 2,000km가 넘는 장대한 항속거리를 자랑했지만, 원자력 항모의 경우 원자로의 **연료봉**을 교체하기 전까지는 사실상 무한대의 거리를 항해할 수 있다. 물론 실제로는 탑재기의 항공 연료나 승무원들을 위한 식료품 등의 물자에는 한계가 있기에 보급 없이 작전을 수행하는 것은 불가능한 일이다.

원자력 기관의 이점은 이뿐만이 아니었다. 종래의 통상 동력 항모에서 필요로 했던 연료 탑재 공간만큼을 항공 연료나 무기, 탄약 등의 물자 저장 공간으로 활용할 수 있었기 때문이다. 「키티호크」급의 경우 약 5,900t의 항공 연료를 실을 수 있었으나, 1975년부터 취역하기 시작한 「니미츠(USS Nimitz)급의 경우, 그 양이 약 9,000t으로 크게 늘어나면서, 탑재기의 임무 지속 능력 또한 증대되었다. 또한 원자로가 만들어내는 막대한 양의 전력은 1개 도시 분에 필적하는 것이었다. 이 점은 현대전에서 중요시하는 전자전을 수행함에 있어 더할 나위없는 이점인 것이다.

「엔터프라이즈」가 지난 2012년 연말에 퇴역하면서, 현재 운용되고 있는 원자력 항모는 미국의 「니미츠」급 10척과 프랑스의 「샤를 드 골」뿐이다. 운용 국가가 겨우 2개국에 지나지 않는 이유는 선박용 원자로의 개발에 고도의 기술이 필요하며, 막대한 건조비용이 들어가기 때문으로, 「엔터프라이즈」의 건조에는 「키티호크」급의 1.7배에 달하는 4억 5,000만 달러나 되는 비용이 투입되었다. 높은 기술력과 막대한 재력을 아울러 갖출 수 있을 정도의 국력을 지닌 나라가 아닌 이상, 원자력 항모를 건조 및 운용하는 것은 꿈도 꾸기 어려운 일인 것이다.

원자력 항모의 발달

미 해군 원자력 항모「로널드 레이건(USS Ronald Reagan, CVN-76)」(니미츠급 9번함)

만재배수량 : 103,637t
전장 : 332.9m
최대폭 : 76.8m
출력 : 28만 마력

속력 : 30노트 이상
탑재기 : 56기 + 헬기 15기
취역 : 2003년

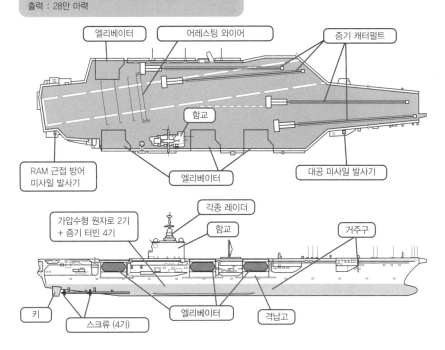

엘리베이터　　어레스팅 와이어　　증기 캐터펄트

함교

RAM 근접 방어
미사일 발사기　　엘리베이터　　대공 미사일 발사기

가압수형 원자로 2기
+ 증기 터빈 4기　　각종 레이더　　함교　　거주구

키　　스크류 (4기)　　엘리베이터　　격납고

원자력 항모의 장점과 단점

장점	단점
• 항속거리가 사실상 무한대. • 거대한 함체임에도 고속 항해 가능. • 연료봉 교체 주기는 20년에 1회 • 연료를 따로 싣지 않는 만큼, 다른 물자를 더 실을 수 있기에 탑재기의 지속 운용 능력이 높다. • 1개 도시 분에 필적하는 막대한 전력을 활용할 수 있다. • 연돌이 없으므로 항공기의 이착함을 방해하는 요소가 사라진다.	• 원자로의 운용과 제작에는 기술력이 필요. • 건조 비용이 많이 든다. 통상 동력의 1.7배. • 연료봉의 교환 등 대규모 정비에 시간이 많이 소요됨. • 만에 하나 원자로가 파손되었을 경우, 핵물질에 의한 오염의 우려가 있다. • 다 쓴 연료는 핵폐기물이 됨.

단편 지식

● **연료봉** → 원자로의 '연료'가 되는 것이 바로 농축 우라늄으로, 연료봉의 형태로 가공한 것을 원자로 내부에 삽입하게 된다. 연료봉의 교체 주기는, 「엔터프라이즈」의 경우 당초에는 3~5년이었으나, 이후 개량이 이뤄지면서 20년에 1회로, 「니미츠」급의 경우 초기형과 후기형 사이에 차이가 있어 13~25년에 1회 행하도록 되어 있다.

V/STOL기가 낳은 현대의 경항모

한때 그 용도가 폐기되었던 경항모. 하지만 V/STOL기나 헬기를 운용하는 전용함으로 다시 되살아나면서, 현재는 뛰어난 범용성을 자랑하는 다목적 함으로 활약하고 있다.

●스키점프대를 설치하여 V/STOL기의 운용능력을 크게 높이다

경항모(CVL)라는 명칭은 대전 후기에 미 해군이 경순양함을 베이스로 만들어낸 「인디펜던스」급에 그 유래를 두고 있다. 정규 함대와 함께 함대 행동을 할 수 있는 소형 항모라는 의미로 붙여진 명칭인 것이었다.

전후 함재기가 제트기로 교체되기 시작하면서, 소형 항모의 크기로는 이를 운용하기가 어려웠기에 '경항모'라는 카테고리 또한 자연스럽게 '용도 폐기'의 길을 걷는 듯 했다. 하지만 이러한 움직임을 뒤집은 것이 있었으니, 바로 V/STOL(단거리 이륙 / 수직 착륙) 공격기인 해리어의 등장이 바로 그것이었다. 이후 V/STOL기의 특성을 살린 운용법의 연구가 진행되면서 시 해리어가 탄생했으며, 1980년에는 시 해리어와 헬기의 운용을 목적으로 한 경항모 「인빈시블(HMS Invincible)」급(만재배수량 20,600t)이 취역하기에 이르렀다.

「인빈시블」급의 외견상 최대의 특징이라면 누가 뭐래도 전통식 평갑판을 지닌 선체의 함수부에 설치된 약 13도 각도의 스키점프대. 시 해리어가 지닌 단거리 이함 성능을 보조하여, 충분한 양의 무장과 연료를 실은 채 이함할 수 있게 해주는 스키점프대는 V/STOL기의 실용적인 운용을 가능하게 해주었다. 여기에 수직으로 착함할 수 있는 해리어의 특징이 더해지면서, 이후에 탄생하게 되는 경항모의 구조와 그 운용에 많은 영향을 주었으며, STOVL 항모라는 새로운 형태의 탄생으로 이어졌다. 이 「인빈시블」과 시 해리어의 콤비는 1982년에 발발했던 **포클랜드 전쟁**에서 크게 활약하며, 그 유용성을 전 세계에 과시했다.

냉전의 종식으로 강대국 간의 직접적 충돌 가능성이 낮아지면서, 전면전보다는 제한된 지역에서 벌어지는 저강도 분쟁에 대처할 능력을 지닌 함선의 필요성이 대두되었는데, 그 결과, 중간 규모의 해군력을 보유한 여러 국가들이 현대판 경항모를 건조·운용하게 되었다.

또한 최근에는 항모로서의 역할에 더해 육상 병력의 수송 수단으로서의 능력을 필요로 하게 되었다. 2008년에 취역한 이탈리아의 「카보우르(Cavour)」(만재배수량 27,100t)는 이러한 요구에 맞춰 차량 수송 능력에 더해 병력의 수용 공간을 아울러 갖춘 경항모로 탄생했다.

현대의 경항모란?

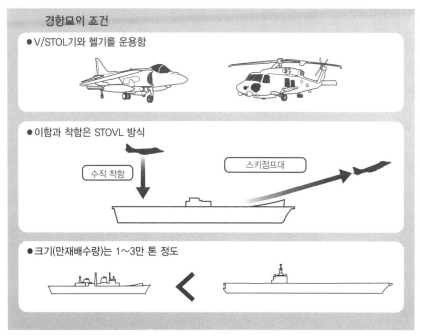

경항모의 조건

- V/STOL기와 헬기를 운용함
- 이함과 착함은 STOVL 방식

수직 착함

스키점프대

- 크기(만재배수량)는 1~3만 톤 정도

영국 해군 STOVL 항모 「인빈시블」

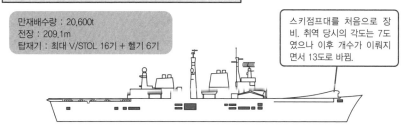

만재배수량 : 20,600t
전장 : 209.1m
탑재기 : 최대 V/STOL 16기 + 헬기 6기

스키점프대를 처음으로 장비. 취역 당시의 각도는 7도였으나 이후 개수가 이뤄지면서 13도로 바뀜.

여태까지 취역했던 STOVL 항모

영국 / 인빈시블(2005년 퇴역), 일러스트리어스(현재는 헬기 항모로 운용 중), 아크로열(2011년 퇴역), 이탈리아 / 카보우르, 주세페 가리발디, 스페인 / 프린시페 데 아스투리아스(2013년 퇴역), 인도 / 비라트(영국제 경항모 허미즈를 중고로 도입 후 개수), 태국 / 차크리 나루에벳

용어해설

- **포클랜드 전쟁** → 대서양 남부에 위치한 포클랜드 제도의 영유권을 두고 영국과 아르헨티나 사이에 벌어진 전쟁.
- **냉전** → 제2차 세계 대전이 끝난 뒤, 미국과 서유럽 각국을 중심으로 한 서방 진영과 소련을 중심으로 한 동구권 진영 간의 대립. 1991년 소련의 붕괴로 종식이 선언되었다.

대잠 항모와 대잠 헬기 항모

대서양에서 U보트에 맞서 싸웠던 호위 항모는 전후에 대잠 항모로 진화했다. 그리고 마침내 대잠 헬기를 전문적으로 운용하는 대잠 헬기 항모가 등장하기에 이르렀다.

●잠수함을 추적 & 격멸하는 헌터 킬러

제2차 세계 대전 당시, 대서양에서 U보트로부터 수송 선단을 보호했던 미 · 영 해군의 호위 항모는 적극적으로 U보트를 몰아내는, 이른바 「헌터 킬러」라 불리는 대잠 임무를 수행했다. 선단을 호위하는 구축함과 호위 항모에 탑재된 함상공격기나 함상전투기가 서로 연계하여 U보트를 추적했던 것이다.

전후, 함재기를 이용한 대잠 작전의 유용성이 높은 평가를 받으면서, 대잠 항모(CVS)라는 새로운 함종이 탄생하였다. 함재기의 제트화 및 대형화에 따를 수 없어, 잉여로 남게 된 「에식스」급 등의 항모에 대잠초계기를 싣고 운용한 것이 그 시작이었던 것이다.

또한, 이와 시기를 같이하여 헬리콥터의 실용화가 이루어지고, 해군 함선에서의 운용이 진행되면서, 헬기가 대잠 초계 임무용 함재기의 주류를 이루게 되었다. 이러한 추세에 맞춰, 결국 대잠 항모도 서서히 모습을 감췄고, 헬기 탑재함이 그 자리를 대신하게 되었다. 선체의 뒷부분 절반에 비행갑판을 설치한 구 소련의 「모스크바(Москва, Moscow)」급, 프랑스의 「잔 다르크(Jeanne d'Arc)」급과 같은 항공 순양함(CF), 그리고 일본 해상자위대의 「하루나(はるな)」형이나 「시라네(しらね)」형과 같은 헬기 탑재 호위함(DDH)등, 대잠 헬기 운용을 전제로 한 전용함이 등장했다. 하지만 1970년대 이후에 등장한 **범용 구축함**들의 경우, 소형 비행갑판이 설치되어 있어, 헬기 탑재 능력을 보유한 함정이 대다수이며, 현대의 대잠 임무는 이 헬기 탑재 범용 구축함들이 주로 담당하고 있는 상태이다.

그런데 지난 2009년 일본 해상 자위대는 「하루나」형 헬기 탑재 호위함의 후계함으로, 「휴우가(ひゅうが)」형 헬기 탑재 호위함(만재배수량 19,000t)을 취역시켰다. 전통형 평갑판이 설치되어 있음에도 V/STOL기의 운용 능력은 갖추지 못한 채, 오직 최대 10기의 헬기를 탑재 · 운용하는 것만이 가능하기에, 엄밀히 말해서 '항모'라 할 수는 없다. 하지만 강력한 **소나** 시스템과 **애스록**(ASROC, Anti-Submarine ROCket) 대잠 로켓을 장비하고, 최신예 대잠 헬기를 운용하며 잠수함을 추적하는 그 능력은, 그야말로 신세대 대잠 항모라 해도 과언은 아닐 것이다.

헌터 킬러 팀의 대 잠수함 작전

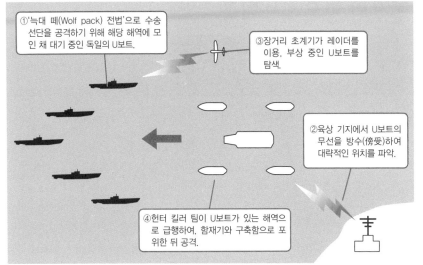

①'늑대 떼(Wolf pack) 전법'으로 수송 선단을 공격하기 위해 해당 해역에 모인 채 대기 중인 독일의 U보트.

③장거리 초계기가 레이더를 이용, 부상 중인 U보트를 탐색.

②육상 기지에서 U보트의 무선을 방수(傍受)하여 대략적인 위치를 파악.

④헌터 킬러 팀이 U보트가 있는 해역으로 급행하여, 함재기와 구축함으로 포위한 뒤 공격.

※헌터 킬러 팀의 구성은 호위 항모 1척과 구축함 4척. 대전 중 대서양에서 총 11팀이 편성되어, U보트 37척을 격침했다.

신세대 대잠 헬기 항모

해상 자위대 「휴우가」형 헬기 탑재 구축함

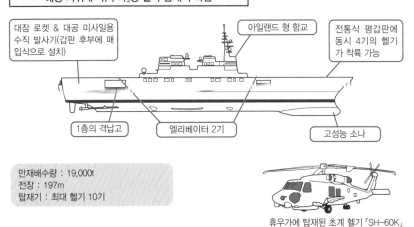

대잠 로켓 & 대공 미사일용 수직 발사기(갑판 후부에 매입식으로 설치)

아일랜드 형 함교

전통식 평갑판에 동시 4기의 헬기가 착륙 가능

1층의 격납고

엘리베이터 2기

고성능 소나

만재배수량 : 19,000t
전장 : 197m
탑재기 : 최대 헬기 10기

휴우가에 탑재된 초계 헬기 「SH-60K」

용어해설
- ●**범용 구축함** → 대공은 물론 대잠에 이르기까지 다양한 임무에 폭넓게 대응할 수 있는 구축함. 헬기 1기를 탑재하고 있는 경우도 많다.
- ●**소나** → 음파를 이용하여 해저의 지형을 파악하거나 잠수함을 탐지하는 등 수중의 대상물을 탐지 · 측정하는 데 쓰이는 센서.
- ●**애스록** → 탄두 부위에 경어뢰를 장착한 대잠 로켓. 멀리 떨어진 잠수함을 공격하는 데 사용된다.

전후의 항모 1 – 미국

미국은 대전이 끝난 뒤에도 차례차례 대형 항모를 건조해왔으며, 마침내 10만 톤이 넘어가는 원자력 항모를 탄생시켰다. 미국은 지금도 전 세계의 바다에 군림하고 있다.

● 슈퍼캐리어는 미 해군의 상징!

제2차 세계 대전이 끝난 뒤, 미국의 항모는 대형화의 길을 걷고 있었다. 대전 당시의 주력이었던 「에식스」급의 경우, 전후 일부 함에 증기 캐터펄트가 설치되고, 비행갑판도 앵글드 덱으로 변경되는 등, 근대화 개수가 이뤄지면서 함재기의 제트화에 대응했으나, 1960년대에 들어서면서 결국 그 한계에 부딪히고 말았다. 대전 말기에 기공된 대형 항모 「미드웨이」급도 몇 차례의 근대화 개수를 거치면서 최종적으로는 만재배수량이 74,000t까지 증가하기에 이르렀다. 일본의 요코스카(横須賀)를 모항으로 하던 「미드웨이」급은 **베트남 전쟁**과 **걸프 전쟁**을 거쳐 1992년까지 현역의 자리를 지켰다.

1950년대에는 만재배수량이 81,163t에 달하는 「포레스탈」급이, 그리고 1960년대에는 그 개량형인 「키티호크」급(만재배수량 82,538~83,573t)이 등장했다. 움직이는 항공 기지라고 할 만한, 이 거함들은 일명 '슈퍼캐리어'라 불렸으며 합계 8척이 취역했고, 미국의 해군력을 상징하는 존재로 오랜 세월동안 군림했다. 하지만 2009년, 「키티호크」의 퇴역을 마지막으로, 현재는 모든 함이 퇴역한 상태이며, 현재는 「니미츠」급 원자력 항모들이 그 자리를 이어받은 상태이다.

세계 최초의 원자력 항모는 1961년에 취역한 「엔터프라이즈」(만재배수량 93,284t)이었지만, 실험적인 함인데 더하여 막대한 건조비용이 들었기에, 1척밖에 건조할 수가 없었다. 하지만, 이후 원자로 관련 기술의 발전에 힘입어, 1975년에 취역한 「니미츠」(만재배수량 91,487t)를 시작으로, 2009년에 취역한 「조지 H. W. 부시」(만재배수량 102,000t)에 이르기까지, 10척에 달하는 동형함이 건조되었는데, 이 동안에 「니미츠」급 1척이 취역하면 통상 동력 항모 1척을 퇴역시킨다고 하는 원칙에 근거하여, 미 해군은 항모 11척 체제를 확립했고, 1척의 항모를 중심으로 하나의 **항모 타격 전단**(Carrier Strike Group, CVSG)을 형성하였다. 다만, 2012년 말에 「엔터프라이즈」가 퇴역한 뒤, 현재는 그 후속 항모가 취역할 예정인 2015년까지, 10척의 항모 가운데 장기 점검 중인 1척을 제외한 9척의 항모를 중심으로 한 9개 항모 타격 전단 체제를 유지하고 있는 중이다.

미국이 보유한 10척의 항모와 그 모항

※2014년 1월 기준

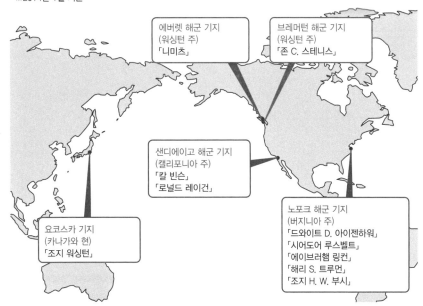

에버렛 해군 기지
(워싱턴 주)
「니미츠」

브레머턴 해군 기지
(워싱턴 주)
「존 C. 스테니스」

샌디에이고 해군 기지
(캘리포니아 주)
「칼 빈슨」
「로널드 레이건」

노포크 해군 기지
(버지니아 주)
「드와이트 D. 아이젠하워」
「시어도어 루스벨트」
「에이브러햄 링컨」
「해리 S. 트루먼」
「조지 H. W. 부시」

요코스카 기지
(카나가와 현)
「조지 워싱턴」

※2014년 현재 미 해군에 소속된 10척의 항모는 다섯 곳의 모항에 배치되어 있는데, 유일하게 미국 본토 밖에 있는 것이 일본 요코스카 기지의 「조지 워싱턴」이다. 또한 2015년에 새로운 항모가 취역하여 11척 체제가 되면, 요코스카 기지의 항모도 「로널드 레이건」으로 교체될 예정이다.

전후 미국의 주요 항모

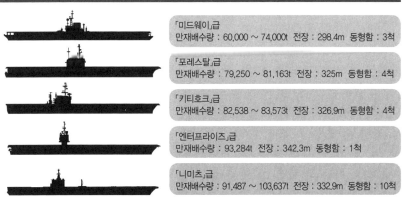

「미드웨이」급
만재배수량 : 60,000 ~ 74,000t 전장 : 298.4m 동형함 : 3척

「포레스탈」급
만재배수량 : 79,250 ~ 81,163t 전장 : 325m 동형함 : 4척

「키티호크」급
만재배수량 : 82,538 ~ 83,573t 전장 : 326.9m 동형함 : 4척

「엔터프라이즈」급
만재배수량 : 93,284t 전장 : 342.3m 동형함 : 1척

「니미츠」급
만재배수량 : 91,487 ~ 103,637t 전장 : 332.9m 동형함 : 10척

용어해설

● **베트남 전쟁** → 1960~1975년경에 북 베트남과 남 베트남 / 미국 사이에 벌어진 전쟁.
● **걸프 전쟁** → 1990~1991년 사이에 미국을 중심으로 한 다국적 군과 이라크가 벌인 전쟁.
● **항모 타격 전단** → 1척의 항모를 중심으로 6척 정도의 함정으로 구성되는 전투 단위. 2006년 이전에는 항모 전단 (Carrier Battle Group, CVBG)이라 불렸다.

전후의 항모 2 – NATO 각국

서유럽의 NATO 가맹국들의 경우, 영국, 프랑스, 이탈리아, 스페인 등 전통적으로 강한 해군력을 보유했던 국가들을 중심으로 항모를 모유하고 있다.

● 현재는 4개국이 항모를 보유, 운용하고 있는 중

현재 항모를 보유하고 있는 **NATO** 가맹국은, 영국, 프랑스, 이탈리아, 스페인의 4개국. 대전 직후에는 네덜란드도 항모를 보유하고 있었으나, 현재는 보유하고 있지 않은 상태이다.

항모의 발상지라 할 수 있는 영국은 대전 말기에 건조했던 항모를 장기간에 걸쳐 운용해왔으나, 제트 엔진 시대의 도래에 따라 이들 함선을 퇴역시켰다. 하지만 80년대에 STOVL 방식의 경항모「인빈시블」급 3척을 취역시켰으며, 지금은 2번함인 「일러스트리어스」(HMS Illusurious, R06)만이 현역으로 남아 있는 상태다. 현재는 V/STOL 함재기인 해리어마저 퇴역시킨 채, 헬기만을 운용하고 있으나, 이 「일러스트리어스」도 2014년 중에는 퇴역할 예정으로 있다(※역자 주 : 2014년 8월 28일에 퇴역). 영국 해군은 현재, 그 후계함으로 6만 5천 톤급의 STOVL 항모인 「퀸 엘리자베스」(HMS Queen Elizabeth, R08)급 2척을 건조하고 있는 중이다(※역자 주 : 2014년 7월 진수, 2017년 취역 예정).

프랑스의 경우, 대전 직후에는 미국으로부터 공여받은 경항모를 운용했으며, 60년대에는 CATOBAR 방식의 항모 「클레망소」(Clemenceau)급 2척을 취역시켰다. 이 뒤를 이어 1999년에는 원자력 항모인「샤를 드 골」을 완성시켰는데, 현재는 이 항모만이 현역으로 취역 중이며, 미국의 항모가 핵무기 운용을 폐지한 현 시점에서는 세계에서 유일하게 핵 공격 능력을 보유한 항모이기도 하다. 또한 영국의 신형 항모와 기본 설계를 같이하는 통상동력의 CATOBAR 방식 항모의 건조가 예정되어 있는 등, 항모 2척 체제를 목표로 하고 있는 중이다(※역자 주 : 2013년 프랑스 국방 백서에서 PA2 계획의 취소가 발표된 상태임).

일찍이 이탈리아 반도에는 강력한 해군력을 보유한 도시 국가가 있었으며, 제2차 세계 대전 당시에도 비록 미완성이었으나 본격적인 항모를 건조 중이었다. 전후, 70년대에 들어서면서 이탈리아 해군은 항공 순양함에서 해리어의 운용테스트를 실시한 뒤, 1985년에 STOVL 경항모인 「주세페 가리발디」를 취역시켰다. 이후 2008년에는 차량 수송 능력을 아울러 갖춘 다목적 STOVL 경항모인 「카보우르」를 취역시키면서, 이탈리아 해군은 2척의 항모를 운용 중이다.

스페인 또한 전통적인 해군국이었으나, 1988년에 취역시킨 STOVL 경항모「프린시페 데 아스투리아스」는 결국 2013년에 퇴역하고 말았다. 하지만 2010년에 취역한「후안 카를로스 1세」의 경우 일단 함종 자체는 강습상륙함으로 분류되지만, 스키점프대를 갖추고 있는 등, STOVL 경항모로서의 능력 또한 아울러 갖추고 있는 최신예 함선이다.

NATO 주요 가맹국들이 운용하는 항모와 그 모함

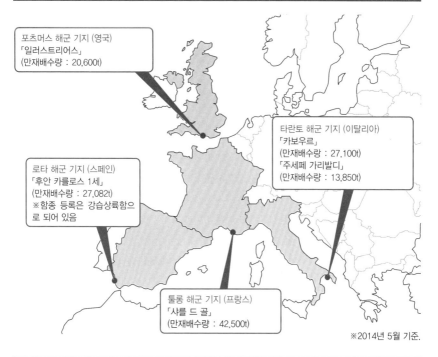

포츠머스 해군 기지 (영국)
「일러스트리어스」
(만재배수량 : 20,600t)

로타 해군 기지 (스페인)
「후안 카를로스 1세」
(만재배수량 : 27,082t)
※함종 등록은 강습상륙함으
로 되어 있음

타란토 해군 기지 (이탈리아)
「카보우르」
(만재배수량 : 27,100t)
「주세페 가리발디」
(만재배수량 : 13,850t)

툴롱 해군 기지 (프랑스)
「샤를 드 골」
(만재배수량 : 42,500t)

※2014년 5월 기준.

다목적 항모로 진화한 신세대 항모

이탈리아 해군 다목적 항모 「카보우르」

차량을 내릴 수 있는 램프를 우
현 중앙과 선체 후면에 장비

스키점프대를 설치, V/STOL
기를 운용

격납고는 1층으로, 임무에 따라 항공기 탑재와 차량의 적재
로 나눠 사용할 수 있음. 이 외에 325명의 병력을 수용 가능

만재배수량 : 27,100t   속력 : 28노트
전장 : 235,6m   표준 탑재기 수 : V/STOL기 8기 + 헬기 12기 또는 장갑 차량 60대

용어해설

● NATO → 냉전시대에 미국과 서유럽 각국이 연합하여 조직한 북대서양 조약기구(North Atlantic Treaty Organization)의
약어. 구 소련을 중심으로 한 동유럽의 바르샤바 조약기구(WTO)와 대치하고 있었다. 미국과 캐나다를 포함하여 현재의
가맹국가는 28개국. 러시아의 경우 2002년 EAPC(Euro-Atlantic Partnership Council)에 가입하면서 준 가맹국 대우를
받고 있다.

전후의 항모 3 - 기타 국가들

항모의 존재가 해군력의 증거가 된 현재의 세계. 중국이 마침내 새로운 항모 보유국으로 등장하면서 여러 이권이 복잡하게 얽힌 아시아 각국에 있어 새로운 전략의 필요성이 대두되고 있다.

●해군력의 상징으로 항모를 보유한 국가들

항모의 건조에 있어 한 발 뒤처져 있던 구 소련의 경우, **항공 중순양함**이라는 이름하에 선체 후부에 비행갑판을 설치, 헬기를 탑재한 「모스크바」급을 건조했다. 뒤이어 1975년에는 전통식 평갑판을 갖춘 「키예프」급을 취역시키며, 사실상의 항모 보유국이 된다. 탑재한 항공기는 VTOL기인 Yak-38과 대잠 헬기였지만, Yak-38은 그 성능에 여러 가지 문제가 있어 단명으로 끝나고 말았으며, 「모스크바」급과 「키예프」급 또한 현재는 퇴역한 상태이다. 이들의 뒤를 이어 1990년에 취역한 것이 바로 「어드미럴 쿠즈네초프(Адмирал флота Советского Союза Кузнецов, Admiral Kuznetsov)」. 앵글드 덱 방식의 비행갑판과 스키점프대를 갖춘 STOBAR 방식의 항모이며, CTOL 함재기와 헬기를 탑재하고 있는데, 현재는 러시아 해군이 운용하고 있다.

이 「어드미럴 쿠즈네초프」급의 2번함으로, 도중에 건조가 중단되었던 「바리야그(Варяг, Varyag)」를 중국이 구입하여 자국 내의 조선소에서 대폭적인 개조를 하여 2012년에 취역시킨 것이 STOBAR 항모인 「랴오닝(遼寧)」인데, CTOL 함재기와 헬기를 운용하고 있으나, 그 능력과 완성도는 아직도 미지수인 점이 많은 상태이다. 일단 현재는 자국산의 차세대 항모 건조를 위한 일종의 테스트베드로 시험 운용 중에 있다.

인도의 경우, 1987년, 퇴역한 영국제 항모 「허미즈」를 구입한 뒤 개조한 STOVL 경항모에 「비라트(INS Viraat)」라는 함명을 부여하여 취역시켰다. 그 뒤, 러시아로부터 「키예프」급 4번함 「바쿠(Баку, Baku)」를 개조한 STOBAR 항모 「비크라마디티야(INS Vikramaditya)」를 도입했다. 현재는 자국산 STOBAR 항모인 「비크란트(INS Vikrant)」를 건조 중으로, 수 년 내에 취역시켜 중형 항모 2척 체계를 갖추는 것을 목표로 하고 있으며, 「비라트」는 조만간에 퇴역이 예정되어 있다.

이 외에 태국도 스페인에서 1만 톤 급 STOVL 경항모인 「차크리 나루에벳」을 도입, 1997년부터 운용하고 있다. 현재 운용 중인 항모 가운데, 세계에서 가장 작은 항모이기도 하다.

남미에서는 일찍이 브라질과 아르헨티나가 항모를 운용하고 있었다. 하지만 아르헨티나의 항모는 1998년에 제적된 상태로, 현재는 브라질의 「상파울루(São Paulo, A-12)」가 유일한 항모로 남아 있다. 「상파울루」는 원래 프랑스 해군에서 운용했던 「클레망소(Clemenceau, R98)」급의 2번함인 「포슈(Foch, R99)」를 구입하여 개조한 함선으로, 증기 캐터펄트를 갖추고 있는 중형 CATOBAR 항모이다.

세계 각국이 운용 중인 항모와 그 모항

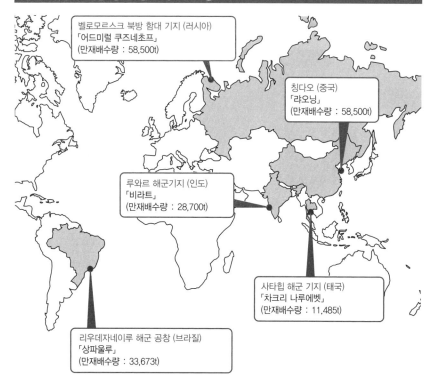

벨로모르스크 북방 함대 기지 (러시아)
「어드미럴 쿠즈네초프」
(만재배수량 : 58,500t)

칭다오 (중국)
「랴오닝」
(만재배수량 : 58,500t)

루와르 해군기지 (인도)
「비라트」
(만재배수량 : 28,700t)

사타힙 해군 기지 (태국)
「차크리 나루에벳」
(만재배수량 : 11,485t)

리우데자네이루 해군 공창 (브라질)
「상파울루」
(만재배수량 : 33,673t)

세계가 주목하고 있는 중국의 신예 항모

중국 훈련(?) 항모 「랴오닝」

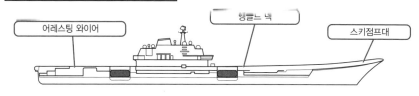

어레스팅 와이어

윙클느 넥

스키점프대

만재배수량 : 58,500(?)t   최대 속도 : 32노트
전장 : 304m   함재기 수 : 24기 예정

구 소련 시대에 건조가 시작되었다가 도중에 방치되었던 「어드미럴 쿠즈네초프」급의 2번함인 「바리야그」의 선체를 중국 측이 우크라이나에서 고철 명목으로 구입, 항모로 완성시켰다.

단편 지식

●소련 측이 '항공 중순양함'이라 불렀던 이유는? → 「키예프」급의 경우, 구 소련 측에서는 '항공 중순양함'이라 불렀는데, 이는 1936년에 체결된 몽트뢰 조약(Montreux Convention)의 규정상 항모는 흑해의 출구인 다르다넬스 · 보스포루스 해협을 통과할 수 없게 되어 있기 때문으로, 이러한 정치적 문제 때문에 '항모'로 분류하지 않았던 것이다.

항모에서 파생된 강습상륙함

상륙 작전의 지원을 위해 미국 해병대가 만들어낸 것이 바로 강습상륙함. 외견상으론 항모와 매우 흡사하며 V/STOL기도 운용하지만, 항모와는 별개로 분류되고 있다.

●항모에서 파생된, 높은 독자적 작전 수행 능력을 갖춘 다목적

강습상륙함(LHA/LHD)은 상륙 부대를 적지에 상륙시키기 위해 만들어진 군함으로, 부대의 상륙 수단으로 사용되는 수송 헬기나 **상륙주정**(上陸舟艇)을 탑재, 운용한다.

1950년대, 미 해병대는 그간의 상륙작전에서 얻은 전훈을 바탕으로 전용의 함선을 요구했으며, 이에 호위 항모를 개조, 강습 헬기 항모(LPH)로 운용한 것이 그 시작이었다. 이 시험 운용의 결과, 대형 헬기를 이용한 상륙 작전이 대단히 유효한 것으로 판명되었고, 이에 따라 「에식스」급을 개조한 강습 헬기 항모를 거쳐, 「이오지마(USS Iwo Jima)」급 강습상륙함(LHA)을 새로이 건조하였다. 항모를 개조한 것이 그 유래였기에 전통식 평갑판을 갖춘 것은 항모와 닮았으나, 상륙 작전을 주된 임무로 한다는 점에서 항모와는 별개의 함종으로 구별된다.

하지만 전차나 장갑차 등의 중장비의 경우, 헬기로는 상륙시키는 것이 무리였기에 소형의 상륙주정을 함내에서 직접 이함시킬 수 있는 기능이 요구되었는데, 이러한 요구에 대응하기 위해, 1976년에는 웰 도크(Well dock, 함내에 위치한 도크. 침수 갑판이란 의미의 월 덱이라고도 한다)를 갖춘 「타라와(USS Tarawa)」급 강습상륙함(LHD)이 등장, 헬기를 이용한 공중으로부터의 상륙은 물론 범용 상륙주정(LCU)이나 **공기 부양 상륙정(LCAC)**를 이용한 해상으로부터의 상륙이라는 양면 작전을 수행하는 것이 가능하게 되었다. 여기에 더해 독자적인 작전 수행능력을 요구한 미 해병대가 전투 헬기나 V/STOL기를 탑재, 운용하면서, 강습상륙함은 근접 항공 지원 능력까지 갖추게 되었다.

현재의 주력 강습상륙함인 「와스프(USS Wasp)」급은 만재배수량 40,650t의 대형 함선으로, 표준 장비로는 **오스프리**(Osprey) 틸트로터기나 수송헬기, 전투 헬기 등을 약 40기, V/STOL기 6기, LCAC를 3척 탑재하며, 약 1,900 명의 해병대원과 전차 4대를 포함한 130대의 각종 차량, 화포 6문 등을 수용할 수 있는데, 이것은 1개 해병 원정대(MEU)에 해당하는 병력이다.

오늘날, 항모에서 파생된 강습상륙함은 미국 이외에도 영국, 프랑스, 이탈리아, 스페인, 대한민국 등 여러 국가가 보유하고 있으며, 호주와 러시아도 도입을 준비 중이다. 이들 가운데에는 높은 항공기 운용 능력을 갖추고 경항모 기능을 겸하는 함선도 있는데, 현재는 이쪽이 주류를 이루고 있는 중이다.

강습상륙함의 탑재능력

강습상륙함 「와스프」급

만재배수량 : 40,650t
전장 : 257.3m
속력 : 27노트

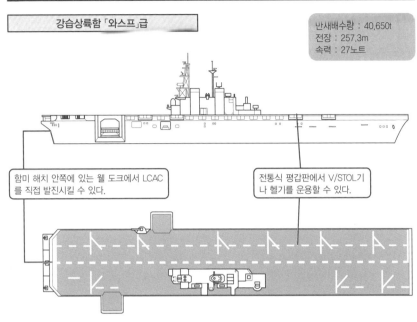

함미 해치 안쪽에 있는 웰 도크에서 LCAC를 직접 발진시킬 수 있다.

전통식 평갑판에서 V/STOL기나 헬기를 운용할 수 있다.

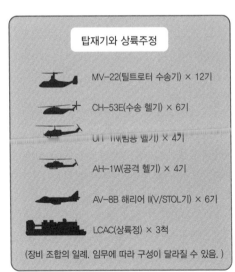

탑재기와 상륙주정

MV-22(틸트로터 수송기) × 12기

CH-53E(수송 헬기) × 6기

UH-1N(범용 헬기) × 4기

AH-1W(공격 헬기) × 4기

AV-8B 해리어 II(V/STOL기) × 6기

LCAC(상륙정) × 3척

(장비 조합의 일례. 임무에 따라 구성이 달라질 수 있음.)

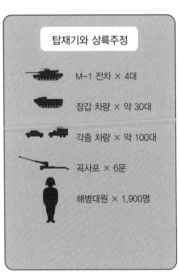

탑재기와 상륙주정

M-1 전차 × 4대

장갑 차량 × 약 30대

각종 차량 × 약 100대

곡사포 × 6문

해병대원 × 1,900명

용어해설

● **상륙주정** → 항만 설비가 없는 해안에도 병력이나 차량을 직접 상륙시킬 수 있는 소형 선박.
● **공기 부양 상륙정(LCAC)** → 선체 하면에 압축공기를 분사해 만든 에어쿠션으로 수면을 활주하며, 육상으로도 올라올 수 있는 상륙정.
● **오스프리** → 헬기와 고정익기의 특성을 한데 지닌 틸트로터 방식을 채용한 수송기.

항모를 보유한 국가가 극히 한정되어 있는 이유는?

현재 항모를 보유한 국가는 전 세계를 통틀어도 10개국에 불과하다. 항모를 건조하고 운용하기 위해서는 그에 걸맞은 국력을 지니고 있어야 하기 때문이다.

●항모를 보유하기 위해서는 막대한 예산이 필요!

현재, 항모는 해군 전력의 중심적 존재로 자리를 잡고 있다. 하지만, 그럼에도 불구하고, 항모를 보유한 국가는 10개국에 불과하다. 과거에 단기간이나마 운용했던 국가를 포함시키더라도 그 수는 겨우 15개국. 과연 그 이유는 무엇일까?

최대의 이유라면, 역시 건조에 너무나도 막대한 예산이 들어가기 때문일 것이다. 예를 들어 미국의 원자력 항모의 경우, 일단 단순히 건조비용만 해도 50~60억 달러가 들어가지만, 이들 항모의 경우 언제나 수많은 최신 기술들이 투입되는 존재인 관계로, 여기에 필요한 개발 비용까지 포함시킬 경우, 그 금액은 수 배 이상일 것이며, 이 금액만으로도 어지간한 소규모 국가의 국방비 총액 정도는 가뿐히 뛰어넘을 정도이다. 하지만 이 금액으로 끝나는 것이 아니다. 여기에 더해, 항모에 탑재할 함재기의 구매 예산을 더해야 하기 때문이다. 현재의 최신예기의 경우라면 1기에 약 8~9천만 달러 정도로, 이런 기체를 일정 숫자 이상 갖추지 못하면 항모를 전력으로 사용하기 곤란하다.

참고로, 현재 건조 중인 영국의 최신 항모의 경우는 2척에 약 49억 달러(1척 당 24억 5000만 달러)로 발주가 된 상태이며, 엄밀히 말하면 항모는 아니지만, 일본의 해상자위대가 건조 중인 헬기 탑재 호위함(구축함)인 「이즈모(いずも)」형의 건조를 위해 잡힌 예산도 1척에 약 1,200억 엔(10억 3000만 달러 정도에 해당) 정도이다.

여기에 더해 **유지 운용**에도 거액의 예산을 필요로 한다. 슈퍼캐리어의 경우, 승무원은 항공요원을 포함하여 5,000명 이상이며, 경항모라고 해도 1,000명 이상의 인원을 태우고 있는 것이 보통으로, 이들의 인건비며 식비만 해도 엄청난 액수이다. 또한 항모는 대형 함선인 만큼, 선박의 운항에도 여러 가지 비용을 필요로 하며, 함재기의 운용유지에도 비용이 소요된다. 뿐만 아니라 항모를 지키는 호위함대도 필요로 하는 등, 항모는 그야말로 돈 먹는 하마인 것이다.

물론 기술적인 허들도 만만한 것이 아니다. 항모를 건조할 수 있는 기술력과 공업력을 맞춘 국가는, 현재 자국산 항모를 건조 중인 국가를 포함하더라도 겨우 10개국에 불과하며, 타국에서 건조한 항모를 도입한 경우라도, 운용과 유지 및 보수 등의 작업에는 그 나름의 기술력을 필요로 한다. 게다가 함재기의 운용도 육상기에 비해서 난이도가 높은 편이다.

한편, 현대의 일본은 기술력과 경제력을 갖춘 상태이기는 하지만, (국제)정치적 이유로 항모를 가질 수 없는 경우에 해당한다. 항모를 보유한 국가의 수가 극히 한정되어 있는 것은 이러한 정치, 경제, 기술적인 이유에 기인하고 있는 것이다.

항모를 보유하는 데 소요되는 비용

항모의 초기 비용

● 건조 비용
미국의 원자력 항모의 경우 50~60억 달러. 경항모라도 10억 달러 이상은 필요로 하며, 신장비의 개발 비용이 덤으로 들어가기도 한다.

● 함재기의 구매 비용
항모의 '무기'가 되는 함재기는, 최신예기의 경우 1기에 8~9천만 달러. 예비 기체를 포함해, 어느 정도의 숫자를 갖추지 못하면 전력으로서의 의미가 없다.

항모의 유지 및 운용에 드는 비용

● 연료 등 각종 소모성 물자

● 승무원들의 인건비

● 함선의 유지 및 보수비용

● 함재기의 유지비

● 계류 시설 등의 비용

● 호위 함대의 운용 및 유지비용

항모를 보유하기 위해서는
천문학적인 비용이 필요하다!

항모를 건조할 수 있는 기술을 지닌 국가는?

◎	자국에서 항모를 건조 운용 중	미국, 영국, 프랑스, 이탈리아, 스페인
○	현재, 자국산 항모를 건조 중	인도, 중국
△	과거에 자국산 항모를 건조	일본, 우크라이나(※구 소련), 독일(미완성)
✕	타국에서 항모를 도입하여 운용 중	브라질, 태국
✕	과거에 타국산 항모를 도입, 운용한 경험이 있음	호주, 캐나다, 네덜란드, 아르헨티나

※구 소련의 경우, 현재의 우크라이나에 있던 조선소에서 항모를 건조했음.

단편 지식
● **유지 운용** → 국가의 재정 상태가 그리 넉넉지 못한 나라의 경우, 항모를 보유하고는 있지만, 예산의 부족으로 운용이 거의 이뤄지지 못하는, 웃지 못할 일이 벌어지기도 한다. 태국과 브라질의 항모가 그런 경우에 해당하는데, 현재는 거의 운항이 이뤄지지 않고 있는 형편이다. 하지만 해당 지역에서 해군력을 과시하기 위한 상징적 존재로, 유사시에 대비하기 위한 의미에서 여전히 전력으로 유지되고 있다.

곧 등장하게 될 근미래의 항모

미국은 「니미츠」급의 뒤를 이을 차세대 항모를 개발 중이며, 영국이나 아시아의 각국도 새로운 항모의 건조를 진행하고 있는 상태이다.

● 향후 10년 이내에 각국의 신세대 항모가 완성될 예정이다!

　미 해군은 「니미츠」급의 뒤를 이을 새로운 원자력 항모 「제럴드 R. 포드」급의 건조를 시작했으며, 2013년에는 해당함의 진수식을 치렀다. 약 10만 t급의 만재배수량으로, 함의 규모 자체는 별로 달라진 것이 없지만, 현재의 **이지스함**을 능가하는 레이더 시스템에 전자기식 캐터펄트 등, 기존의 장비를 대체하는 신 장비의 도입이 큰 주목을 받고 있다. 이러한 신기술의 적용으로 건조 일정이 다소 지연되기는 했으나, 2016년경에는 취역할 예정으로 있다.

　한편 미 해병대 쪽에서도 신세대 강습상륙함인 「아메리카」급을 건조 중인데, 웰 도크를 폐지한 대신, 항공기 운용능력을 한층 강화한 설계가 이뤄지면서, 실질적으로는 STOVL 항모로 완성될 예정이다.

　영국의 경우, 2개의 함교가 특징적인, 만재배수량 7만 t급의 항모 「퀸 엘리자베스(HMS Queen Elizabeth, R08)」급을 2척 건조 중이다. 당초에는 STOVL 방식의 항모로 건조가 진행되었으나, 탑재기로 예정되어 있던 **F-35B**의 개발이 지연되면서 CATOBAR 방식의 항모로 설계가 변경되었다. 하지만, 예산 초과 문제가 제기되면서 다시 원래의 설계인 STOVL 방식으로 돌아가는 등 우여곡절을 겪으며 앞날이 조금 불투명한 모습을 보였으나, 현재는 2017년경 취역을 목표로 초도함의 건조가 진행 중이다.

　프랑스도 「퀸 엘리자베스」급과 기본 설계를 공통으로 하는 통상 동력형 항모를 계획 중이다. 캐터펄트를 갖춘 CATOBAR 항모로 건조할 예정이었지만, 예산 등의 문제로 그 진행 여부가 불투명하며, 계획이 백지화될 가능성도 있다(※역자 주 : 한때「PA2(Porte-Avions 2)」라는 이름으로 계획이 진행 되었으나, 2013년에 결국 취소되고 말았다).

　아시아에서도 신규 항모의 건조가 진행되고 있다. 인도는 구 소련의 「키예프」급을 개조한 「비크라마디티야」와, 자국산 항모인 「비크란트」라는 2척의 STOBAR 항모를 이미 진수시켰으며, 수년 내에 취역시킬 예정으로 있다(※역자 주 : 「비크라마디티야」는 이미 2014년 6월에 취역했으며, 「비크란트」는 2018년 취역 예정으로 있다). 중국의 경우는 훈련 항모인 「랴오닝」에서 실시한 각종 테스트 결과를 반영한 6만 t급 항모 1~2척을 계획 중이라 전해지고 있다. 일본 또한 기준배수량 19,500t인 경항모 정도의 크기로, 차량 수송 능력을 갖춘 다용도 **헬기 탑재 호위함(DDH)** 2척을 건조 중이며, 이 중 1번함인 「이즈모」의 경우 이미 진수된 상태로, 2015년 취역할 예정이다.

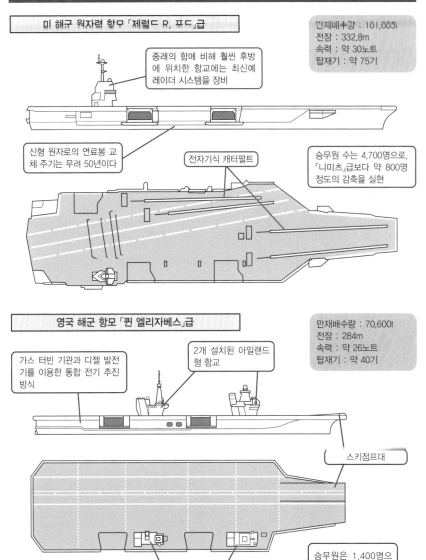

차세대의 항모

미 해군 원자력 항모 「제럴드 R. 포드」급

종래의 함에 비해 훨씬 후방에 위치한 함교에는 최신예 레이더 시스템을 장비

만재배수량 : 101,005t
전장 : 332.8m
속력 : 약 30노트
탑재기 : 약 75기

신형 원자로의 연료봉 교체 주기는 무려 50년이다

전자기식 캐터펄트

승무원 수는 4,700명으로, 「니미츠」급보다 약 800명 정도의 감축을 실현

영국 해군 항모 「퀸 엘리자베스」급

가스 터빈 기관과 디젤 발전기를 이용한 통합 전기 추진 방식

2개 설치된 아일랜드형 함교

만재배수량 : 70,600t
전장 : 284m
속력 : 약 26노트
탑재기 : 약 40기

스키점프대

아일랜드형 함교

승무원은 1,400명으로 함의 규모에 비해서는 적은 편이다

용어해설
- **이지스함** → 고도의 방공 시스템을 갖추고 대공 미사일을 적재한 전투함.
- **F-35B** → 미국과 영국을 중심으로 여러 국가들이 공동으로 개발 중인 신세대 V/STOL기.
- **헬기 탑재 호위함(DDH)** → 헬기의 운용을 주 임무로 하는 함선. V/STOL기의 운용 능력은 갖추고 있지 않기에 항모로 분류되지는 않으며, 굳이 항모의 범주에 넣는다고 하면 헬기 항모(CVH)에 해당한다.

이런 터무니없는 항모도 구상되었다?!

사실 항모라는 것 자체가 군함에 항공기를 적재한다고 하는, 파격적 발상 전환의 산물이었지만, 그 중에는 역사에 남을 정도로 터무니없는 항모나 항공전함이 계획되기도 하였다.

●빙산인가, 항모인가. 프로젝트 하버쿡

역사에 길이 남을 정도로 터무니없고 황당무계한 항모라고 하면, 제2차 세계 대전 당시 영국이 구상했던 **파이크리트**(Pykrete) 항모 「하버쿡(Habakkuk)」을 들 수 있을 것이다. 얼음을 소재로 하여 제작된 항모로, 200만 톤의 배수량에, 전장 600m, 전폭 90m에 달하는 어마어마한 크기였으며, 전투기와 공격기를 합쳐 300기의 함재기를 탑재할 예정이었다. 이른바 「빙산 항모」라고 불렸지만, 자연적으로 존재하는 빙산을 깎은 것은 아니었고, 인공적으로 얼린 파이크리트 블록을 결합한 구조였다. 물에 목재 펄프를 혼합하여 얼린 파이크리트는 보통의 얼음과 달리 쉽게 녹지 않는 물질이었는데, 여기에 더해, 함체에 냉각 파이프를 설치하여, 파이크리트가 녹는 것을 방지하는 기능을 갖출 예정이었다. 이 파이크리트에는 어뢰나 폭탄을 맞더라도 그저 움푹 패일뿐이라고 하는 이점도 있었는데, 이 계획은 그저 뜬구름 잡는 몽상으로 그치지 않고 전장 18m, 약 1,000t 무게의 모형이 제작되어, 호수 위에서 운용 테스트가 이뤄지기도 하였다. 만약 완성이 되었다면 수온이 낮은 대서양 북부에서 운용할 예정이었으나, 미국 측에서 대량의 호위 항모를 공여(Lend Lease)해주면서, 결국 이 계획은 도중에 중지되고 말았다.

●실용성이 '꽝'이었던 항공 전함

실제로 만들어진 괴짜 항모(?)를 든다고 하면 일본 해군이 운용한 2척의 항공 전함도 빼놓을 수 없는 존재. 거대한 함포에서 나오는 전함의 타격력과, 항공기를 이용한 장거리 공격 능력을 아울러 갖춘 함선을 만들고자, 세계 각국에서 여러 계획들이 진행되었지만, 그 가운데 실제로 만들어진 것은 일본 해군의 「이세」급이 유일한 사례였다. 1943년, 항모 전력의 부족에 시달리던 일본 해군은 전함 「이세(伊勢)」와 「휴가(日向)」를 '항공 전함'으로 개조했다. 모두 6기 탑재되어 있던 연장 포탑 가운데, 후방의 2기 및 부포를 철거하고, 격납고와 비행갑판을 설치한 것이다. 여기에 더해 비행갑판 전방에 비스듬하게 화약식 캐터펄트를 설치하였고, 함상폭격기 22기를 연속으로 이함시킬 수 있는 구조로 완성되었다(단, 착함은 불가). 하지만 전쟁 말기에 들어서면서 함재기 자체가 부족해졌고, 어느 쪽도 만족시킬 수 없는 어중간한 성능 또한 발목을 잡아, 본래 의도했던 항공 전함으로서 운용될 기회는 단 한 차례도 잡지 못한 채, 허무하게 종전을 맞이하는 신세가 되고 말았다.

영국 측이 계획했던 「빙산 항모」

파이크리트 항모 「하버쿡」

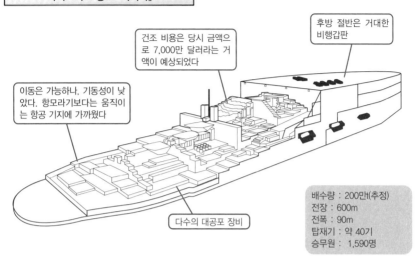

후방 절반은 거대한 비행갑판

건조 비용은 당시 금액으로 7,000만 달러라는 거액이 예상되었다

이동은 가능하나, 기동성이 낮았다. 항모라기보다는 움직이는 항공 기지에 가까웠다

다수의 대공포 장비

배수량 : 200만t(추정)
전장 : 600m
전폭 : 90m
탑재기 : 약 40기
승무원 : 1,590명

일본 해군이 만든 항공 전함

항공 전함 「이세」

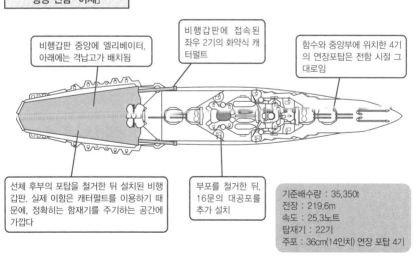

비행갑판 중앙에 엘리베이터, 아래에는 격납고가 배치됨

비행갑판에 접속된 좌우 2기의 화약식 캐터펄트

함수와 중앙부에 위치한 4기의 연장포탑은 전함 시절 그대로임

선체 후부의 포탑을 철거한 뒤 설치된 비행 갑판. 실제 이함은 캐터펄트를 이용하기 때문에, 정확히는 함재기를 주기하는 공간에 가깝다

부포를 철거한 뒤, 16문의 대공포를 추가 설치

기준배수량 : 35,350t
전장 : 219.6m
속도 : 25.3노트
탑재기 : 22기
주포 : 36cm(14인치) 연장 포탑 4기

용어해설

● **파이크리트** → 발명자는 제프리 파이크(Geoffrey Nathaniel Joseph Pyke, 1893. 11. 9~1948. 2. 22)로, 원래는 어뢰에 견딜 수 있는 장갑재로 고안했던 소재. 나무처럼 가공이 용이하면서, 소총탄 정도는 튕겨낼 정도의 강도를 지니고 있었다. 파이크리트 블록의 제조는 한랭지에 만든 인공 저수지에 목재 펄프를 혼합한 물을 주수한 뒤, 얼리는 방식으로 이뤄졌다.

잠수 항모 이(伊)-400형

제2차 세계 대전 당시, 일본 해군은 잠수 항모라 불리는 「(이)-400」형 잠수함을 개발했다. 전장 122m, 기준 배수량 3,590t, 수중배수량(잠항 시의 배수량) 6,560t에 달하는 크기는 거의 경순양함에 필적하는 것으로, 제2차 세계 대전기의 잠수함 가운데 최대의 크기를 자랑했다. 함교 앞부분에 설치된 원통형 격납고는 「이-400」형 잠수함의 가장 큰 외견적 특징이라 할 수 있는데, 이 안에는 수상 공격기 「세이란(晴嵐)」 3기가 수납되었으며, 캐터펄트를 이용, 이함시킬 수 있었다.

사실 잠수함에 함재기를 탑재한다고 하는 발상은 이미 훨씬 이전에도 존재했다. 미국의 경우, 1923년경에 S-1급 잠수함에 수상 복엽기를 적재하는 실험을 실시했으며, 영국 또한, 1928년에 M급 잠수함의 2번함을 수상기 탑재함으로 개장했던 예가 있다. 영화 「로렐라이」에도 등장했던 프랑스의 「쉬르쿠프(Surcouf)」급 잠수 순양함도 1934년 취역 당시부터 1기의 수상 정찰기를 탑재, 운용하고 있었으나, 모두가 결국 운용 시험 단계에서 그치고 만 것들이었다.

일본의 경우, 1932년에 취역한 순양형 잠수함인 「I-5」형을 시작으로, 1기의 함재기를 탑재할 수 있는 구조를 갖춘 잠수함을 40척 가까이 보유하고 있었다. 다만, 이들 함선에 탑재되었던 것은 어디까지나 색적 임무를 목적으로 하는 소형의 수상 정찰기로, 그나마도 임무에 따라서는 아예 함재기를 빼버린 채 출격하는 경우도 자주 있었다.

한편, 「I-400」형은 아예 처음부터 탑재한 공격기로 적을 타격할 것을 목적으로 하여 개발된 잠수함이었다. 탑재기였던 「세이란」은 800kg급의 폭탄이나 항공 어뢰를 탑재할 수 있는 함상 공격기로, 비록 해면에 착수한 기체를 모함이 다시 수용하는 방식을 사용하고 있었기는 하지만, 적을 공격하기 위한 병기로서의 항공기를 복수 탑재하고 있었다는 의미에서 「I-400」형은 '잠수 항모'라 불리기에 나름 합당한 함선이었다 할 수 있을 것이다.

「I-400」형에 탑재된 3기의 「세이란」은 날개를 접고, 플로트를 분리한 형태로 격납고에 수납되었으며, 기체를 이함시키기 위한 준비를 재빠르게 마칠 수 있도록, 격납고 내에는 항공기의 엔진 오일을 미리 데워두는 장치도 설치되어 있었다고 전해진다. 격납고의 거대한 문은 유압으로 개폐되었으며, 그 앞부분은 26m 길이의 캐터펄트와 직결되어 있었다. 이 캐터펄트는 압축 공기를 사용하는 방식이었는데, 사출 중량 5t이라는 우수한 성능을 지니고 있었지만, 충분한 압력까지 공기를 압축하는 데는 약 4분이란 시간이 걸렸기에, 3기의 함재기를 연속으로 이함시키는 데는 아무리 짧아도 8분의 시간을 필요로 했다.

또한 「I-400」형은 6만 km가 넘는 장대한 항속거리를 지닌 데 더해, 120일 분의 식량을 적재할 수 있었다. 처음부터 미 본토나 파나마 운하 공격을 염두에 두고 제작이 이뤄졌으며, 「세이란」을 2기 탑재할 수 있는 「I-13」, 「I-14」(기준배수량 : 2,620t)과 함께, 적의 초계망을 빠져나가, 항공 공격을 실시할 수 있는 잠수 항모로서 기대를 받고 있었다.

하지만, 실제로 취역한 1944년 이후에 들어서서는 전황이 심각하게 악화된 상태였기에, 전과를 올리는 것은 도저히 기대할 수 없는 일이었다. 전쟁이 끝나기 전까지 완성된 3척 중, 「I-400」과 「I-401」의 2척은, 태평양 서부의 미 해군 함대 정박지였던 울리시 환초(Ulithi Atoll) 공격을 위해 항해하던 도중에, 그리고 「I-402」는 모항인 구레(吳, 히로시마 부근의 군항)에서 종전을 맞이하였다. 결국 잠수함의 탑재기를 이용한 적지의 공격이 이뤄진 것은 1942년에 「I-25」에서 발진한 0식 소형 수상 정찰기가 미 본토 오레건(Oregon)주의 삼림지대를 공격한 것이 유일한 기록이었다.

전후 미군은 「I-400형」을 접수하여, 그 구조를 구석까지 꼼꼼하게 조사했으며, 이후에 등장한 미국의 미사일 탑재 잠수함의 제작에도, 해당 조사 결과가 상당한 영향을 주었다고 알려져 있다. 모든 조사가 끝난 뒤에는 하와이 만에 침몰 처분되었는데, 「I-401」은 2005년에, 그리고 「I-400」은 2013년에 각각 해저에 가라앉은 모습이 발견되었다.

제2장
항모의 구조와 기능성

항모 여명기의 비행갑판과 그 발달

항모의 가장 큰 특징이라 할 수 있는 비행갑판. 항모의 여명기에 이뤄진 다양한 실험의 결과, 선체 우현에 함교를 배치한 전통식 평갑판이라는 결론이 도출되었다.

● 거듭된 시행착오를 겪은 끝에 도달한 결론은 아일랜드형 전통식 평갑판!

비행갑판은 항모의 가장 큰 특징이라 할 수 있는 부분이다. 항모의 여명기였던 1918년, 영국의 「퓨리어스」는 순양함의 함교 앞부분에 이함, 그리고 뒷부분에는 착함에 사용되는 2개의 비행갑판이 설치된 모습으로 탄생했다. 하지만 선체 한가운데에 위치한 함교로 인해 착함은 대단히 어려웠다(결국 나중에 함교를 철거한 2단식 항모로 개장되었다).

이 직후 탄생한 「아거스」는 함체의 상부에 탁 트인 평갑판을 갖추고 있어, 무리없는 착함이 가능한 첫 항모가 되었다. 아무런 방해물 없이 평평하게 트여 있는 비행갑판은 항공기의 이착함에 더없이 편리했다. 이후 탄생한 미국의 첫 항모 「랭글리」나 일본의 첫 항모 「호쇼」도 이러한 평갑판 구조를 채용하여 탄생했다.

하지만 이러한 평갑판 구조의 경우, 함교가 비행갑판 아래에 배치된 탓에, 함의 운항이나 항공기 이착함의 관제에 많은 불편이 있었다. 그래서 항공기의 이착함과 함의 운용을 양립시키기 위한 방식으로, 얇은 형태의 함교를 함의 중앙 **우현** 끄트머리에 아슬아슬하게 배치한 아일랜드(Island, 섬)형의 전통식 평갑판이 고안되었다. 처음으로 이 형식이 채택된 것은 1920년에 완성된 영국의 항모 「이글」로, 이후에 등장할 항모의 표준적 구조로 정착하게 되었다.

한편, 보다 효율적으로 비행갑판을 활용하기 위한 아이디어 중 하나로 등장한 것이 바로 다층식 비행갑판이었다. 초기의 함재기는 매우 가벼웠고, 길이가 짧은 비행갑판에서도 운용 가능했기에 나올 수 있었던 발상이었다. 일본 해군의 「아카기」, 「카가」는 완성 당시 3단식의 비행갑판을 갖추고 있었다. 하단의 비행갑판은 전투기 등 소형 항공기의 이함에 사용했고, 중단에는 함교나 포탑, 그리고 짧은 비행갑판을 설치(이쪽은 거의 쓰이지 않았다), 그리고 상단의 비행갑판은 공격기의 이함과 모든 함재기의 착함에 사용하는 식으로 용도를 구분했다. 이 방식은 이착함을 동시에 진행할 수 있다는 것 외에도 하단의 비행갑판이 격납고와 직결되어 있다는 점 때문에 유사시 긴급하게 이함 준비를 시키는 데도 편리하다는 이점이 있었다. 하지만 얼마 안 있어 함재기의 고성능화가 진행되어 이착함에 더욱 긴 거리를 필요로 하게 되면서, 3단으로 분할된 탓에 짧아져 버린 비행갑판은 오히려 발목을 붙잡는 것이 되고 말았다. 결국 두 함 모두 대규모의 개장을 거쳐 아일랜드형 전통식 평갑판의 대형 항모로 다시 태어났다.

평갑판과 아일랜드형 전통식 평갑판

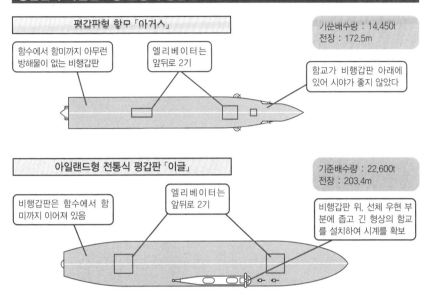

평갑판형 항모「아거스」

기준배수량 : 14,450t
전장 : 172.5m

함수에서 함미까지 아무런 방해물이 없는 비행갑판

엘리베이터는 앞뒤로 2기

함교가 비행갑판 아래에 있어 시야가 좋지 않았다

아일랜드형 전통식 평갑판「이글」

기준배수량 : 22,600t
전장 : 203.4m

비행갑판은 함수에서 함미까지 이어져 있음

엘리베이터는 앞뒤로 2기

비행갑판 위, 선체 우현 부분에 좁고 긴 형상의 함교를 설치하여 시계를 확보

다층식 비행갑판이란?

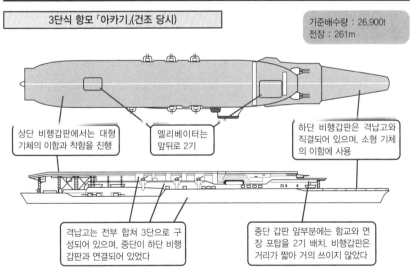

3단식 항모「아카기」(건조 당시)

기준배수량 : 26,900t
전장 : 261m

상단 비행갑판에서는 대형 기체의 이함과 착함을 진행

엘리베이터는 앞뒤로 2기

하단 비행갑판은 격납고와 직결되어 있으며, 소형 기체의 이함에 사용

격납고는 전부 합쳐 3단으로 구성되어 있으며, 중단이 하단 비행갑판과 연결되어 있었다

중단 갑판 앞부분에는 함교와 연장 포탑을 2기 배치, 비행갑판은 거리가 짧아 거의 쓰이지 않았다

단편 지식
●우현 → 아일랜드형 함교는 대부분 선체 우현 쪽에 배치되었으나, 몇 안 되는 예외가 일본 해군의「아카기」(개장 이후)와「히류」로, 이들 항모는 함교가 좌현에 배치되어 있었다. 하지만 충돌의 위험이 있을 때에는 상대 선박을 우현 측에 두고 있는 선박이 진로를 피해줘야 한다는 국제 운항 규칙이나, 함교와 연돌 사이에 비행갑판이 위치하여 착함이 까다롭다는 이유로 이후의 항모에는 존재하지 않는 방식이다.

비행갑판의 재질은?

적의 공격에 대응하는 항모의 방어력은, 결코 강력한 것이 못된다. 특히 광대한 넓이의 비행갑판은 중량 배분 등의 문제로 오랜 기간 동안 거의 무방비나 다름없는 상태가 계속되었다.

● 처음에는 그야말로 무방비 상태였던 비행갑판

항모의 비행갑판은 시대의 변화에 따라 다양한 재질로 만들어져 왔다. 2차 대전 이전의 항모에서는 오랫동안 얇은 강판 위에 나무판을 올리는 방식이 사용되었다. 다른 함종의 갑판에도 널리 사용된 오크(Oak, 참나무과에 속하는 나무의 총칭) 목재를 사용한 경우가 많았으나, 전쟁으로 수급이 어려워진 상태에서는 히노키(적송)나 소나무를 사용한 경우도 있었다.

목재를 사용한 주된 이유라면 역시 중량 문제일 것이다. 비행갑판이라는 구조물은 선체의 가장 윗부분에 위치하는 데 더해 그 면적 또한 매우 넓었기에, 이 부분이 무거워지면, 이른바 톱 헤비(Top-heavy)라 불리는, 무게 중심이 높이 올라가버린 상태에 빠지게 되며, 이는 선박의 안정성이 크게 저하되는 결과를 낳기 때문이다.

일본 해군의 경우, 전쟁 말기, 비행갑판에 올릴 목재 자원이 부족해진 후로는 **특수한 고무 수지**와 시멘트를 혼합한 것을 비행갑판의 재료로 사용하기도 했다.

또한 항모의 비행갑판은 적 항공기의 폭격을 받기 쉬웠기에, 취약한 방어력을 해결하기 위한 대책을 필요로 했다. 대부분의 주력 항모는, 일단 군함으로서의 표준에 맞춰 제작되었기에, 함선의 주요부위(기관부나 탄약고 등)에는 부족하나마 일정 수준의 장갑 방어력이 부여되었다. 하지만, 비행갑판이나, 그 아래에 있는 격납고는 폭탄이나 적함의 포격 앞에 알몸이나 다름없는 상태였던 것이다.

1940년에 취역한 영국의 「일러스트리어스」는 비행갑판에 장갑을 설치한 최초의 항모였다. 정확히 말하자면 격납고를 장갑판으로 둘러싼 상태에서 그 천정 부분에 갑판을 올려놓은 형상이었다. 일본의 장갑 항모 「타이호」 또한 마찬가지로, 격납고가 있는 쪽 이외의 부분은 여전히 장갑이 없는 상태였다. 한편 미국의 경우는 비행갑판이 아니라, 함의 **상갑판**(격납고의 바닥 부분)에 장갑을 설치했으며, 비행갑판 부분에 두터운 장갑을 설치한 것은 전후에 등장한 「미드웨이」급에서부터였다.

전후에는 제트기의 엔진에서 분사되는 화염(Jet blast)이나 핵 공격에 대한 방어 대책이 요구되면서, 장갑 방어력에 더하여 높은 내화·내열성능을 갖춘 비행갑판을 필요로 하게 되었다. 오늘날에 와서, 열에 약한 목재로 비행갑판을 만든다는 것은 도저히 상상할 수 없는 일이 된 것이다.

항모의 장갑 설치 방식

●비행갑판 & 격납고 장갑

격납고 주위를 장갑으로 강화

격납고 윗부분 이외에는 장갑이 없음

장점	단점
· 격납고가 보호되어 탑재기의 피해가 최소화. · 격납고 아래에 위치한 주요 부위에 대한 방호도 이루어짐.	· 무게중심이 위로 올라가면서 선박의 안정성도 떨어진다. · 격납고의 크기에 제약을 받아, 협소해진다.

●상갑판 장갑

비행갑판이나 격납고 주위는 여전히 무방비상태

상갑판(격납고의 바닥 부분)을 강화한다

장점	단점
· 톱 헤비 상태에 빠지는 일이 드물고 안정성도 좋아진다. · 선체의 피해가 줄어들어, 쉽게 가라앉지 않는다.	· 공격을 받으면 격납고까지 피해를 입기에, 탑재기도 파손되기가 쉽다.

V/STOL기를 운용하기 위해서는 비행갑판의 강화가 필수!

제트기의 엔진은 대단히 높은 온도의 화염을 분사한다. 특히 배기가스를 직접 바닥에 분사해야 하는 V/STOL기를 운용하는 경항모의 경우, 내화 · 내열성을 갖춘 비행갑판은 필수사양인 것이다.

내열성

내화성

비행갑판

용어해설
- **특수한 고무 수지** → 일본 해군에서는 고무액에 규산나트륨이나 목재 찌꺼기 등을 섞은 재질을 이용해 비행갑판을 만들었다.
- **상갑판** → 선체의 최상층 전체를 통과하는 갑판으로, 항모의 경우, 비행갑판은 별개의 것으로 취급된다.
- **미드웨이급** → 전후에 등장한 미드웨이급의 경우, 비행갑판 전체에 약 9cm두께의 강판을 깔아두었다.

비행갑판의 혁신, 앵글드 덱

한정된 공간인 비행갑판을 보다 효율적으로 사용하기 위해 고안해낸 것이 바로 앵글드 덱. 이함과 착함의 축선을 살짝 비튼 것만으로도 사고가 크게 줄었다.

●현대 항모에 있어 가장 큰 특징

전후, 제트기 시대에 들어서면서 비행갑판에 있어 커다란 혁신으로 등장한 것이 바로 앵글드 덱(Angled Deck, 경사갑판)이다. 이름 그대로, 함의 뒷부분에서 좌현을 향해 비스듬하게 설치된 비행갑판을 말하는 것이다.

종래의 직선형 전통식 평갑판에서는, 이함하는 쪽의 동선축과 착함하는 쪽의 동선축이 겹쳐져 있었기에, 이착함을 동시에 진행하는 것이 사실상 불가능했다. 착함 시에는 어레스팅 와이어를 사용하여 급제동을 걸도록 되어 있지만, 때때로 어레스팅 후크를 거는데 실패하여 오버 런(Over Run) 해버리거나, 터치 앤 고(Touch and go, 긴급 재이륙)를 해야 하는 경우도 드물지 않다. 하지만 이때, 같은 축선상에 이함을 준비 중인 함재기가 있을 경우, 커다란 사고로 이어지게 된다. 이 때문에 이함과 착함은 완전히 분리되어 이루어져 왔다.

앵글드 덱은 함의 축선에서 약 9도 정도 비스듬하게 틀어진 각도로 설치되어 있으며, 엘리베이터나 주기(駐機) 공간은 착함 동선에서 벗어난 부분에 설치하여 불의의 사고를 미연에 방지하도록 고안되어 있다. 또한 앵글드 덱의 끝부분은 바다 쪽으로 열려 있기에, 착함에 실패하여 터치 앤 고를 실시할 경우의 위험 부담을 줄일 수 있다. 또한 크래시 배리어(Crash Barrier, 긴급 정지 장치)를 사용할 경우나 아예 오버 런을 해버리는 최악의 경우에도 최소한의 피해로 날 수 있다는 장점이 있다. 이함과 착함 작업을 동시에 진행하는 것도 가능하지만, 실제로 그렇게 하는 경우는 거의 없다.

미국의 슈퍼캐리어에는 함수부에 위치한 2기의 캐터펄트 외에, 앵글드 덱 앞쪽에도 2기의 캐터펄트가 설치되어 있는데, 함재기를 갑판에 노천 계류하는 관계로, 함수 부분까지의 공간을 전부 주기 공간으로 사용하고, 앵글드 덱 부분에서 이착함을 실시하는 식으로 운용하는 경우도 종종 있다.

앵글드 덱이 처음으로 고안된 것은 1950년대의 영국이었으나, 1952년 미 해군이 「에식스」급 항모 「엔티텀(USS Antietam)」을 개조하여 설치한 것이 그 시작이었다. 이후 건조된 CATOBAR 항모나 STOBAR 항모는 처음부터 앵글드 덱을 장비하고 있어, **STOVL 항모**나 강습상륙함과 비교해 외견상 가장 큰 차이점이 되고 있다.

「니미츠」급의 앵글드 덱과 그 구조

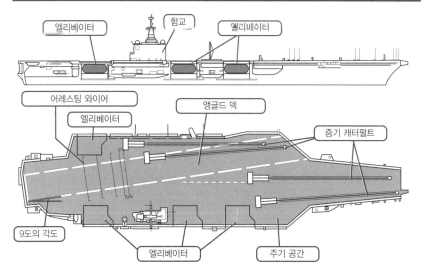

앵글드 덱의 이점

● 직선형 전통식 평갑판

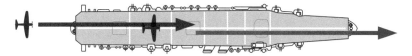

이함 시의 동선축과 착함 시의 동선축이 겹치기 때문에, 착함 시에 문제가 발생하면 대형 사고로 연결되기 쉽다. 이함과 착함의 동시 진행은 무리이며, 착함 시에는 갑판 위에 주기되어 있던 함재기를 정리해줄 필요가 있다.

● 앵글드 덱

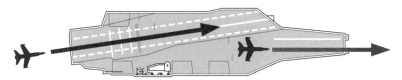

착함 동선축이 9도 정도 틀어져 있기 때문에, 착함 도중 사고가 발생하더라도 피해를 최소한으로 줄일 수 있다. 또한 이착함을 동시에 실시하거나, 함수 쪽을 주기 공간으로 활용하는 등, 유연한 운용이 가능하다.

단편 지식

● **경사를 둔 비행갑판을 장비한 STOVL 항모?** → VTOL기를 운용했던 구 소련의 「키예프」급도 중심축에서 약간 틀어진 비행갑판을 갖추고 있었다. 하지만 이쪽은 함교 전방에 대량의 미사일과 포탑 등의 고정 무장을 탑재하고 있었기 때문으로, 착륙 동선을 중요시한 앵글드 덱과는 조금 다른 의미를 지니고 있다.

암중모색! 연돌의 배치와 그 궁리

연돌의 배치문제는 항모의 여명기 이래로 줄곧 골치 아픈 문제 중 하나였다. 때문에 항공기의 착함에 방해가 되지 않도록 다양한 아이디어가 시험대에 올랐다.

● 연돌에서 나오는 고온의 연기는 항공기 이착함의 방해가 된다!

대형 선박으로 고속 운항 능력이 요구되는 항모는 그 거체를 움직이기 위해 커다란 출력을 낼 수 있는 증기 보일러를 동력으로 하고 있다. 하지만 연돌에서 뿜어져 나오는 고온의 검은 연기는 뒤로 길게 끌리면서 시계를 차단할 뿐 아니라, 복잡한 난기류까지 발생시켰기에, 항공기의 운용, 특히 그중에서도 착함 과정에 많은 애로사항을 발생시켰다. 물론 커다란 연돌 그 자체 역시 방해물이었다.

이러한 문제들 때문에 연돌의 배치에 대하여 여러 가지 궁리가 이뤄졌다. 일본 해군에서는 첫 항모였던 「호쇼」의 제작부터 이미 이러한 문제를 고려한 연돌을 채용하고 있었다. 우현 중앙 부위에 튀어나온 3개의 연돌은 중간에서 꺾을 수 있는 굴절식으로, 평소에는 세운 상태로 운용하다가, 항공기의 이착함 시에는 연돌을 눕힌다고 하는 구조였다. 평소에도 눕힌 상태로 연돌의 위치를 낮게 하여 운용할 수 있었다면 좋았겠지만, 거친 바다에서는 해수가 연돌을 타고 들어와 보일러가 꺼질 우려가 있었다. 여기에 더해 연돌을 가동시키는 구조는 무게가 많이 나갔기에 결국 나중에는 고정식으로 개장되었다.

「아카기」의 경우는 해수 역류 방지 기구가 달린 대형 연돌을 아래로 향하게 설치, 해수를 이용한 냉각으로 매연 절감을 시도했다. 동시기에 건조된 「카가」는 중앙부에서 양현 쪽으로 설치된 긴 파이프가 함미까지 연결되어 있어, 함의 후미에서 배연시킨다는 방식을 채용했다. 하지만, 이 방식의 경우, 대단히 뜨거운 연기가 파이프를 빠져나가면서, 그 주위 구획의 거주성을 크게 악화시키는(실내 온도가 40도까지 치솟았음) 커다란 단점이 있었다. 결국 대규모 개장에 들어가면서 아카기와 같은 방식으로 변경되고 말았다.

한편, 미국의 「렉싱턴」급의 경우는 아일랜드형 함교 구조물 뒤에 커다란 연돌을 배치하여, 가능한 한 높은 위치에서 배연이 이뤄지는 방식을 채용했다. 이 방식은 다소의 난기류가 발생한다는 단점이 있었지만, 구조가 간단했기에 이후 등장하는 미국과 영국 항모의 표준으로 자리를 잡았다. 후에 일본에서도 「타이호」나 「시나노」, 「준요」형 등의 함이 이러한 상방 배연식을 채용했다.

그리고 시대가 바뀌면서 기술적 혁신에 의해, 예전처럼 시꺼먼 매연을 뿜고 다니는 일은 없어졌다. 원자력 항모의 등장으로 연돌이 없는 항모가 탄생했던 것이다.

다양한 시도가 이뤄졌던 항모의 연돌 배치

기변 골필식 연돌

일본의 「호쇼」나 미국의 「레인저」가 채용한 방식. 평소에는 연돌을 세운 채 운항하다가, 이착함 시에만 연돌을 눕혀서 사용한다. 하지만 복잡하고 무거운 구조로 그리 실용적이지 못했다.

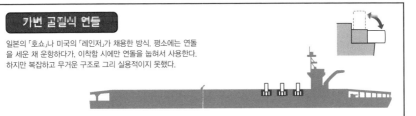

하방 배연식 연돌

일본의 항모가 주로 채용. 우현 중앙부에 아래로 꺾인 연돌을 설치. 해수 유입 방지나 연돌의 냉각으로 매연을 절감하는 등의 아이디어가 들어 있었다.

후방 배연식 연돌

일본의 「카가」(신조 당시)와 영국의 「퓨리어스」(개장 이후)가 채용. 열기가 함내에 그대로 남아 거주성이 악화되는 등, 단점이 많았다.

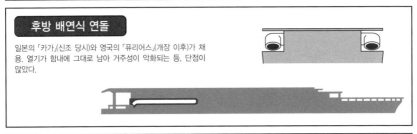

상방 배연식 연돌

미국과 영국의 항모 대다수가 채택한 방식. 가능한 한 높은 위치에서 배연이 이루어짐으로써 뜨거운 연기로 인한 난기류 등의 영향을 최소한으로 줄였다. 이후 등장하는 항모의 표준.

원자력 항모의 경우, 애초부터 연기를 뿜을 일이 없기에 연돌 자체가 존재하지 않는다.

단편 지식

● **특수한 구조를 가진 아카기** → 일본의 항모 가운데, 「아카기」와 「히류」만이 좌현에 함교가 배치된 구조였던 것도, 이 연돌의 배치와 관련이 있었다. 연돌 반대편에 함교를 두어 구조적으로 무리가 가지 않는 설계가 이뤄질 수 있었기 때문이다. 하지만 연돌과 함교, 양쪽에서 난기류가 발생했기에 좋은 평가를 얻지는 못했다.

항공기 이함의 보조 장치

좁은 함상에서 조금이라도 이함에 필요한 활주거리를 줄여보고자 했던 수많은 노력들, 이것이야말로 군함에서 항공기를 이함시키기 위해 태어난 항모의 역사 그 자체였던 것이다.

● 날개에서 양력을 얻기 위해, 속도를 얼마나 만들어내는가 하는 점이 문제의 열쇠!

항모에 이함을 보조해주는 장치가 없었던 시대, 항공기는 자력으로 비행갑판을 박차고 날아올랐다. 비행기는 날개로 받는 공기의 흐름(바람)을 통해 **양력**을 얻어 뜨게 되는데, 그렇기에 항모에서 이함을 할 때에는 자연적으로 불어오는 맞바람에 더해, 항모 자체의 속력을 통해 만들어내는 합성 풍력이 대단히 중요할 수밖에 없었다. 이 때문에 항모에 고속 항행능력을 요구하게 되었으며, 바로 이 합성 풍력에 항공기의 활주 속도가 더해지면서 비로소 이함이 가능했던 것이다.

또한 초기에는 이함 속도를 조금이라도 더 올리기 위해, 비행갑판 앞부분이 아래쪽으로 경사진 형상을 하고 있었던 적도 있었다. 하지만 이함 시에 기수가 아래를 향하게 될 경우, 도리어 양력을 잃고 만다는 것이 밝혀지면서, 얼마 되지 않아, 이 방식은 자연스레 폐기되었다.

시대가 지나, 함재기의 성능이 향상되고, 기체는 물론 탑재하는 무기와 연료의 중량이 늘어남에 따라, 더욱 이함 속도를 올릴 필요가 생겼다. 그래서 활주를 보조하기 위한 장치로 캐터펄트가 고안되었다. 1920년대에는 화약식 캐터펄트가 만들어져, 수상기 모함 등에서 사용되었으나, 단시간에 대량의 항공기를 이함시켜야 하는 항모에는 맞지 않는 방식이었다. 이후 미국에서 비행갑판 아래에 매립식으로 설치하는 유압식 캐터펄트가 개발되면서, 좁은 비행갑판에서도 무거운 항공기를 이함시킬 수 있게 되었으며, 이는 항모의 가능성을 한 차원 넓히는 데 기여했다. 여기에 더해, 훨씬 강력한 사출 능력의 증기 캐터펄트가 개발되어, 이전보다 훨씬 무거운 제트기 시대의 함재기도 이함시킬 수 있게 되었다.

전후, V/STOL기가 등장하자, 여기에 맞춰 영국에서 고안해낸 것이 바로 스키점프대인데, 이것은 위를 향해 완만한 호를 그리며 올라간 형태의 슬로프에서 항공기를 이함시키는 장치로, 주익이 적당하게 위를 향하면서 양력이 더욱 증가하여 단거리 활주로도 함재기를 이함시킬 수 있게 도와주는 효과가 있었다. 다만, 역시 증기 캐터펄트를 이용하는 경우와 비교해서는 아무리 강력한 출력의 엔진을 탑재한 함재기라도, 이륙 중량에는 어느 정도 한계가 있을 수밖에 없다는 단점 또한 존재했다. 그럼에도 불구하고 STOVL이나 STOBAR 방식의 항모가 보급된 데에는, 이 스키점프대의 공로가 매우 크다고 할 수 있을 것이다.

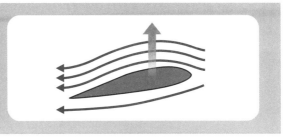

양력을 얻기 위한 시행착오의 역사

양력의 원리

공기의 흐름이 날개와 만나면서 변화가 일어나 위쪽으로 떠오르는 힘이 발생하게 된다.

● 초기에 시도되었던, 내리막길 방식의 비행갑판 ➡

> 도리어 양력의 손실이 발생하며 대실패!
> 얼마 되지 않아 폐지되면서 모습을 감췄다.

✕

● 비행갑판에 매립식으로 설치된 캐터펄트 ➡

> 활주 속도를 크게 올리면서 양력도 UP!
> 무기를 잔뜩 탑재한 함재기도 이함시킬 수 있다.

● 비행갑판 앞부분에 설치된 스키점프대 ➡

> 주익이 적당한 각도로 위를 향하면서 역시 양력이 UP!
> 단, 탑재할 수 있는 중량은 캐터펄트 방식에 비해서 적은 편이다.

⭕

용어해설

● **양력** → 얇은 판을 유체 속에서 움직일 때, 흐름의 수직 방향으로 움직이려 하는 힘을 말한다. 항공기의 경우, 날개를 공기의 흐름 속에 둘 경우, 날개의 위쪽과 아래쪽의 공기의 흐름에 차이가 발생하며, 그 결과 위쪽으로 향하는 양력이 발생하여 하늘을 나는 것이 가능하게 된다. 이 양력은 날개의 형상이나 각도의 차이에 크게 좌우된다.

캐터펄트의 발달사

항공기를 함상에서 사출하는 캐터펄트는 항공기의 대형화와 함께 발달해왔다. 항모가 그 능력을 발휘하기 위해서는 절대 빼놓을 수 없는 장비인 것이다.

● 캐터펄트의 유무는 항모의 능력에 있어 커다란 격차가 발생함을 의미한다

캐터펄트(Catapult)란, 원래 투석기나 석궁을 의미하는 말로, 현재는 함선에서 항공기를 이함시키는 사출기를 가리키며, 항모의 역사와 함께 진화해왔다.

1930년경에 등장한 화약식 캐터펄트는 화약을 폭발시킨 힘으로 레일 위의 발사대에 올려놓은 항공기를 쏘아 올리듯 사출하는 구조로, 순양함이나 전함, 수상기 모함 등에서 널리 사용되었으나, 화약의 폭발력을 이용하여 가속시키는 탓에, 급격한 G(중력 가속도)로 탑승자에게 신체적 부담을 주는 문제가 있었다. 실용적인 사출 능력은 5t 정도가 한계로, 이후 등장하게 된 신형 항공기를 운용하기엔 능력이 부족했으며, 연속으로 사용하기도 어려웠다. 이 외에 압축 공기를 이용한 **공기식 캐터펄트**나 로켓을 이용한 캐터펄트도 실용화되었다.

비행갑판이라는 한정된 공간을 유효적절하게 이용하기 위해 미국은 유압식 캐터펄트를 개발했다. 압축 공기와 유압 장치를 거쳐 항공기를 가속시키는 구조로, 크고 복잡한 기계 장치였지만 강력한 사출 능력을 갖고 있었으며, 화약식과 비교했을 때, 훨씬 완만한 가속이 이뤄진다는 것이 특징. 연속 사용도 가능했기에 상당히 실용적인 방식이었다. 1934년에 취역한 「레인저」나 「요크타운」급에 그 초기형이 설치되었으며, 「에식스」급 대형 항모나 호위 항모에는 7~8t의 사출 능력을 지닌 유압식 캐터펄트가 설치되었다. 한편 일본 해군의 경우는 대전이 끝날 때까지 유압식 캐터펄트의 개발에 성공하지 못했으며, 이 차이는 항모의 운용에도 결정적인 격차를 낳았다.

전후, 영국에서 개발된 증기 캐터펄트는 대형 함선의 보일러에서 나오는 풍부한 고압 증기를 이용한 것으로, 미국의 「포레스탈」급 항모에서 본격 실용화되었다. 그 사출 능력은, 최신형의 경우 40t에 육박하며, 연료와 무기를 가득 탑재한 제트 함재기라도 충분히 이함시킬 수 있다.

또한 현재는 리니어모터의 원리를 이용하여 함재기를 사출시키는 전자기 캐터펄트가 개발 중이며, 미국의 차기 원자력 항모에 탑재될 예정이다.

캐터펄트의 구조와 사출의 원리

화약식 캐터펄트

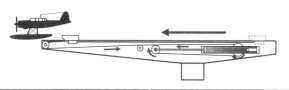

장점	단점
・구조가 간단. ・좁은 공간에도 장비가 가능.	・너무 급격한 가속. ・연속 사출이 어렵다. ・사출 능력에 제한이 크다. 최대 5t 정도.

유압식 캐터펄트

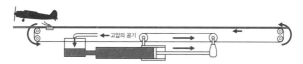

← 고압의 공기

장점	단점
・화약식보다도 훨씬 강력한 사출능력. 대전 당시에는 8t 정도. ・화약식보다 좀 더 완만하게 가속이 이루어져 탑승자에게 주는 부담도 적다. ・연속 사출도 가능.	・구조가 복잡하다. ・장치의 덩치가 큰 관계로, 캐터펄트의 길이에 따라 사출 능력이 결정된다.

증기 캐터펄트

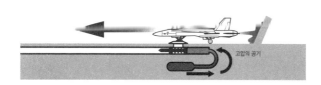

고압의 공기

장점	단점
・높은 사출 능력. 최신식의 경우 최대 40t. ・연속 사출도 가능. 최신형의 경우는 37초에 1기씩 이함시킬 수도 있다.	・구조가 복잡하여, 여태까지 실용화시킨 것은 미국과 영국뿐이다. ・장치의 덩치가 크며, 보일러에서 고압 증기를 만들 수 있는 함만이 사용 가능하다.

용어해설

● **공기식 캐터펄트** → 일본 해군은 다수의 항공기 탑재 잠수함을 운용하였으며, 압축 공기를 이용해 사출하는 공기식 캐터펄트를 실용화한 상태였다. 2차 대전 최대의 잠수함이었던 「I-400」형에 탑재된 캐터펄트의 경우는 5t의 사출능력을 발휘할 수 있었는데, 1기를 사출한 뒤, 다음 사출 준비(압축 공기의 재충진 시간)에는 4분의 시간을 필요로 했다.

대전 당시의 이함 순서

비행갑판이라는 한정된 공간에서 함재기를 이함시키기 위해서는 자연풍이나 함의 속도를 이용할 수 있도록 하는 조함이 필요했다.

●합성 풍력을 최대한 얻기 위해, 맞바람을 안고 전속으로 항행한다!

항모에 캐터펄트가 설치되지 않았던 시대, 항공기를 이함시킬 정도의 양력을 얻기 위해서는 강력한 맞바람이 필요했다. 그래서 바람이 부는 경우에는 맞바람을 이용하기 위해, 함수를 풍상(風上, 바람이 부는 방향)으로 돌리고, 그 방향으로 함을 항행시키는 것을 통해, 강한 합성 풍력을 얻을 수 있었다. 예를 들어 30노트(시속 55km)의 속도로 항행하는 항모가 초속 10m(시속 36km)로 부는 맞바람을 안고 전진할 경우, 이때 발생하는 합성 풍력은 약 91km가 되는 셈인 것.

이러한 합성 풍력을 얻기 위해, 항모에서는 함재기 이함 시, 반드시 바람이 불어오는 방향으로 전력 항행하는 조함이 이뤄졌다. 캐터펄트가 실용화된 뒤로는 굳이 전속 항행을 하지 않고서도 함재기의 이함이 가능해졌지만, 그럼에도 맞바람을 안는 방향으로 함수를 돌린다는 기본은 그리 달라지지 않았다. 이 때문에 이함 시에는 항모의 함수가 한정된 방향을 향할 수밖에 없으며, 가장 취약한 시간대가 되기도 한다. 이함 도중에는 적의 공습을 받게 되더라도, 쉽사리 회피 기동을 취할 수 없기 때문이다.

함재기의 이함 시, 비행갑판 위에서는 여러 가지 작업이 진행된다. 이를테면 연료의 주입이나 무장의 장착 등이 그것으로, 안전상의 문제도 있어, 비행갑판 위에서 이뤄지도록 되어 있기 때문이다. 이 외에 이함하기 전의 점검이나 엔진의 예열 같은 마무리 준비도 이뤄진다.

한 번에 다수의 함재기를 이함시키는 경우에는 비행갑판 후방에 발진시킬 순서에 따라 함재기를 정렬시켜두는데, 일본과 미 해군 사이에는 이러한 순서에 차이가 있었다. 일본 해군의 경우, 우선 전투기를 발진시켜 상공에서 대기시킨 뒤, 공격기를 발진시켰다. 전투기 쪽이 훨씬 가볍고 활주거리도 역시 짧았기 때문이다.

반면 미 해군의 경우는, 먼저 속도가 느린 공격기를 먼저 발진시켰으며, 그 다음에 전투기를 발진시켜 공격기의 뒤를 따르도록 하는 것이 기본 순서였는데, 이 또한, 앞에서 언급했듯 미국의 항모에 캐터펄트가 장비되어 있었기에 가능했던 운용방법이라 할 수 있을 것이다. 다만 미 해군의 경우도 단시간에 다수의 함재기를 날려야 할 경우에는 캐터펄트를 사용하지 않고 자력으로 이함시키는 등 상황에 따라 다른 운용법을 보였다.

이함과 합성 풍력

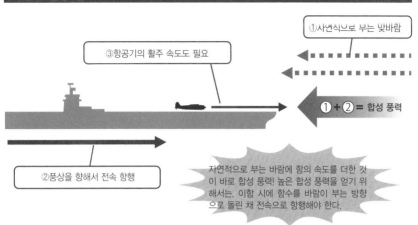

①자연적으로 부는 맞바람

③항공기의 활주 속도도 필요

①＋② = 합성 풍력

②풍상을 향해서 전속 항행

자연적으로 부는 바람에 함의 속도를 더한 것이 바로 합성 풍력! 높은 합성 풍력을 얻기 위해서는, 이함 시에 함수를 바람이 부는 방향으로 돌린 채 전속으로 항행해야 한다.

이함 순서

● 일본 해군의 기본적인 이함 순서

활주 거리가 짧은 전투기부터 이함을 개시하여, 그 다음에 함상폭격기, 마지막으로 함상공격기(뇌격기)라는 순서로 진행된다. 함상전투기는 상공에서 대기해야 하지만, 당시 일본의 영식 함상전투기 '제로센'의 경우 항속거리가 길었기에 충분히 대기할 여유가 있었다고 한다.

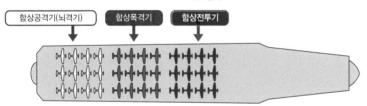

함상공격기(뇌격기)　함상폭격기　함상전투기

● 미 해군의 기본적인 이함 순서

속도가 느린 함상공격기를 먼저 발진시키고, 그 다음으로 함상폭격기, 마지막으로 함상전투기라는 순서로, 속도가 빠른 함상전투기가 뒤따라가는 방식이었다. 항모에 캐터펄트가 설치되어 있기에 중량이 나가는 함상공격기를 맨 처음 이함시킬 수 있었다.

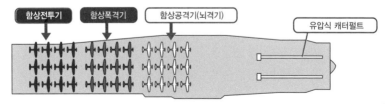

함상전투기　함상폭격기　함상공격기(뇌격기)

유압식 캐터펄트

단편 지식

● 그때마다 다른 이함 방식 → 에식스급에는 2기의 유압식 캐터펄트가 설치되어 있었으나, 1기를 발진시키는 데 약 1분, 2기의 캐터펄트를 교대로 사용하더라도 단시간에 대량의 함재기를 이함시키는 데는 무리가 있었다. 비행갑판에 여유가 있어 충분한 활주거리가 확보된 경우, 통상 방식으로 이함이 이뤄진 경우도 적지 않았다고 한다.

현대 항모의 이함 순서

정해진 절차에 따라 수많은 승무원들이 함재기의 이함 작업을 진행하는 비행갑판. 이곳은 사소한 실수도 용납되지 않는 진검 승부의 현장이다.

● 비행갑판은 그야말로 전쟁터, 그 자체이다!

미국의 「니미츠」급으로 대표되는 현대의 CATOBAR 항모에서는, 헬기를 제외한 모든 항공기의 이함에 캐터펄트를 사용하며, 이에 따라 비행갑판에서는 정해진 절차에 따라 이함 작업이 이루어진다.

비행갑판 위에서는 여러 가지 색상의 저지나 조끼를 착용한 덱 크루(Deck Crew, 갑판 요원)들이 있으며, 이들이 입고 있는 옷의 색상은 주어진 임무를 나타낸다. 크게 나누어본 다면, 유도 요원(황색), 조작 요원(녹색), 안전 요원(백색), 무기 요원 및 구난 요원(적색), 연료 급유 요원(자주색), 운반 및 연락 요원(청색), 기체 점검 요원(갈색) 등으로 구분이 되며, 각자 맡은 직무에 따라 더욱 세세하게 분류가 된다.

증기 캐터펄트의 경우, 중량에 따라 증기압의 강약을 조정하기 때문에, 기체의 총중량의 확인과 입력이 먼저 이루어진다. 기체를 캐터펄트 위치까지 유도한 다음에는 **노즈 기어**에 부속된 **런치 바**(Launch bar)를 캐터펄트의 셔틀에 걸어준다. 이때 엔진 분사가 이뤄지더라도 캐터펄트가 작동하기 전까지는 기체를 고정시키기 위해, 노즈 기어 후방에 홀드백 바를 끼워 넣는다. 동시에 기체의 후방에서는 엔진의 배기화염을 위쪽으로 돌려주는, 제트 블래스트 디플렉터(Jet Blast Deflector, 분사 편향판)라는 명칭의 차폐벽이 세워진다. 다음 단계에서는 작업을 담당했던 요원들이 안전한 장소로 물러난 것을 확인한 뒤, 기체의 엔진을 최대 출력까지 가동시킨다. 그리고 마지막으로 **캐터펄트 오피서**의 신호에 맞춰 캐터펄트 사출 제어 스테이션에서 사출 스위치를 누르면, 캐터펄트가 작동하면서 기체가 하늘을 향해 날아오르게 된다.

연속 이함의 경우에는, 곧바로 원래 상태로 돌아가, 앞의 작업을 반복하게 된다. 기체를 발진시킨 뒤 다음 발진까지는 약 40초. 도중에 하나라도 절차에 문제가 생겼을 경우, 곧바로 대형 사고로 이어질 가능성이 있다. 때문에 이함 작업이 이뤄지는 중에는 언제나 긴장된 공기가 흐르고 있는 것이다.

증기 캐터펄트가 설치되지 않은 경항모 등의 경우, 캐터펄트 접속 작업이 없기는 하나, 덱 크루들의 움직임이나 그 외의 안전 확인 등의 작업은 거의 비슷한 절차에 따라 이뤄지고 있다.

이함 시의 비행갑판

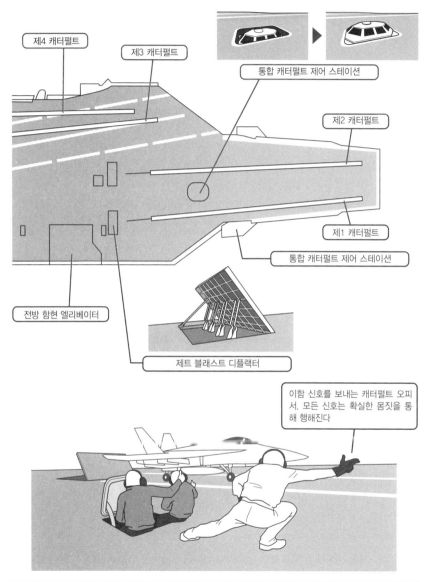

제4 캐터펄트

제3 캐터펄트

통합 캐터펄트 제어 스테이션

제2 캐터펄트

제1 캐터펄트

통합 캐터펄트 제어 스테이션

전방 함현 엘리베이터

제트 블래스트 디플랙터

이함 신호를 보내는 캐터펄트 오피서. 모든 신호는 확실한 몸짓을 통해 행해진다

용어해설
● **노즈 기어** → 항공기의 기수에 달린 랜딩 기어.
● **런치 바** → 노즈 기어에 달린 부품으로, 캐터펄트의 셔틀 부분에 걸 수 있도록 되어 있다. 이전에는 브라이들(Bridle)이라는 와이어를 사용했으며, 이함 직후에 벗겨지는 구조였다.
● **캐터펄트 오피서** → 함재기의 이함 시, 무릎을 꿇으며 손가락으로 전방을 가리키는 신호를 보내는 덱 크루. 항모를 다룬 영상물에 **빠지지 않고** 등장한다.

착함 제동 장치

앞에서 다룬 항모의 정의 가운데 하나인. 항공기의 착함을 위해서는 단거리에서 기체를 정지시키기 위한 착함 제동 장치가 반드시 필요하다.

●항모의 탄생과 동시에 연구되었던 착함 제동 장치

항모의 개발 여명기에 가장 골치를 썩였던 문제는, 비행갑판이라는 한정된 공간에 어떻게 해서 항공기를 착함시키며, 또 어떻게 단거리에서 정지시킬 것인가 하는 것이었다. 그래서 착함 시 항공기를 정지시키기 위한 착함 제동 장치가 고안되었다.

1911년 미국의 순양함 「펜실베니아」의 특설 비행갑판에 비행가인 유진 일리(Eugine Ely)가 처음으로 착함에 성공했을 때, 양 끝에 무거운 모래주머니를 단 와이어가 착륙 바퀴에 달린 고리에 걸리게 하여 기체에 제동을 걸었는데, 이것이 어레스팅 와이어의 원점에 해당된다.

이후 영국에서는 함재기의 바퀴 사이에 부착한 빗모양의 구조물이 비행갑판을 따라 세로로 길게 깔아놓은 와이어를 훑고 지나갈 때 생기는 마찰을 이용해 제동을 건다고 하는 종형 제동 와이어 장치를 고안했다. 일본의 「호쇼」도 당초에는 이 방식을 채택했지만, 착함 시에 끊임없이 문제가 발생하면서, 곧 폐지되고 말았다. 이를 대체하는 방식으로 고안된 것이 함재기의 꼬리 부분에 설치한 어레스팅 후크를 비행갑판 후부에 가로 방향으로 설치한 어레스팅 와이어에 걸어서 제동을 건다고 하는 시스템으로, 오늘날에도 널리 쓰이고 있는 방식이기도 하다.

하지만 비행갑판 위, 약 10cm 높이로 설치된 와이어를 붙잡기 위해서는 고도의 비행 기술이 필요한데, 직선형 비행갑판 시대에는 무려 10~18개의 와이어가 설치되었으며, 이 가운데 어느 하나에 걸리도록 되어 있었다. 하지만 현재의 주류인 앵글드 덱의 경우는 어레스팅 와이어를 잡는데 실패했을 경우 터치 앤 고(긴급 재이륙)를 실시하므로 3~4개 정도를 설치하는 것이 표준이다.

어레스팅 와이어의 양 끝은 다시 감을 수 있는 릴 방식으로 되어 있으며, 여기에 더하여 **유압식 제동 장치**에 연결되어 있다. 함재기의 어레스팅 후크가 와이어에 걸리면, 적당한 장력을 유지하며 풀려나가 착함 시의 충격을 완화해주며 단거리에서 제동을 걸어 기체를 정지시킨다.

어레스팅 와이어에 의한 착함

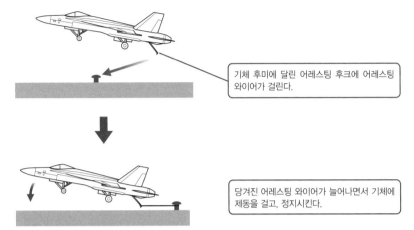

기체 후미에 달린 어레스팅 후크에 어레스팅 와이어가 걸린다.

당겨진 어레스팅 와이어가 늘어나면서 기체에 제동을 걸고, 정지시킨다.

함재기의 후미 부분에는 착함 시에 아래로 내려오는 어레스팅 후크라는 장치가 달려 있다. 이것이 없으면 어레스팅 와이어를 붙잡을 수 없으며, 이러한 이유로 함재기 이외에는 항모에 착륙할 수 없는 것이 기본이다.

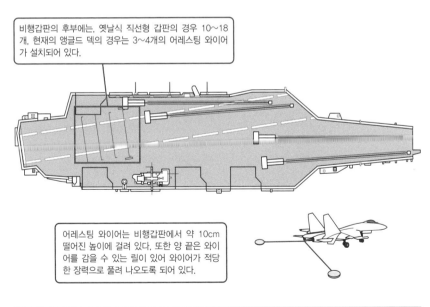

비행갑판의 후부에는, 옛날식 직선형 갑판의 경우 10~18개, 현재의 앵글드 덱의 경우는 3~4개의 어레스팅 와이어가 설치되어 있다.

어레스팅 와이어는 비행갑판에서 약 10cm 떨어진 높이에 걸려 있다. 또한 양 끝은 와이어를 감을 수 있는 릴이 있어 와이어가 적당한 장력으로 풀려 나오도록 되어 있다.

단편 지식

●유압식 제동 장치 → 초기에는 그냥 와이어를 걸어둔 것으로 끝이었지만, 현재의 착함 제동 장치의 경우, 와이어의 양 끝에 달린 릴 아래에 유압으로 와이어의 장력을 조절하는 장치가 설치되어 있으며, 이를 통해 순간적으로 걸리는 50t이 넘는 하중을 부드럽게 받아내어 기체가 파손되는 일 없이 안전하게 정지하도록 도와준다.

착함의 유도와 그 순서

드넓은 대해원에서는 그저 작은 바늘 하나 정도로밖에는 보이지 않는 항모. 이런 항모의 비행갑판에 착함하는 일은 참으로 어려운 일이다. 이 문제를 해결하기 위해 착함 각도를 표시하는 착함 유도 장치가 고안되었다.

●일본 해군이 실용화한 착함 유도등

함재기 조종사들이 가장 까다롭다고 생각하는 것이 바로 착함이다. 흔히 망망대해에 떠 있는 항모를 「모래밭에 떨어진 작은 바늘 하나」에 비유하곤 하는데, 그 바늘 하나 정도밖에 되지 않는 비행갑판, 그중에서도 한정되어 있는 착함 공간에 올바른 각도로 착함한다고 하는 것은 지극히 어려운 일인 것이다.

함재기가 항모에 착륙하기 위해서는, 기본적으로 따라야 할 착함 코스가 정해져 있다. 항모의 좌현 전방 쪽에서 스쳐지나가듯 진입하여, 좌현 후방에서 크게 선회하며 다시 한 바퀴를 돌아, 항모의 후방에서 코스에 진입하게 되는데, 예전의 직선형 갑판을 지닌 항모였다면, 항모의 진행 방향 축선과 일치하는 후방에서 일직선으로 코스에 진입하게 된다. 하지만, 현대의 앵글드 덱을 지닌 항모의 경우엔 함의 진행 방향에 대하여 9도의 각도로 틀어진 방향으로 착함용 비행갑판이 설치되어 있다. 이 때문에 착함에 돌입하는 조종사의 입장에서 봤을 때, 항모가 항행하는 방향과 달리 비행갑판의 각도가 약간 어긋나 있음을 계산에 넣고 접근할 필요가 있다.

비행갑판이 똑똑히 보이는 거리까지 접근했다면, 이상적인 하강 진입 각도(Glide slope, 글라이드 슬로프)로 접근하게 되는데, 함재기 조종사에게 이 각도를 알려주는 장치가 바로 착함 유도등으로, 제2차 세계 대전 당시의 일본 해군에서 실용화되어 큰 효과를 거둔 것으로 알려졌다. 일본 해군의 착함 유도등은 비행갑판의 양현에 설치된 2개의 적색 지시등(照門灯)과 그 뒤쪽에 위치한 4개의 녹색 지시등(照星灯)으로 구성되어 있었는데, 조종사는 이 두 가지 색상의 램프가 어떻게 겹쳐져 보이는가에 따라 올바른 진입 각도인지 아닌지를 알 수 있었다.

이러한 구조는 전후의 영국과 미국의 항모에도 받아들여졌고, 현대의 원자력 항모에 장비된 광학 착함 유도 장치도 기본적으론 같은 발상에서 나온 물건이다. 광학 착함 유도 장치에서 글라이드 슬로프를 따라 원추형의 유도광이 조사되면 착함 중인 조종사는 HUD(Head Up Display)를 통해 보이는 공 모양의 마커 위치에 의지하여 진입 각도를 조정하며, 비행갑판에 착함하게 되는 것이다.

착함 코스로 진입하기 위해서는 좌선회가 기본

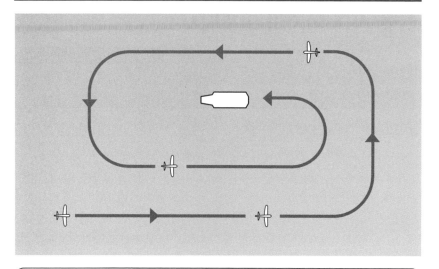

항모에 착함할 때는, 좌현 전방에서 좌선회하여 서서히 고도를 낮추며 착함 코스에 들어가는 것이 기본이다. 최종적으로는 항모의 후방 4마일(약 6.4km) 지점, 고도 600피트(약 180m)에서 글라이드 슬로프에 따라 진입, 착함하게 된다.

일본 해군이 실용화한 착함 유도등

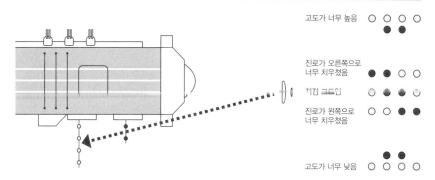

앞쪽에 있는 2개의 적색 지시등(照門灯)이 뒤쪽에 있는 4개의 녹색 지시등(照星灯)에 겹쳐 보이면 적정 고도라는 의미이다. 적색 지시등이 녹색 지시등 아래에 위치하면 고도가 너무 높은 경우, 반대로 위쪽에 위치하면 고도가 너무 낮다는 의미이다. 마찬가지로 왼쪽으로 치우쳐서 보이면 진로가 오른쪽으로, 오른쪽으로 치우쳐 보일 경우는 진로가 왼쪽으로 치우쳐 있다는 것을 의미했다.

단편 지식
● **V/STOL기의 착함** → V/STOL기는 비행 갑판에 수직으로 착륙한다고 알려져 있지만, 바로 위에서 뚝 떨어지듯 갑판에 내려앉거나 하는 일은 없다. 실제로는 우선, 비행갑판 좌현 상공의 포지션에서 모함과 상대 속도를 맞춘 다음, 그대로 비행갑판을 향해 옆으로 미끄러지듯 진입한 뒤, 마지막 단계에서 수직으로 내려온다는 절차에 따라 착함이 이루어진다.

착함 시의 마지막 안전장치

어려운 데다 항상 위험이 따르는 착함 작업. 언제 일어날지 모르는 불의의 사태에 대비하여 몇 겹의 대책이 세워져 있는데, 그중 최후의 수단은 크래시 배리어로 함재기를 받아내는 것이다.

● 터치 앤 고와 크래시 배리어

착함 시의 진입 각도가 적절치 못했을 경우엔 **착륙복행** 지시가 내려지며, 다시 착함 시도를 하게 된다. 하지만 자신의 기체에 달린 어레스팅 후크가 어레스팅 와이어를 제대로 붙잡았는지 어떤지, **터치다운**의 순간에는 도저히 알 길이 없다. 그래서 혹시라도 착함에 실패했을 경우를 상정하여 터치다운하기 직전에는 무조건 엔진의 출력을 최대로 올려 다시 날아올라야 할 경우에 대비한다. 이러한 긴급 상황을 상정한 **터치 앤 고**의 연습은 훈련에서 반복되어 행해지곤 한다.

현대의 CATOBAR 항모나 STOBAR 항모에서 앵글드 덱이 일반화된 이유 가운데 하나가, 바로 착함 시에 어레스팅 와이어를 놓치더라도 비교적 안전하게 터치 앤 고를 실시할 수 있다는 점이다. 물론 다시 상승한 다음에는 좌선회를 하면서 착함 포지션에 들어가, 재차 착함을 시도하게 된다. 또한 터치 앤 고에 실패하여 해면에 추락하는 등의 사태에 대비하여, 착함 시에는 반드시 구난 헬기가 상공에서 대기하고 있다.

그 외에 랜딩 기어나 어레스팅 후크가 내려오지 않는 등, 기체에 이상이 발생하여, 정상적인 착함이 불가능한 경우도 있는데, 비교적 속도가 느린 레시프로기의 경우라면 해면에 착수시킨 뒤, 승무원만을 회수하는 방법도 있지만, 제트기로 이것을 시도하는 것은 그야말로 자살행위. 이런 경우에는 크래시 배리어를 사용하여 비행갑판 위에서 기체를 받아내게 된다. 최근에는 이런 경우가 거의 발생하지 않지만, 베트남 전쟁 당시에는 제법 빈번하게 일어난 일이었다.

크래시 배리어를 사용하기 위해서는, 우선 비행갑판 위에 있는 함재기 등을 정리하여 불의의 사태에 대비한 다음, 나일론으로 만든 그물 모양의 크래시 배리어를 어레스팅 와이어 앞쪽에 세운 뒤, 소방 차량과 구조 헬기 등을 제 위치에 배치시키는데, 이때 착함을 준비 중인 기체 측에서는 남아 있는 연료와 탄약, 무장을 전부 바다에 버려서 유폭할 위험성을 제거한 뒤, 통상의 착함 코스로 진입을 시도하며 그대로 크래시 배리어에 파고들어 정지하게 된다. 물론 이 과정에서 기체는 어느 정도 파손될 수밖에 없겠지만, 승무원을 무사히 살릴 확률은 높아진다.

착함에 실패했을 경우엔 터치 앤 고로 다시 이륙!

엔신의 파워를 줄
이며 하강

어레스팅 와이어를 붙
잡는 데 실패

곧바로 기수를
올려 다시 이륙

터치다운 직전에 엔진
파워를 최대로 올림

하강 진입 각도가 어긋났을 경우엔, 도중에라도 고도를 다시 올려 착륙복행을 실시하며, 어레스팅 와이어를 붙
잡는 데 실패했을 경우에는 곧바로 기수를 올려 착륙복행을 실시할 수 있도록 터치 다운 직전에 엔진의 출력을
최대로 올린다.

최후의 보루 – 크래시 배리어

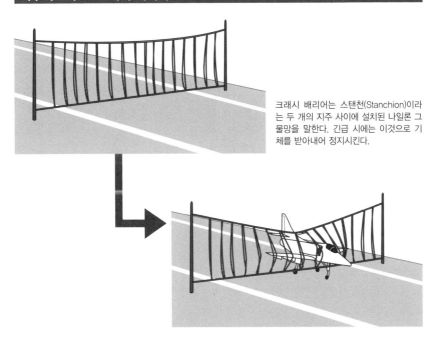

크래시 배리어는 스탠천(Stanchion)이라
는 두 개의 지주 사이에 설치된 나일론 그
물망을 말한다. 긴급 시에는 이것으로 기
체를 받아내어 정지시킨다.

용어해설

● **착륙복행** → 착륙(착함)이 불가능하다고 판단되었을 때, 재상승하여 다시 착륙 절차에 들어가는 것. 고 어라운드(Go-
around)라고도 한다.
● **터치다운** → 착륙 또는 착함 시, 바퀴가 지면에 닿은 순간을 뜻함.
● **터치 앤 고** → 터치다운과 동시에 엔진의 출력을 최대로 올려 다시 이륙(이함)하는 것.

야간의 이착함 작업

함재기 조종사의 입장에서 가장 까다롭다고 느끼는 것이 바로 이착함 작업. 야간에 이뤄질 경우엔 그 난이도가 한층 올라간다. 하지만, 작전 수행의 필요성으로 인해, 위험을 무릅쓰고 결행되곤 한다.

● 난이도가 급상승하는 야간 이착함 작업

야간에 이뤄지는 이착함은 대단히 난이도가 높다. 특히 제2차 세계 대전 초기의 경우, 야간에 이착함을 실시해야만 하는 **박모공격**(薄暮攻擊, Attack at dusk)이나 야간공격은 함재기의 큰 손실을 각오한 상태에서 사용하는, 그야말로 최후의 수단이었다.

야간의 이함은, 순서 자체에 있어서는 주간 작업과 특별히 다를 것이 없으나, 비행갑판 요원들의 수신호를 확인하기가 어렵고, 칠흑같이 어두운 하늘에서는 이른바 버티고(Vertigo)라 불리는 비행 착각 현상에 빠지기 쉬운 데다, 이함 직후 평형감각을 상실한 채 해면에 격돌할 위험성도 매우 높았다.

착함 과정은 이보다도 한층 허들이 높았는데, 레이더가 보급되지 않았던 시절에는, 착함 이전에 온통 어둠뿐인 바다 위에서 자신의 모함 위치를 파악해서 찾아가는 것부터가 극히 까다로운 문제였다. 이 때문에 일본 해군의 경우, 야간에 귀환하는 아군기를 위해, 구축함들이 탐조등으로 항모의 전후방 해상을 비춰 위치를 알리기도 하였다. 또한 항모 측에서도 여러 가지 조명기구로 비행갑판을 비추는 한편, 경우에 따라서는 조명탄을 쏘아 올리기도 했다. 하지만, 그럼에도 불구하고 착함에 실패, 기체가 손상되는 등의 사고가 다수 발생했다. 또한 이렇게 조명을 밝힌다는 것은 적의 잠수함 등에게 아군의 위치를 노출하게 되는 등, 높은 위험을 감수해야 하는 일이기도 했다.

이러한 점은 미 해군의 항모도 마찬가지였다. 하지만, 미국은 초기부터 레이더를 장비하고 있었으며, 대전 후기에는 레이더를 탑재한 야간전 사양의 함상전투기나 함상공격기가 투입되었다. 착함은 여전히 까다로웠지만, 레이더와 무선 통신 등의 장비의 지원에 힘입어, 숙련된 고참 조종사들이 야간 공격이나 요격 임무에서 전과를 올리기도 했다.

레이더와 전자장비가 발달한 현대에는, 작전상 필요하다고 하면 주간과 별 차이 없이 야간에도 이착함이 이루어진다. 광학 착함 유도 장치에서 조사되는 유도광이 조종사의 디스플레이에 둥글게 비춰지고, 그 위치를 목표로 하여 하강해 내려오면 안전한 착함이 가능하다. 또한 최신 함재기의 경우, 자동 유도 착함이 가능한 장치가 갖춰져 있는 기체도 존재한다. 이러한 장치들 덕분에, 그저 흐릿한 유도등만이 켜져 있을 뿐인 어둠 속에서도 이착함 작업이 이뤄질 수 있는 것이다. 물론 아무리 최신 장비의 도움을 받는다 해도, 주간 작업보다는 어렵고 위험한 것이 사실이며, 이를 커버하기 위해, **야간 착륙 훈련**이 빈번하게 이뤄지고 있다.

제2차 세계 대전 당시의 일본 해군이 사용한 야간 착함 진형

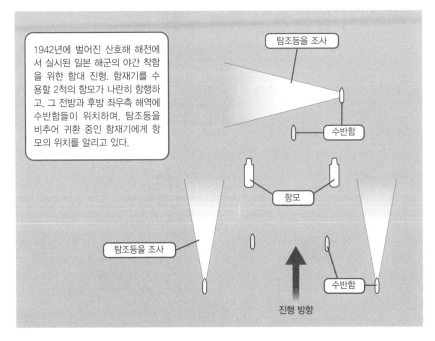

1942년에 벌어진 산호해 해전에서 실시된 일본 해군의 야간 착함을 위한 함대 진형. 함재기를 수용할 2척의 항모가 나란히 항행하고, 그 전방과 후방 좌우측 해역에 수반함들이 위치하며, 탐조등을 비추어 귀환 중인 함재기에게 항모의 위치를 알리고 있다.

탐조등을 조사

수반함

항모

탐조등을 조사

수반함

진행 방향

현대의 광학 착함 유도 장치

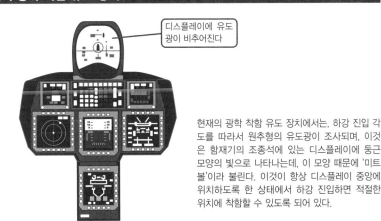

디스플레이에 유도 광이 비추어진다

현재의 광학 착함 유도 장치에서는, 하강 진입 각도를 따라서 원추형의 유도광이 조사되며, 이것은 함재기의 조종석에 있는 디스플레이에 둥근 모양의 빛으로 나타나는데, 이 모양 때문에 '미트 볼'이라 불린다. 이것이 항상 디스플레이 중앙에 위치하도록 한 상태에서 하강 진입하면 적절한 위치에 착함할 수 있도록 되어 있다.

용어해설
● **박모공격** → 적이 발견하기 어렵도록, 일출 또는 일몰 경에 실시하는 공격. 일출 시간대의 공격은 야간에 이함이 실시되며, 반대로 일몰 시간대의 공격은 야간에 함재기의 귀함이 이뤄지게 된다.
● **야간 착함 훈련** → 통칭, NLP(Night Landing Practice)라 불리며, 야간에 항모라고 가정한 육상기지에서 실시한다. 하지만 소음 문제 때문에 종종 민원이 제기되기도 한다.

갑판에서 활동하는 지원 차량

항공기라는 중량물이 탑재되어 있는 항모에서는, 이동 작업에 사용되는 전용 트랙터나 소방차, 크레인 카, 청소 차량 등이 없어선 안 될 일꾼으로 활약하고 있다.

●광대한 비행갑판과 격납고에서 일하는 숨은 공로자

항모에는 항공기의 이동이나 화물의 운반, 그 외 여러 가지 작업을 수행하는 지원 차량이 탑재되어 있으며, 광대한 비행갑판이나 격납고 등에서 활동하고 있다.

이 중에서도 가장 바쁘게 움직이는 것이라면, 아마도 엔진 시동이 걸려 있지 않은 항공기들을 견인하는 토잉 트랙터(towing tractor)일 것이다. 비교적 컴팩트한 차체를 지니고 있지만, 힘은 그야말로 장사다. 미국의 항모에서 활약하고 있는 「MD-3」는 함재기의 날개 아래로도 다닐 수 있도록, 차체 높이가 대단히 낮으며, 항공기 이외에 탑재 무장을 실은 트레일러나 함재기의 정비에 사용되는 각종 기구를 끌고 다니는 등, 그 별명(Mule, 당나귀)에 걸맞은 활약을 보이고 있다.

항모의 중대한 약점 가운데 하나를 들자면 엄청나게 많은 가연물을 적재하고 있다는 점으로, 바로 이런 문제에 대응하고자, 항모에는 함상 전용 소방차가 배치되어 있다. 미 해군이 사용 중인 「P-25」 소방차는 소화제 전용의 노즐을 갖추고 있으며, **포말소화제** 원액과 물을 담은 탱크가 내장되어 있다. 차량 위에는 직접 들고 사용 가능한 소화기도 비치되어 있어, 방화복을 착용한 소방 요원이 탑승, 함재기의 이착함 시처럼 사고나 화재가 발생할 위험이 있는 상황에 항시 대비하고 있다. 특히 함재기에 문제가 발생하여 크래시 배리어를 사용하게 될 경우, 착함하여 기체가 정지함과 동시에 달려온 소방차가 소화액을 기체에 분사하는 모습을 볼 수 있다. 이 「P-25」는 일본의 헬기 탑재 호위함인 「휴우가」형에도 「함재 긴급 구난 차량」이라는 명칭으로 탑재되어 있다.

항모에 탑재된 차량 가운데 가장 큰 차량은, 비행갑판에서 항공기를 포함한 중량물을 들어 올리는 크레인 차량으로, 약 31t의 물체를 들어 올릴 수 있다. 또, 8.5t을 들어 올릴 수 있는 크레인 차량도 있는데, 이쪽은 거의 격납고 안에서만 사용된다.

이 외에도 차량 앞뒤에 브러시를 부착하고 비행갑판을 청소하는 청소 차량이나 정비를 위한 전원을 공급하는 전원차 등, 다종다양한 작업에 대응하는 특수한 전용 차량이 존재한다. 한편, 함내에 수 종류가 탑재되어 있는 지게차의 경우는 민수용 차량을 그냥 그대로 유용한 것을 사용 중이라고 한다.

갑판에서 사용되는 차량들

토잉 크레인 「MD-3」

항공기를 견인하는 경우는 노즈기어 부분에 토잉 바(견인을 위해 사용하는 봉)를 접속하여 이동한다.

소방차 「P-25」

운전수 외에 노즐의 조작 담당과 소화제 펌프를 다루는 인원까지, 3명이 하나의 팀을 이뤄 소화 작업을 실시한다.

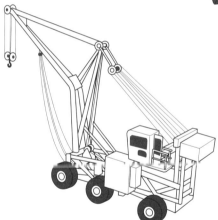

크레인 「A/S32A-35」

비행갑판에서 사용되며, 파손된 항공기를 제거하는 등, 중량물을 옮기는 작업을 도맡아 한다. 31t의 무게를 들어 올릴 수 있으며, 미 해군에서는 옛날부터 「틸리(Tilly)」라는 애칭으로 친근하게 부르곤 했다.

용어해설

● **포말 소화제** → 현재 사용 중인 소화제는, AFFF(Aqueous Film Forming Foam) 소화제라 불리는 것으로, 액상 소화제의 수용액이 타오르는 가연 물질을 둘러싸면서 연소를 차단하는 화학 소화제의 일종이다. 육상의 석유 화학 콤비나트 같은 곳에서도 같은 종류의 소화제를 사용하고 있다.

엘리베이터

항모에서 항공기를 운용함에 있어 빼놓을 수 없는 설비 가운데 하나가, 바로 격납고에서 비행갑판으로 기체를 올리고 내리는 데 사용되는 엘리베이터이다. 시대의 변화에 따라 그 형상은 물론 배치에도 변화가 있었다.

●인 보드 방식과 덱 에지 방식

엘리베이터는, 탑재 중인 항공기를 격납고에서 비행갑판으로 이동시키는 데 사용되는 설비로, 초창기의 항모들도 이것을 장비하고 있었다. 항모 여명기에 건조된「아거스」와「호쇼」도, 두 함 모두가 비행갑판 앞뒤에 합계 2기의 엘리베이터를 장비한 모습으로 탄생했다. 2차 대전기의 항모의 경우는 2~3기, 현재의 원자력 항모의 경우는 4기의 엘리베이터가 설치되어 있는데, 설치된 수는 함선의 크기나 함재기의 숫자에 비례한다. 또한 내하중 능력도 시대의 흐름에 따라 점점 향상되어, 초기 소형항모의 경우, 고작 5t급이었지만, 현대의 항모에 설치된 엘리베이터는 무려 100t이 훨씬 넘는 능력을 보유하고 있다.

비행갑판의 한복판에 위치한 인 보드(In-board, 내현) 엘리베이터는 사각형이 일반적이었지만, 그 외에도 육각형으로 된 것이나, 탑재기의 형상에 맞춘 십자가 모양으로 제작된 것도 존재했다. 이 방식은, 엘리베이터가 격납고 내부에서는 공간을 잡아먹는 '데드스페이스'가 된다고 하는 것에 더해 **엘리베이터 자체의 중량**도 상당히 무거웠다고 하는 문제가 있었기에, 공간의 절약과 경량화를 노린 일종의 해결책이었다.

비행갑판의 측면에 설치된 덱 에지(Deck-edge, 현측) 엘리베이터는, 대전 당시 미국의「와스프(USS Wasp, CV-7)」에 보조 엘리베이터로 추가 설치된 것이 그 시작으로, 이후 건조된「에식스」급에서는 표준장비로 자리를 잡았다. 인 보드 엘리베이터의 경우, 엘리베이터의 면적보다 작은 기체밖에는 싣고 올리는 것이 불가능했으나, 현측 엘리베이터의 경우는 한쪽 벽이 트여 있는 방식이기에, 그쪽으로 기체의 일부가 돌출되도록 적재하면 별 무리 없이 커다란 항공기도 적재할 수 있다는 이점이 있었다. 미 해군에서는,「포레스탈」급 이후 모든 항모가 이러한 현측 엘리베이터만을 사용하고 있다.

다만, 현측 엘리베이터는 그 구조상 외부로 열려 있다는 문제가 있다. 물론 미사용 시에는 셔터를 닫아두고 있으나, 거친 바다에서 사용하게 될 경우, 파도가 칠 때마다 격납고 안으로 해수가 들어오기 쉬우므로 소형 함선에는 맞지 않는다는 것이 단점이며, 특히「포레스탈」급의 경우는 좌현 전방에 설치했던 엘리베이터에서 수밀성의 문제가 발생, 이후 건조된「키티호크」급에서는 우현 후방으로 옮겨졌다. 그리고 이 구조는 현재에 이르기까지 하나의 표준으로 자리 잡은 상태이다.

시대에 따라 변화한 엘리베이터의 형상

이글(영국)

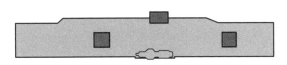

전장 : 203m
기준배수량 : 22,600t
내현 엘리베이터 : 2기

에식스(미국)

전장 : 262.7m
기준배수량 : 27,100t
내현 엘리베이터 : 2기
현측 엘리베이터 : 1기

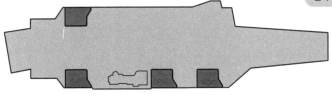

키티호크(미국)

전장 : 326.9m
기준배수량 : 60,100t
현측 엘리베이터 : 4기

커다란 항공기도 적재 가능한 현측 엘리베이터

내현 엘리베이터

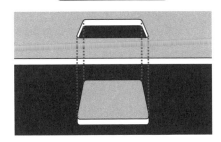

내현 엘리베이터의 경우, 밀폐성이 우수하나, 엘리베이터 면적 이하의 기체밖에는 적재가 불가능하다.

현측 엘리베이터

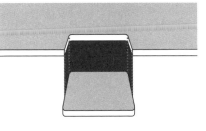

현측 엘리베이터에서는 기체의 일부를 외부에 돌출시키는 것을 통해, 훨씬 사이즈가 큰 항공기도 문제없이 올릴 수 있으나, 밀폐성이 떨어진다.

단편 지식

● **엘리베이터의 무게** → 비행 갑판에 장갑을 설치한 항모의 경우, 엘리베이터 부분에도 장갑을 씌웠다. 예를 들어 「시나노」의 전방 엘리베이터의 경우, 자체 중량만 해도 180t에 육박하는 것이었다.
● **엘리베이터의 수** → 미국의 소형 항모 「랭글리」나 「롱아일랜드」의 경우, 1기의 엘리베이터만이 설치되어 있었다.

설계 사상에 따라 달라지는 함수와 격납고의 구조

항모 함수 부분의 구조에는 개방식과 밀폐식의 두 가지가 있었다. 또한 격납고도 마찬가지로 폐쇄식과 개방식이 있었는데. 각각의 방식에는 장점과 단점이 있다.

● 개방식인가 폐쇄식인가

원래 항모는 순양함 등의 군함에 비행갑판을 씌우는 것을 통해 탄생한 함종이다. 이 때문에 원래의 갑판인 상갑판 위에 지주를 세우고, 그 위에 다시 비행갑판을 올린 형상을 하고 있었으며, 그 사이에 생긴 공간에 격납고가 설치되었다. 이러한 구조로 인해 함수 부분도 선체와 비행갑판 사이의 공간이 뻥 뚫려있는 오픈 바우(Open bow, 개방식 함수)라 불리는 형상이 일반적인 모습이었다.

이 오픈 바우는 구조가 간단하며, 다른 선박을 개조하여 항모로 만들기에 적합한 방식이었으나, 커다란 결점도 있었다. 외양에 나가 작전을 수행하는 항모는, 때에 따라서 거친 파도를 견뎌야만 하는 경우가 있었는데, 이때 함수에 부딪쳐 올라온 파도에 비행갑판 앞부분이 파손되는 등의 일이 발생하곤 했다.

위의 문제를 해결하기 위해 등장한 것이, 함수 부분을 훨씬 높여, 비행갑판의 앞부분과 일체화시킨 구조의 인클로즈드 바우(Enclosed bow, 폐쇄식 함수)로, 높은 파도에도 강했기에, 허리케인 바우(Hurricane bow)라는 별칭을 얻기도 했다. 이 형상은 비행갑판에 장갑을 씌워, 격납고의 기밀성을 높이는 데에도 효과가 있었기에 전후에 등장한 항모는 거의 이 방식을 따르고 있다.

격납고 또한 마찬가지로, 개방식과 폐쇄식의 두 가지 형상이 존재했다. 미국의 경우, 초기부터 상갑판 위에 1층식의 격납고를 지닌 개방식을 채용했다. 이러한 개방식은 격납고의 환기가 편리하고, 사고나 적의 공격으로 인한 유폭이 발생하더라도, 그 폭풍이 열려 있는 양현으로 빠져나가기에, 상대적으로 선체의 피해를 줄일 수 있다는 이점이 있었다. 그 대신, 비행갑판 위에도 함재기를 계류해두는 것을 기본으로 하고 있었다.

한편, 북대서양의 거친 바다를 주된 전장으로 활동해야 했던 영국 해군의 경우는, 폐쇄식 격납고를 즐겨 채용했다. 또한 함재기를 항시 격납고에 수납하는 것을 중시하여, 수용 능력의 확보를 위해 2층이나 3층짜리 격납고를 설치한 일본의 항모도 폐쇄식 격납고를 채택했다. 이쪽은 개방식에 비해 탑재기를 보호하기 편리했고, 수밀성도 훨씬 높다는 이점이 있었다.

개방식과 폐쇄식에는 각각의 장점과 단점이 있었으나, 전후에는 핵 공격에도 대비할 필요가 발생하면서, 현재는 기밀성을 중시한 폐쇄식 격납고가 주로 사용되고 있다.

함수 형상의 차이

오픈 바우(개방식 함수)

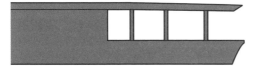

큰 파도의 영향을 받기 쉬우며, 비행갑판이 파손될 위험이 있다는 점 외에, 난기류가 발생하여 항공기의 운용에 악영향을 줄 수 있다는 단점이 있었다.

인클로즈드 바우(폐쇄식 함수)

함수 부분을 높이 올려 비행갑판과 일체화시킨 형상. 거친 바다에도 강했기에 허리케인 바우라고도 불린다. 물론 난기류의 발생 위험도 줄어들었다.

격납고의 방식에 따른 장점과 단점

개방식 격납고

장점
- 구조가 간단하며, 톱 헤비에 빠지지 않는다.
- 유폭으로 발생한 폭풍이 현측으로 빠져나가기에 내부가 입는 피해가 훨씬 적다.
- 환기가 잘 되며, 격납고에 폭발성 가스가 차지 않는다.

단점
- 적의 공격이나 거친 파도에서 함재기를 보호하기 어렵다.
- 상갑판 위가 격납고가 되는 관계로 1층식.
- 기밀성이 낮고, 핵이나 화학, 생물학 병기에 대해서 대비하기가 어렵다.

폐쇄식 격납고

장점
- 비행갑판을 장갑화했을 경우, 격납고를 어느 정도의 공격으로부터 보호할 수 있다.
- 비교적 비행갑판의 함재기를 보호하기 편리하다.
- 기밀성이 높아, 핵 공격이나 생물학, 화학 병기에도 대비하기 수월하다.

단점
- 톱 헤비 상태에 빠지기 쉽다.
- 흘러나온 항공 연료가 기화한 폭발성 가스가 함내에 가득차, 폭발하는 사고가 일어나기 쉽다.

단편 지식

● **기밀성이 높은 폐쇄식 격납고** → 대전 당시, 마리아나 해전에 참전했던 일본의 「쇼가쿠」는, 어뢰 공격에 우현 부분을 피격당하면서 일어난 침수로 함수 부분까지 가라앉은 상태였으나, 폐쇄식 격납고의 부력으로 한동안은 완전한 침몰을 면할 수 있었다. 하지만 이미 함내에는 새어나온 항공 연료가 기화한 가스로 충만한 상태였으며, 결국 대폭발을 일으키며 침몰하고 말았다.

함재기는 어떤 방식으로 적재될까?

하나라도 더 많은 수의 함재기를 싣기 위해, 각국 해군에서는 다양한 아이디어를 짜냈는데, 이러한 아이디어는 각 국가별 항공기 및 항모 운용 사상의 차이가 반영된 것이기도 했다.

●함재기의 적재 방식에 따라 달라지는 격납고의 역할

항모 최대의 무기인 함재기를 가능한 한 많이 적재하기 위해, 각국은 최적의 격납고 구조나 적재방식을 짜내는 데 골몰했다.

이동 시에는 모든 함재기를 격납고에 수납하는 것을 원칙으로 한 일본 해군의 경우, 2층 또는 3층이나 되는 격납고를 설치하여 최대한 많은 수의 함재기를 실을 수 있도록 함선을 설계했으며, 각 격납고 안에는 상시 운용 함재기를 마치 직소 퍼즐을 맞추듯 교묘하게 배치하여 수납하는 등 한정된 공간을 유효하게 활용했다. 이 외에도 보충용 예비 기체는 분해된 상태로 수납, 함재기가 부족할 때 조립해서 보충하는 방법을 사용하기도 했는데, 예를 들어 「소류」에는 57기의 상시 운용기에 더하여 16기의 예비기를, 「쇼가쿠」의 경우는 상시 운용 72기, 예비 12기를 적재하고 있었다.

한편 대전 당시의 미 해군에서는 함재기의 반 이상을 비행갑판 위에 노천계류 상태로 운용하는 것이 기본으로, 격납고의 상당 부분을 항공기의 정비 공간으로 할애하고 있었다. 그래서 미 해군 항모의 격납고는, 정비 작업의 편의를 위해 천정이 높았으며, 엔진 등의 정비도 할 수 있도록 환기가 잘 되는 개방식의 1층짜리를 채용하고 있었다. 이런 구조였음에도 「에식스」급의 경우는 최대 100기의 함재기를 적재할 수 있었으며, 핵 공격에 대비하여 폐쇄식 격납고로 바뀐 현대의 항모에서도 노천 계류를 기본으로 하고 있는 것은 변함이 없다.

영국 해군에서는 격납고를 장갑으로 둘러싸, 높은 방어력을 자랑하는 설계를 채용했는데, 이 때문에 함선의 크기에 비해서는 함재기의 수가 적은 편이었다.

현대의 항모에서도, 한정된 공간을 효율적으로 사용하기 위한 궁리가 이뤄지고 있다는 점은 예전과 별 다를 것이 없지만, 탑재기의 수를 늘리는 쪽보다는 운용의 효율성 쪽에 좀 더 초점을 두고 있다는 것이 차이점이다. 예를 들어, 미국의 슈퍼캐리어의 함재기 탑재 정수는 적재 가능한 한계점의 숫자가 아니라, 항모에 배치된 비행대의 편제 정수에서 산출된 숫자이다. 여기에 더해 최근에는 다양한 임무에 대응하기 위해, 격납고를 항공기뿐만 아니라 차량도 적재하기 편리한 구조로 설계한, 다목적 항모도 늘고 있는 추세이다.

일본과 미국 항모의 격납고 구조와 그 차이

● 일본 해군 항모의 다층식 격납고

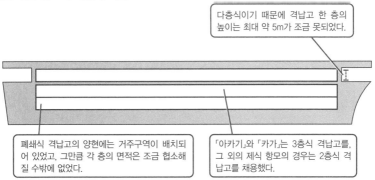

다층식이기 때문에 격납고 한 층의 높이는 최대 약 5m가 조금 못되었다.

폐쇄식 격납고의 양현에는 거주구역이 배치되어 있었고, 그만큼 각 층의 면적은 조금 협소해질 수밖에 없었다.

「아카기」와 「카가」는 3층식 격납고를, 그 외의 제식 항모의 경우는 2층식 격납고를 채용했다.

● 미 해군 항모의 1층식 격납고

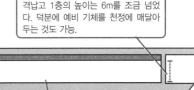

격납고 1층의 높이는 6m를 조금 넘었다. 덕분에 예비 기체를 천정에 매달아 두는 것도 가능.

격납고는 개방식으로, 양현의 끝까지 넓은 폭을 격납고로 활용할 수 있었다. 비행갑판과 격납고 사이에도 단층짜리 거주 갑판이 존재했다.

미국의 항모는 모두가 1층식 격납고 구조였으며, 탑재기의 반수 이상을 비행갑판에 노천계류하고 있었다.

일본 해군의 격납 방식

일본 해군에서는 한정된 공간을 유효하게 활용하기 위해, 마치 퍼즐을 짜 맞추듯 배치하여 수납하는 등의 궁리를 했다.

<u>단편 지식</u>

● **함재기의 구조** → 탑재기의 숫자는, 그 시대에 운용되었던 함재기의 크기에 따라서도 달라진다. 또한 함재기의 구조도, 일본의 함재기가 날개 끝을 살짝 접을 수 있는 정도에 지나지 않았던 데 비해, 미국의 기체들은 아예 날개 뿌리 부분에서부터 접을 수 있도록 기술적인 배려가 이뤄져 있기도 하였다.

함재기의 정비나 수리는 어떻게 이뤄지는가?

함재기를 운용하기 위해서는 정비 능력 또한 대단히 중요! 함 내부에 수용할 수 있는 함재기의 수를 줄이면서까지 정비 능력의 향상을 우선으로 한. 미국 측의 선택은 그야말로 선견지명이었다.

●오늘날까지도 이어져 내려오고 있는 정비 우선의 사상

함재기의 기본적인 정비는 격납고에서 이루어진다. 특히 대전 당시의 미 해군 항모의 경우, 정비 효율의 향상을 제일로 생각하여, 격납고의 많은 부분을 정비용으로 할애했으며, 이 덕분에 다양한 정비 및 수리 작업을 할 수 있었다. 여기에 환기가 잘 되는 개방식 격납고의 이점이 더해져, 엔진 등의 정비도 격납고 내부에서 이뤄질 수 있었다. 물론 영국이나 일본의 항모에서도 주된 정비 작업은 격납고에서 이뤄졌지만, 폐쇄식 격납고를 채용한 탓에 여러 가지 제약이 따를 수밖에는 없었으며, 예비 부품의 재고도 부족했기에, 작전 행동 중에 수리가 불가능할 정도로 파손된 기체는 바다 속에 투기되는 신세가 되곤 했다.

정비성을 중시한 미국 측의 방침은 폐쇄식 격납고가 채택된 현대의 슈퍼캐리어에서도 그대로 이어져 내려오고 있다. 「니미츠」급의 격납고는 길이가 208.5m에 최대 폭은 32.9m로, 6,000㎡ 이상에 달하는 넓이를 자랑하는데, 평상시에는 약 80기의 함재기 가운데 절반을 비행갑판에 계류시킨 상태로, 격납고 안에는 10기 전후의 기체가 정비를 위해 주기되어 있다. 단, 악천후로 거칠어진 바다를 항해할 경우에는, 수용 능력의 한계까지 함재기를 우겨넣기도 하지만, 이 경우에도 함재기를 전부 수용하는 것은 역시 무리이다.

여기에 슈퍼캐리어에는 **항공기중간 정비부**(AIMD, Aircarft Intermediate Maintenance Department)라는 부서가 있어, 대대적인 분해 및 정비, 경우에 따라서는 큰 규모의 수리를 실시하기도 한다. 선체의 거대함을 살려, 예비 부속에 심지어는 교환용 예비 엔진까지도 싣고 있기에, 육상의 항공 기지에서 이뤄지는 수리나 정비라면 항모 내부에서도 얼마든지 수행 가능한 것이다. 항모가 독자적 작전 수행 능력을 지닌, 이동하는 항공 기지라 불리는 것은 바로 이런 점에서 기인한 것이라 할 수 있다. 이런 고도의 정비 능력과 풍부한 부속 재고를 아울러 갖추고 있는 것은 오늘날에도 미국의 슈퍼캐리어 외에는 존재하지 않는다.

다만, 폐쇄식으로 설계된 격납고 내부에서 제트 엔진의 분사 테스트를 실시하는 것은 역시 불가능하다. 이러한 작업은 격납고와 이어진 함미의 공간에 설치되어 있는 엔진 테스트 전용 설비에서 이뤄지는데, 설비에 엔진을 거치시키고, 함미에서 바다 쪽으로 엔진을 분사시켜 테스트를 진행하게 된다.

슈퍼캐리어의 격납고는 정비 공장이다

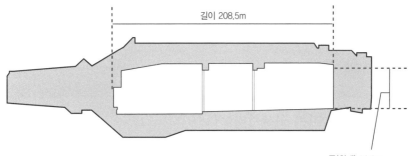

길이 208.5m

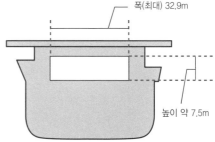

폭(최대) 32.9m

높이 약 7.5m

「니미츠」급의 격납고는 길이 208.5m에 최대폭 32.9m, 높이는 약 7.5m의 광대한 크기를 자랑하며, 슬라이드식으로 개폐되는 방화벽에 의해 3개의 구획으로 나뉘는데, 평소에는 기체의 정비 작업을 실시하는 공간으로 사용되고 있다.

함재기의 정비

항공기의 정비는
5단계로 나뉘어진다

비행 전 점검
비행 직전에 이뤄지는 점검. 외관을 체크한 뒤 연료를 주입한다. 통상적으로는 비행갑판 위에서 행해진다.

A정비
엔진 오일이나 작동유, 산소 등의 점검과 타이어 같은 소모품의 교환을 실시한다.

B정비
A정비에 추가하여, 기체에 엔진이 탑재된 상태에서 세세한 점검을 하며, 부품을 교환한다.

C정비
엔진을 기체에서 내려놓고, 정비, 또는 교환을 실시한다. 이 외에 주요 부품도 공을 들여 정비하는 관계로 작업에는 수일 정도가 소요된다.

D정비
내구연한이 지난 기체 구조재의 주요 부품을 교체하는 등, 대규모 정비를 말한다. 대개는 전용 설비를 갖추고 있는 육상의 공장에서 실시된다.

용어해설
●**항공기 중간 정비부** → 통상적인 항공기 정비는 그 규모에 따라서 A정비에서 D정비로 구분되는데, 슈퍼캐리어에서는 엔진을 탈거한 상태에서의 분해 정비나 부품의 교환 등을 실시하는 C정비 단계까지 수행 가능하며, D단계의 경우는 아예 개수에 가까운 레벨의 정비 과정인 관계로 일반적으로는 전용 설비가 갖춰진 곳으로 이동해서 실시하고 있다.

함재기에 탑재되는 무기의 취급은?

항모의 공격력은 함재기가 탑재, 운용하는 무기에서 나온다. 하지만 위력이 강한 만큼, 유폭 사고가 일어나면 큰 피해가 발생할 수밖에 없기에, 엄격한 안전 관리를 필요로 하게 된다.

●무기고의 위치는 군사기밀!

항모에는 함재기에 탑재하기 위한 무기와 탄약이 대량으로 적재되어 있는데, 그 종류도 매우 다양하여, 전투기의 기총에 사용되는 탄약부터 단거리 대공 미사일, 장거리 대공 미사일, 각종 항공폭탄에, 최근에는 항공기에서 발사하는 대함 미사일이나 순항 미사일까지 실려 있을 정도이다. 또한 예전의 레시프로기 시대에는 뇌격기에서 사용하는 항공 어뢰도 있었지만, 현재는 모습을 감추었으며, 대잠 헬기에 탑재되는 대잠 어뢰가 그 자리를 대신하여 항모에 실려 있는 상태이다.

이러한 무기나 탄약류는 엄청난 위력을 지녔지만, 바꿔 말하면 사고나 적의 공격으로 유폭하게 될 경우, 자함에 커다란 손상을 입힐 수도 있는 위험물이기도 하다. 그렇기 때문에 무기와 탄약의 보관과 관리에는 대단히 엄중한 주의가 기울여지고 있다. 무기고는 10여 곳이 넘는 장소로 분산 배치되어 있으며, 함선의 바닥 가까운 곳에 위치한 구획, 그것도 장갑으로 보호되고 있는 곳에 설치되어 있으나, 그것이 어디인지에 대한 상세한 정보는 군사 기밀로 묶여 있다.

무기고에서 반출된 무기와 탄약은 돌리(Dolly)라 불리는 전용 운반 트레일러에 실린 채, 전용 엘리베이터를 통해 격납고나 비행갑판에 옮겨진다. 하지만 도중에 사고 등이 발생했을 경우 유폭이 무기고까지 이어지는 것을 방지하기 위해, 엘리베이터는 직통으로 이어져 있지 않고, 일부러 중간에 한 번 갈아타는 구조로 되어 있다. 참고로, 「니미츠」급의 경우는 모두 합쳐 9곳에 무기 운반을 위한 엘리베이터가 설치되어 있다.

무장과 탄약을 함재기에 탑재하는 작업은 비행갑판 위에서 실시된다(긴급 상황이나 악천후 등의 문제가 발생했을 경우에는 격납고에서 실시하기도 하지만, 이는 매우 드문 일이다). 「니미츠」급의 경우, 함교의 좌우측에 무기를 임시 적재해두는 장소가 있는데, 이는 만의 하나 유폭 사고가 발생하더라도, 함교 구조물이 방패가 되어 피해를 최소한으로 줄일 수 있기 때문이다. 이곳에서 붉은색 저지를 입은 무장 요원들이 돌리에 실린 무기와 탄약을 함재기가 있는 장소까지 운반해온 뒤, 수작업으로 **파일런**(Pylon)에 부착된 **런처**(Launcher)나 **랙**(Rack)이라 불리는 탑재 장치에 무기를 장착한다. 이후, 이함 직전에 실시하는 폭탄의 신관 장착이나 유도 장치의 조정을 끝으로, 무기의 탑재 작업이 비로소 완료되는 것이다.

현대의 함재기에 탑재되는 무기들

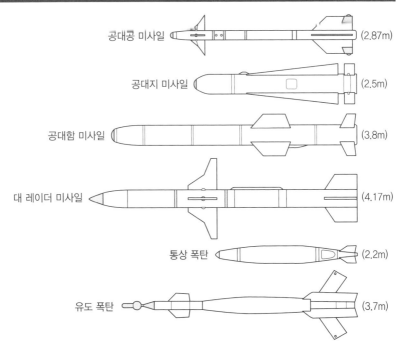

공대공 미사일 (2.87m)

공대지 미사일 (2.5m)

공대함 미사일 (3.8m)

대 레이더 미사일 (4.17m)

통상 폭탄 (2.2m)

유도 폭탄 (3.7m)

항모에서는 무장 장착이 수작업으로 이뤄진다

항모에서 폭탄이나 미사일 등의 무기를 운반하는 트레일러를 '돌리'라 부르는데, 운반해야 하는 무기의 종류에 맞춰 여러 가지가 존재한다. 함재기에 무기를 탑재하는 작업은 비행갑판에서 이뤄지는데, 붉은색 저지와 헬멧을 쓴 무장 요원들이 수작업으로 이를 실시한다.

용어해설
● **파일런** → 무기나 연료탱크를 장착하기 위한 판 모양의 지지대.
● **런처** → 주로 공대공 미사일을 장착하는 데 쓰이는 탑재장치. 레일 모양으로 되어 있다.
● **랙** → 폭탄이나 대형 미사일 등, 비교적 중량이 많이 나가는 무기를 탑재하는 데 쓰이는 탑재장치.

함교의 기능

항모의 함교는 비행갑판의 우현 중앙에 설치되어 있다. 한정되어 있는 좁은 공간이지만, 여기서는 함의 지휘 이외에도 여러 가지 기능들이 수행되고 있다.

●항모의 함교에는 여러 가지 기능이 집약되어 있다

항모의 함교는, 극히 일부의 예외를 제외하면 모두가 비행갑판 우현에 설치되어 있다. 여기에는 몇 가지 이유가 있는데, 우선 가장 먼저 들 수 있는 것이라면 선박 항해와 관련된 문제일 것이다. 해상 교통에서는 두 선박이 서로 진로를 횡단하는 형태로 만났을 경우 상대방을 우현 쪽에 두고 있는 쪽이 먼저 회피를 해야 한다는 항해 규칙이 있는데, 이런 규정 때문에 항해를 하는 데는 함교가 우현 쪽에 위치한 쪽이 편리하다. 또한 연돌이 우현, 함교가 좌현에 붙어 있을 경우는, 장해물이 양현에 위치한 모양새가 되며, 난기류가 발생한다는 문제가 생긴다. 여기에 좌현 쪽이 트여 있어야 함재기가 착함 포지션에 들어가기 편하다는 것 또한, 함교를 우현에 배치한 이유 가운데 하나이다. 함교가 비행갑판 위에 위치한 아일랜드형 항모 중에서 함교가 좌현에 배치된 것은 2차 대전 당시 일본의 항모였던 「아카기」와 「히류」, 단 2척뿐이다.

원래 함교라는 곳은 배를 컨트롤하기 위한 기능이 집약되어 있는 부분인데, 항모의 경우는 그 이상으로 다양한 기능이 집약되어 있다. 예를 들어, 「니미츠」급의 함교는 7층짜리 구조로 되어 있으며, 각 층에서는 제각기 다른 관제 업무가 실시되고 있다. 가장 위층에는 항공관제소가 위치하여 공항의 관제탑과 같은 역할을 수행하고 있으며, 그 아래층은 항해함교로 일반적인 함선의 브리지에 해당하는데, 함장을 필두로 한 함선의 조함을 담당하는 승무원들이 모여 항모의 항해 전반을 담당하고 있다.

또한 항모에는 함대의 사령부가 설치되는 경우도 자주 있기 때문에 플래그 브리지라 불리는 사령부 함교가 항해함교의 바로 아래층에 위치하고 있다. 하지만, 작전 시의 실질적인 지휘 업무는 함내에 설치된 전투지휘소에서 이루어진다.

그 아래에는 비행갑판 전체를 둘러볼 수 있는 모니터링 룸이 있으며, 함교 1층에는 플라이트 덱 컨트롤이 설치되어 있다. 이곳은 이함과 착함을 포함하여, 비행갑판 위에서 행해지는 여러 가지 작업을 지휘하는 곳으로, 여기에는 위저 보드(Ouija Board)라 불리는, 비행갑판을 축소한 모양의 상황판이 놓여 있는데, 이 위에 함재기 모양 플레이트를 배치하여 비행갑판의 정리나 조정을 시뮬레이트하고, 통제 지시를 내리게 된다. 아무리 최신 설비를 갖춘 신예 항모라도 이 작업만큼은 여전히 아날로그 방식으로 이뤄지고 있다.

항모의 함교

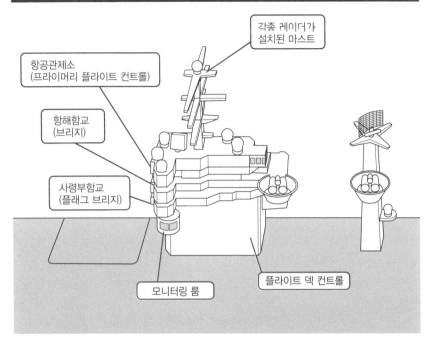

각종 레이더가
설치된 마스트

항공관제소
(프라이머리 플라이트 컨트롤)

항해함교
(브리지)

사령부함교
(플래그 브리지)

모니터링 룸

플라이트 덱 컨트롤

아날로그 조작으로 이루어지는 비행갑판의 정리

다양한 함재기가 어지러이 돌아다니는 비행갑판의 정리나 조정은 플라이트 덱 컨트롤러라 불리는 전문 요원들이 그 통제를 담당하는데, 이들은 격납고나 비행갑판을 축소한 모양의, 위저 보드라 불리는 상황판 위에 함재기 모형을 늘어놓고, 이를 움직여가며 무엇을 어디로 정리하고, 어디로 이동시킬지를 판단, 작업 지시를 내린다. 디지털화된 요즘 세상 기준으로 보기엔 조금 원시적으로 보일지 모르지만, 이보다 더 효율적인 방법은 아직도 나오지 않았다고 한다.

단편 지식

● **2개의 함교를 지닌 항모** → 현재 영국 해군이 새로이 건조 중인 「퀸 엘리자베스」급 항모의 경우, 함의 우현 부분에 2개의 함교가 배치되어 있는데, 전방의 함교가 항해함교, 후방의 함교가 항공 관제 함교이며, 각각의 함교는 연돌과 일체화되어 있다. 또한 이 방식은 기본 설계를 공유하여 건조될 예정이었던 프랑스의 PA2에서도 적용될 것이라 예상되었으나, 이쪽은 계획 자체가 취소되고 말았다.

전투에 들어갔을 때의 두뇌 중추는?

함장이 바닷바람에 노출되어가며 함선의 지휘를 맡았던 것은 그야말로 옛날이야기에나 나올 법한 광경으로, 오늘날에는 각종 전자장비가 집결되어 있으며, 엄중하게 보호를 받고 있는 전투지휘소에서 항모나 함대의 지휘가 이루어지고 있다.

● 함의 중추부인 CDC는 군사기밀 그 자체이다

제2차 세계 대전 당시에는 작전 및 전투 지휘가 함교(브리지)에서 이루어졌다. 여기에 함대 기함 임무까지 맡게 되었을 경우에는, 함대 사령관 이하, 사령부 요원들도 함교나 그 아래층에 위치한 전투 함교 또는 사령부 함교라 불리는 장소에서 지휘를 맡았다. 오랜 세월에 걸쳐 '함교 = 함의 중추부'라는 도식이 성립했던 것이다.

하지만 종전 후, 각종 레이더를 비롯한 전자장비의 발달은 함의 지휘방식에도 극적인 변화를 가져왔고, 이에 따라 함교와는 별도로 CDC(Combat Direction Center)라 불리는 전투지휘소가 설치되기에 이르렀다. 현재는 작전 및 전투 중의 지휘가 모두 여기에서 이루어지고 있다.

「니미츠」급 항모의 경우, CDC는 비행갑판 아래, 함의 내부에 위치하고 있어, 외부로부터의 공격에도 상당한 방어력을 갖고 있는 것으로 알려져 있지만, 그 세부 위치에 대해서는 밝혀져 있지 않은 상태이다. 이 CDC에는 각종 레이더나 센서의 컨트롤러 및 컴퓨터 등의 전자장비가 집결되어 있다. 하지만 취급하는 정보가 다른 함선에 비해 대단히 광범위하기 때문에 복수의 통제실로 분산되어 있으며, 이는 만에 하나 적의 공격을 받아 함이 손상을 입더라도, 일격에 기능이 완전 상실되는 사태를 피하기 위한 의미에서 취해진 조치이기도 하다.

작전 시에는, 함대의 사령부 요원과 함장 이하 함의 지휘에 관여하는 요원, 무기 관제 담당자 등이 CDC에 집결하며, 항모를 중심으로 하는 함대의 작전 지휘부터, 항모 자체의 전투 행동에 이르기까지, 모든 것이 CDC에서 내려지는 지시에 따라 이루어진다. 그런 이유로 CDC는 군사기밀의 집약체라 할 수 있으며, 이곳이 일반에 공개되는 일은 거의 드문 일이다. 함의 승무원이라 하더라도, 해당 권한을 부여받은 일부를 제외하면 입실 허가가 나오지 않는다.

또한 CDC에 인접한 구역에는 CATCC(Carrier Air Traffic Control Center)라 불리는 항모 항공 관제소가 설치되어, 함재기가 이함하고 나서 착함할 때까지의 관제업무를 수행하고 있는데, 여기에는 항모의 항공관제 담당 요원들과 항모 비행대 소속의 지휘 관제 담당이 배치되어 있다.

항모와 함대의 지휘를 담당하는 CDC(전투지휘소)

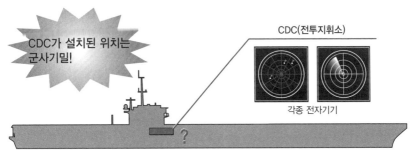

CDC가 설치된 위치는 군사기밀!

CDC(전투지휘소)

각종 전자기기

현대 항모의 중추는 CDC(전투지휘소)라 불리며, 함의 내부 깊숙이 위치한, 최고 기밀의 집약체와도 같은 곳이다. 여기에서는 여러 가지 정보가 모이는 한편으로, 탑재기나 수반함의 움직임을 관제하기 위한 지시가 내려지고 있기도 하다.

함의 지휘는 어디서 이루어지는가?

CDC(전투지휘소)
- 함대 전체의 지휘.
- 작전 시, 항모의 항해 지휘.
- 대공 무기의 관제 등.

CATCC(항모 항공 관제소)
- 자함 탑재기의 항공관제 지휘.

브리지(항해함교)
- 평상시의 항해 지휘.
  (전투 시에는 함장을 대신하는 사관이 여기에 위치한다)

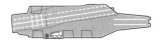

플라이트 덱 컨트롤 룸
- 비행갑판 위에서 이뤄지는 함재기 이동이나
  이착함을 지휘.

단편 지식

● CDC와 CIC → CDC(Combat Direction Center)는 항모에서만 쓰이는 용어로, 항모 이외의 함정에서는 CIC(Combat Information Center)라 불리고 있는데, 기본적으로는 같은 기능을 하는 곳이다. CIC 또한 해당 함의 중추 역할을 맡고 있으며, 군사기밀 사항으로 가득한 곳이기에 평시 상황에서도 거의 공개되지 않는다.

항모의 눈

고도의 전자기기를 활용하고 있는 현대의 항모에는 다양한 종류의 레이더를 비롯한 각종 센서가 탑재되어 있다. 여기에 더하여 함재기 또한 항모의 눈 역할을 맡고 있다.

● 다종다양한 센서가 탑재되어 있는 현대의 항모

군함에는 대공, 대수상, 그리고 수중을 아울러 살피기 위한 각종 감지 센서, 다시 말해 레이더나 소나라는 이름의 전자 '눈'이 설치되어 있는데, 이것은 항모 또한 마찬가지로, 항공기의 운항을 관제하며 함대의 기함으로서의 기능을 수행하기 위해, 더욱 고도의 시스템을 탑재하고 있다.

예를 들어 「니미츠」급 항모의 경우에는, 대수상 레이더, 수상 탐색 레이더, 대공 레이더, 항해 레이더, 사격 지휘 레이더 등 여러 종류의 레이더와 안테나가 탑재되어 있다. 하지만 레이더란 기본적으로 전파의 반사를 탐지하여 대상물을 포착하는 장치이며, 레이더의 전파가 닿지 않는 수평선 너머는 시야에 넣을 수가 없기에, 가능하면 높은 곳에 레이더를 설치하는 것이 탐지 거리 연장에 유리한 법이다. 레이더 류가 함교 위에 솟아 있는 마스트 부분에 설치되어 있는 것도, 이러한 이유에서 조금이라도 탐지거리를 연장하기 위한 노력의 일환인 것이다.

또, 전자기기는 시대의 흐름에 따라 급속하게 발전해왔기에, 장기간에 걸쳐 활동하는 항모의 경우, 대대적인 개수과정에서 레이더 등을 최신형으로 교체하는 경우도 적지 않다.

● 수반함이나 함재기도 항모의 눈이 되어준다

하지만 항모의 눈은 자함에 달려 있는 센서만이 아니다. 항모는 항상 호위함들과 함께 행동을 하며, 그중에는 대공 임무를 전담하는 함이나 대잠 임무를 맡은 함처럼, 보다 고성능의 센서를 갖춘 함선이 존재한다. 현대의 항모는 이러한 수반함이나 군사 위성이 포착한 정보를 직접 수신하는 링크 시스템을 갖추고 있기도 하다.

또한 함재기 중에는 강력한 레이더를 탑재한 조기 경보기나 현수식 소나를 장비한 대잠 헬기가 있으며, 이러한 함재기들을 활용, 보다 광범위한 정보를 입수할 수 있다는 것이 항모의 최대 장점이다. 항모를 중심으로 하는 함대는, 더욱더 멀리까지 볼 수 있는 '눈'을 갖고 있는 것이다.

항모의 함교와 마스트에 설치된 각종 센서류

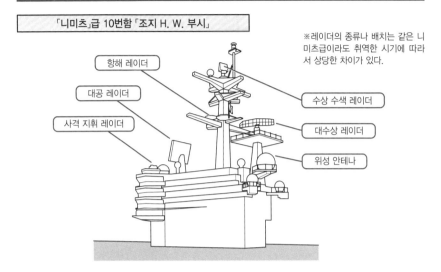

「니미츠」급 10번함「조지 H. W. 부시」

※레이더의 종류나 배치는 같은 니미츠급이라도 취역한 시기에 따라서 상당한 차이가 있다.

- 항해 레이더
- 대공 레이더
- 사격 지휘 레이더
- 수상 수색 레이더
- 대수상 레이더
- 위성 안테나

4단계로 확대되는 항모의 눈

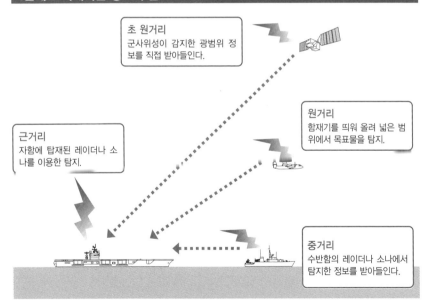

초 원거리
군사위성이 감지한 광범위 정보를 직접 받아들인다.

원거리
함재기를 띄워 올려 넓은 범위에서 목표물을 탐지.

근거리
자함에 탑재된 레이더나 소나를 이용한 탐지.

중거리
수반함의 레이더나 소나에서 탐지한 정보를 받아들인다.

단편 지식

● **우주의 눈도 실시간으로 이용** → 미국이나 러시아, 프랑스, 중국 등의 군사 대국은 우주에 군사 정찰 위성을 쏘아 올려, 광범위에 걸친 정보를 모으고 있는데, 당연한 얘기겠지만, 항모에도 군사 위성이 얻은 정보를 실시간으로 받아볼 수 있는 시스템이 설치되어 있으며, 이를 활용하고 있다.

함을 움직이는 동력 1 – 통상 동력

대형이며 고속 항행 능력이 요구되는 항모를 움직이기 위해서는, 전통적으로 큰 출력을 내기에 유리한 증기터빈 기관이 사용되어 왔으나, 최근에는 새로운 방식으로 바뀌고 있는 중이다.

●증기터빈에서 신세대 기관으로 변화

원자력을 사용하지 않는 동력 방식을 일반적으로 통상 동력이라 부르는데, 항모와 같은 대형 함선의 경우, 전통적으로 증기터빈 동력을 **주기**(主機)로 사용해왔다. 증기터빈이란 보일러와 터빈이라는 두 개의 장치를 결합한 **외연기관**을 의미하는데, 이것은 중유 등의 연료를 태워 얻은 열로 보일러 안의 물을 가열, 수증기로 변환시키면, 그 수증기로 터빈을 돌려 동력을 얻는다는 구조로 작동되는 동력 기관이다.

항공기의 운용을 위해, 거대한 함체를 고속으로 운항시켜야 하는 항모에 있어서, 큰 출력을 낼 수 있는 기관은 꼭 필요한 것이었다. 증기터빈의 가장 큰 이점은 비교적 용이하게 큰 출력을 얻을 수 있다는 점으로, 디젤 엔진을 비롯한 **내연기관**의 경우, 이만한 출력을 내기가 어렵다. 이에 비해 증기터빈에서는 보일러와 터빈을 필요한 출력에 따라 복수 설치하고, 병렬적으로 가동하면 그만이었다. 또한 비교적 품질이 떨어지는 연료도 얼마든지 사용 가능하다는 점이나, 보일러를 가열하면서 발생한 증기를 캐터펄트의 작동에 이용할 수 있다는 점 등, 증기터빈에는 여러 가지 특유의 이점들이 있었다.

여러 이점을 지닌 증기터빈 기관이었지만, 단점 또한 존재했다. 우선, 큰 출력을 얻기 위해서는 기관의 설비가 상당히 대형화될 수밖에 없다는 점이 그 첫째이며, 이 외에도 기관의 시동에 상당한 시간이 걸리고, 출력을 올리는 데에도 시간차가 발생하기에, 기민한 운동에는 부적합하다는 점을 들 수가 있다. 이러한 이유로 현재는 보다 작고 응답성이 좋은 기관을 채용하는 쪽으로 바뀌고 있는 추세이다.

현재, 군용 함선의 세계에서 증기터빈을 대신하여 주류를 차지하고 있는 것은 가스터빈을 주기로 사용하는 함들이다. 가스터빈은 항공기의 제트 엔진과 기본 구조가 동일하여 배기로 터빈을 돌리는데, 빠른 가속이 가능하여 응답성이 좋으며, 비교적 작은 크기에 비해서 상당한 출력을 얻을 수 있기에, 3만 톤 이하의 경항모에 적합 하다는 장점이 있지만, 연비가 좋지 못하다는 단점 또한 존재한다.

그래서 최근에는 가스터빈이나 디젤 엔진을 조합하여, 상황에 따라 나누어 사용하는 방식이나, 가스터빈으로 발전기를 돌려 전력을 생산한 뒤, 이를 이용해 모터를 구동시켜 추진력을 얻는 전기 추진 방식이 연구되고, 실제로 채용되기도 하였다. 또, 미국의 슈퍼캐리어의 경우는 제3의 방식인 원자력 기관으로 이행하고 있다.

통상 동력 항모의 기관

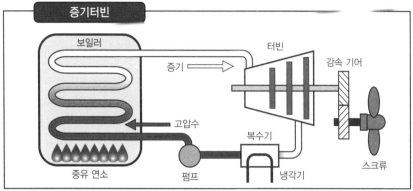

증기터빈

보일러 / 증기 / 터빈 / 감속 기어 / 고압수 / 복수기 / 스크류 / 중유 연소 / 펌프 / 냉각기

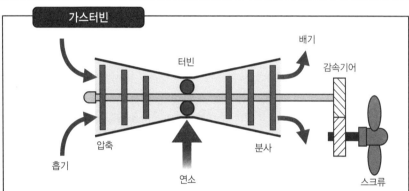

가스터빈

배기 / 터빈 / 감속기어 / 압축 / 분사 / 스크류 / 흡기 / 연소

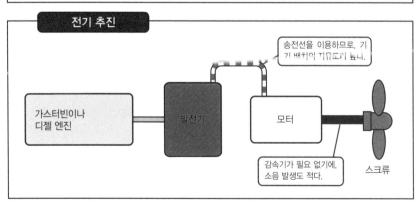

전기 추진

가스터빈이나 디젤 엔진 / 발전기 / 모터 / 스크류

송전선을 이용하므로, 기기 배치의 자유도가 높다.

감속기가 필요 없기에, 소음 발생도 적다.

용어해설

● **주기** → 해군 및 선박 관련 용어로, 주 엔진을 의미함.
● **외연기관** → 일단 보일러에서 연료를 연소시켜 발생한 증기를 이용해 주기(터빈)를 구동시키는 방식.
● **내연기관** → 주기의 내부에서 연료를 연소시켜, 직접 출력으로 바꾸는 엔진 기관. 디젤 엔진이나 가스터빈이 대표적인 예이다.

함을 움직이는 동력 2 – 원자력

원자력 항모에 탑재되어 있는 원자로의 구조는, 기본적으로 육상에 설치된 원자력 발전소의 그것과 거의 비슷한데, 첫 등장으로부터 50년의 세월이 흐르는 동안, 많은 성능적 발전이 이루어지기도 했다.

● 가압수형 원자로를 탑재

원자로를 주기로 채택한 사상 최초의 항모는, 1961년에 탄생한 미국의 원자력 항모「엔터프라이즈」로, 종래의 대형 항모에서 사용되었던 증기터빈 기관의 보일러 대신, 원자로가 탑재되었다. 이후 건조 비용 등의 문제로, 잠시 통상 동력 체제로 회귀했으나, 「니미츠」급에서 다시 부활, 현재는 미국이 운용 중인 10척의 슈퍼캐리어 모두가 원자력 기관을 탑재한 항모로 대체된 상태이다.

원자력 항모에 탑재된 원자로는, 가압수형 원자로라 불리는 것으로, 우선 원자로 속을 순환하는 고압의 1차 냉각수를 가열한 다음, 이 1차 냉각수가 증기 발생기 속의 2차 냉각수를 가열하면 증기가 발생하는데, 바로 이 고압의 증기를 터빈으로 보내 구동력을 얻게 된다. 이후 이 수증기는 복수기를 지나며, 복수기 내부의 바닷물을 통해 냉각, 다시 물로 환원된 뒤, 증기 발생기로 다시 돌아가게 되는 구조로 이루어져 있다. 때문에 정확히는 원자력 증기터빈이라고 불리며, 기본적인 구조는 지상에 건설된 원자력 발전소와 큰 차이가 없다. 일단 함선의 내부에 수납되어야 하므로 대단히 콤팩트한 구조로 설계되어 있기는 하나, 역시 견고하면서도 안전성을 갖춘 설비가 필요하기에, 대형 함선이 아니고서는 탑재하기가 어려운 실정이다.

원자력 증기터빈이 발휘하는 출력은, 종래의 증기터빈과 비교해서 그렇게 큰 차이가 나는 것은 아니다. 하지만, 증기터빈 기관이 대량의 연료를 소비하는 것에 비해, 원자로는 한번 연료를 주입하면, 장기간에 걸쳐 연료 교환 없이 항해를 지속할 수 있다는 이점을 지니고 있다. 또한 원자로 자체도 지난 50년 동안 큰 진화가 이루어졌는데, 「엔터프라이즈」의 경우, 첫 번째 연료 교환이 이뤄진 것은, 함이 완성되어 취역한 지 3년 뒤였으나, 이후 개량이 이뤄지면서, 두 번째는 5년 후, 세 번째는 20년 뒤에 교환이 이루어졌으며, 후속함인 「니미츠」급에 와서는 13~25년에 한 번 연료봉을 교환하는 것으로 바뀌었다. 하지만 기술의 진보는 여기에 그치지 않았으며, 2015년에 취역할 예정인 「제럴드 R. 포드」급의 경우는 연료봉의 교환 주기가 무려 50년으로 늘어나, 함이 퇴역하기 전까지는 사실상 연료 교환이 필요 없을 것이라 예상되고 있다.

이 외의 원자력 항모로는 프랑스의 「샤를 드 골」이 있다.

항모에 탑재된 가압수형 원자로

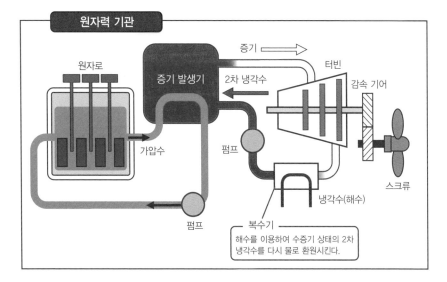

원자력 기관

원자로

증기 발생기

증기 ⟹

2차 냉각수

가압수

펌프

터빈

감속 기어

스크류

펌프

냉각수(해수)

복수기 ─
해수를 이용하여 수증기 상태의 2차
냉각수를 다시 물로 환원시킨다.

항모 탑재 원자로의 진화

「엔터프라이즈」

1961년 취역(2012년 퇴역)
A2W형 가압수형 원자로 × 8기
출력 : 28만 마력
연료봉 교체 주기 : 약 3~20년

「니미츠」급

1975~2009년 취역(전체 10척)
A4W형 가압수형 원자로 × 2기
출력 : 26~28만 마력
연료봉 교체 주기 : 약 13~25년

「제럴드 R. 포드」급

2015년 취역 예정(초도함)
A1B형 가압수형 원자로 × 2기
출력 : 약 28만 마력
연료봉 교체 주기 : 약 50년

단편 지식

● **원자로를 이용한 전기 추진함** → 「제럴드 R. 포드」급 항모는 원래 원자로 증기터빈과 전기 추진 방식을 결합한 신세대
기관을 탑재할 예정이었으나, 초도함에서는 도입이 보류되고 말았다. 하지만 발전 능력에는 엄청난 향상이 있었는데,
종래의 「니미츠」급의 6만 4000킬로와트를 훨씬 뛰어넘는 19만 2000킬로와트의 전력을 생산 가능하다고 전해진다.

고정 무장 1 – 대공 병기

공격해오는 적기를 요격하기 위해, 항모에는 대공 병기가 충실하게 배치되어 있다. 이러한 점은 예나 지금이나 마찬가지여서, 현대의 항모는 대공 미사일을 중심으로 한 무장을 갖추고 있다.

● 고각포 + 기총의 조합에서 대공 미사일 중심으로 진화

항모의 천적 중 하나라 할 수 있는 것이 바로 공습을 가해오는 적 항공기로, 항공기는 항모의 최대 무기이지만, 동시에 최대의 적이기도 한 것이다. 이 때문에 제2차 세계 대전 당시, 항모 대 항모의 결전이 치러졌던 태평양 전선에서는, 적 항공기의 공격에 대항하고자 하는 노력들이 기울여졌다. 항모의 대공방어는, 우선 함상전투기가 원거리에서의 방어 임무를 맡았으며, 항모와 함께 행동하는 호위함대가 중거리 방어 임무를, 그리고 마지막 보루로, 항모에 고정무장으로 다수 설치된 대공병기들이 임무를 수행하였다.

당시의 대표적인 대공병기는 고각으로 쏠 수 있는 고각포와 대공 기총으로, 비행갑판의 양현에 함선의 바깥쪽으로 돌출된 공간을 만든 뒤, 거기에 대공포좌와 총좌를 설치하는 것이 일반적이었는데, 예를 들어 대전 전에 건조된 일본의 대형 항모 「하카기」의 경우, 12.7cm 연장 고각포 8기(16문)에 25mm 연장 기총 11기(22문)를 장비하고 있었다. 하지만 대전 중에 건조된 「시나노」의 경우, 연장 고각포의 탑재수는 8기(16문)로 변함이 없었으나, 25mm 3연장 기총 35기 + 25mm 연장 기총 40기(합계 145문)를 배치하여 대공 기총을 대폭적으로 강화하는 등, 마치 빽빽한 가시로 몸을 지키는 고슴도치를 연상시키는 대공방어화기를 설치했다.

한편 일본군의 카미카제(神風) 자살 공격으로 골머리를 앓았던 미국 측도 대공방어를 중시했는데, 대전 중에 건조되었던 「에식스」급의 경우는 5인치(약 12.7cm 정도에 해당) 연장 고각포 4기 + 5인치 단장 고각포 4기(합계 12문), 40mm 보포스 4연장 기관포 8~9기(32~36문), 20mm 단장 기관포 40~50기를 배치하는 등의 중무장을 자랑했다.

전후, 레이더 기술의 발달로 대공 미사일이 등장하면서, 항모의 방어 체계는 대공포에서 미사일 중심으로 이동하였는데, 상정하는 최대 위협 또한 적 항공기에서 적의 대함 미사일로 바뀌었다. 현대의 항모에는 단~근거리용 개함 방공 무기가 배치되어있다. 예를 들어 「니미츠」급의 경우는, 사정거리 15km의 시 스패로(Sea Sparrow) 대공 미사일이나, 사정거리 50km의 개량형 시 스패로 대공 미사일의 8연장 발사기가 2~3문, 여기에 더해 최후의 보루로 기능하는 CIWS(Close-In Weapons System, 근접 방어 화기 시스템)으로, 레이더와 연동하여 작동하는 팰렁스(Phalanx) 20mm 개틀링 포, 또는 RAM 근접 방어 미사일의 21연장 발사기의 둘 중 하나를 2기 탑재하고 있으며, 다른 국가의 항모들도 같은 종류의 대공 무장을 조합하여 사용하는 것이 일반적이다.

대전기 항모의 대공 방어

● 에식스 급의 대공 방어

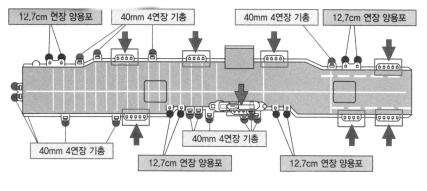

| 12.7cm 연장 양용포 | 40mm 4연장 기총 | | 40mm 4연장 기총 | 12.7cm 연장 양용포 |

| 40mm 4연장 기총 | 40mm 4연장 기총 | 12.7cm 연장 양용포 | 12.7cm 연장 양용포 |

※각각의 함, 또는 배치 시기에 따라서 고각포나 기총의 수에 차이가 있었음.

※ ◀━━ …20mm 기총의 배치

현대의 대공 무장

시 스패로 단거리 대공 미사일 8연장 발사기

※사정거리는 약 15km. 개량형은 50km까지
사정거리가 늘어났음.

대표적인 CIWS(Close-In Weapons System, 근접 방어 화기 시스템)

RAM(Rolling Airframe Missile) 21연장 발사기

팰렁스 레이더 연동 20mm 6총신 개틀링

단편 지식

● **시나노** → 실제로는 첫 번째 항해에서 미국 잠수함의 어뢰에 격침되어버린 관계로, 모처럼 달아놓은 대공 방어 무장이 불을 뿜을 일은 없었다.

● **니미츠급** → 1번함에서 10번함 사이에는 34년이라는 연차가 존재하며, 취역 시기나 개수 작업이 이뤄진 시기에 따라서 대공 무장의 종류나 그 구성이 제각기 다르다.

고정 무장 2 - 대함 병기

항모의 최대의 무기는 역시 탑재하고 있는 함재기이지만, 항모 개발의 여명기에 탄생한 항모들 중에는 대함 전투를 상정하여 강력한 함포를 탑재하고 있는 함들도 존재했다.

● 대함 전투를 상정, 항모에도 함포를 실었던 시대가 있었다?

아직 항모의 운용 전술이 확립되지 않았던 제2차 세계 대전 이전의 시대에는, 항모도 대함 전투 능력을 보유하고 있었다. 항모를 공격해오는 적의 구축함이나 순양함 등을 격퇴하기 위해, 그 나름의 화력을 확보해야 할 필요가 있었기 때문이다. 또한 당시의 항모는 순양함이나 순양 전함을 개조하여 건조된 함들이 많았기에, 원래부터 달려 있던 주포나 부포를 그대로 살려, 20cm 급의 **평사포**나 대공 및 대함 겸용으로 사용하는 **양용포**를 남겨 둔 함도 존재했다.

예를 들어, 일본 해군의 「아카기」나 「카가」의 경우, 취역 초기, 그러니까 아직 다층식 갑판 구조를 유지하고 있던 시절에는 2층 째의 갑판 앞부분에 20cm 연장포탑이 2기 배치되어 있었다. 또한 이와는 별도로, 현측에는 **케이스메이트**(Casemate, 포곽) 방식의 20cm 단장포를 갖추고 있었다(「아카기」 6문, 「카가」 10문). 이후, 전통식 평갑판으로 개수되는 과정에서 함수의 연장포탑은 철거되었지만 현측에 배치된 부포들은 여전히 남아 있었다.

같은 시기에 만들어진 영국 해군의 항모 「허미즈」나 「이글」의 경우도, 역시 현측이나 함미에 평사포가 배치되어 있었으며, 미국의 「렉싱턴」과 「사라토가」의 경우는 비행갑판에 위치한 함교 앞뒤로 8인치 포(약 20cm 정도에 해당) 연장포탑 4기가 배치되어 있었다. 하지만 2차 대전 이후로는 호위함대가 항모를 보호한다고 하는 운용법이 정착되면서, 대함 전투를 상정한 함포를 장비하는 일은 없게 되었다.

현대의 항모에 와서는, 대함 전투의 주력이 되는 것은 어디까지나 탑재되어 있는 함재기이지만, 대함 전투의 중심으로 미사일이 널리 사용된다는 점도 있어, 일부 국가에서 운용하는 항모의 경우, 대함 미사일에 더하여 대잠 로켓까지 고정 무장으로 장비한 함이 존재하기도 한다. 그 대표적인 예가 바로 구 소련에서 건조했던 항모 「키예프」급으로, 강력한 대함 미사일을 다수 탑재하고 있었다. 하지만, 함재기가 주로 대공, 대잠 임무에 투입되었기에, 대함 전투용 고정 무장을 꼭 필요로 했더라는 구 소련 측의 속사정을 생각해본다면, 항모를 「항공 중순양함」이라 불렀던 것도 나름 납득이 가는 사실이기는 하다.

항모에 탑재된 대함 병기

● 「아카기」에 탑재되었던 20cm 함포

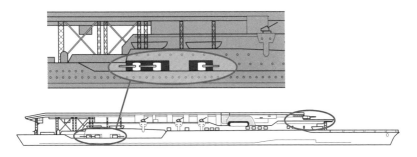

개장 이전의 「아카기」에는 제2갑판 앞부분 좌우에 20cm 연장포탑 2기(4문), 그리고 현측 후부에 케이스메이트 방식의 20cm 단장포가 좌우에 각 3기(합계 6문)가 배치되어 있었다.

● 「렉싱턴」에 탑재되었던 8인치 포

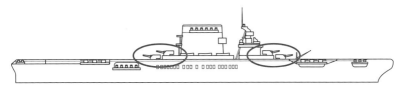

「렉싱턴」과 「사라토가」에는 함교 앞뒤로 8인치 연장포탑이 2기씩(합계 8문) 배치되어 있었다. 대전 중에는 이들을 대신하여 5인치 양용포를 배치할 예정이었으나, 결국 실현되지는 못했다.

● 「키예프」급의 대함 전투용 무기는 대함 미사일!

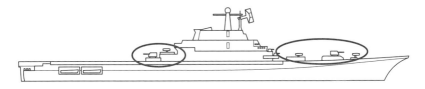

「키예프」급에는, 포탑뿐만이 아니라, 대형 대함 미사일 발사기까지 설치되어, 강력한 대함 공격능력을 갖추고 있었다.

용어해설
● **평사포** → 앙각 45도 이하로, 직접 조준으로 적을 겨냥하는 화포.
● **양용포** → 거의 고각포에 맞먹을 정도의 높은 앙각을 갖는 화포로, 대공 전투는 물론 대함 전투에도 사용 가능하다.
● **케이스메이트 방식** → 현측에 중~대구경 단장포를 배치한 것으로, 1920년대 이전의 함선에 주로 채용되었던 오래된 형식.

항모의 약점이 되는 곳은?

대형 전투함들 가운데, 항모는 가장 방어력이 떨어지는 함선이다. 적의 공격을 받기 쉬운, 넓은 면적의 비행갑판을 이고 다니는 데 더하여, 함내에 인화 물질을 쌓아놓고 있기 때문이다.

● 비행갑판과 항공 연료가 가장 큰 약점

종래부터 비행갑판은 항모의 방어력을 논함에 있어, 항상 가장 큰 취약 부위로 지적되어왔다. 커다란 함체로 인해 기민한 회피 동작을 보여주기도 어려운 데다, 정말 널찍하게 펼쳐진 평면은, 방어를 뚫고 육박해온 적의 공격기에게 있어 절호의 표적이라고밖에는 할 수 없기 때문이다.

더군다나 공격을 받았을 경우, 함체 자체에는 그리 피해가 크지 않고, 항행에도 별다른 지장이 없다 하더라도, 비행갑판을 사용할 수 없게 된다면, 그 항모는 전력으로서의 의미를 완전히 상실한 것이나 다름없게 된다. '함재기=공격력'인 항모에 있어, 비행갑판은 생명선 그 자체라 할 수 있는 것이다.

이 때문에, 비행갑판의 장갑화 등의 대책이 강구되었지만, 선박의 복원력과 관련된 중량의 배분 문제가 있었기에, 그리 간단히 해결할 수 있는 문제는 아니었다. 영국의 「일러스트리어스」급이나 일본의 「타이호」등, 부분적으로 장갑 방어력을 갖춘 함선이 등장하기도 했으나, 비행갑판 전체에 장갑 방어력이 부여된 것은, 전후 미국에서 완성된 「미드웨이」급이 최초였다. 하지만 장갑 방어력을 갖췄다고 해서 비행갑판의 취약성이 완전히 불식된 것은 아니었다. 결국, 호위함대와 같이 행동하여 적기의 접근을 허락하지 않는 것이야말로 최대의 방어라 인식하게 된 것이다.

이러한 비행갑판 이상의 약점으로 지적받는 부분이라면, 항모에 가득히 적재되어 있는 각종 가연성 물질일 것이다. 함재기 그 자체는 물론, 함재기용 탄약 등도 유폭의 가능성이 있어 대단히 위험하지만, 진짜로 위험하면서 골치 아픈 것이 함재기용 항공 연료이다. 함선의 연료로 사용되는 중유와는 달리, 대전 당시 항공 연료로 사용되었던 가솔린은 발화할 위험성이 대단히 높았던 데다 휘발성도 높았기 때문에, 기화된 가스 상태로 누출될 위험성도 있었다.

실제로, 장갑항모로 많은 기대를 받았던 일본의 「타이호」의 경우, 잠수함에서 발사한, 단 1발의 어뢰에 피격된 것만으로 함내에 가스가 누출되었는데, 가득 차 있던 가스가 인화하면서 대폭발을 일으켜 허망한 최후를 맞았으며, 미국의 렉싱턴도 비슷한 운명을 맞고 말았다.

이러한 사례를 교훈삼아 항공기용 연료탱크에 대해서는 대단히 세심한 주의가 기울여지고 있지만, 현대의 항모조차 그 위험성을 완전히 불식시키지는 못한 상태이다. 연료탱크에서 이어지는 배관 전체를 견고하게 커버하는 것 자체가 어렵기 때문이다.

최대의 공격목표가 되는 비행갑판

● 비행갑판은 최대의 목표!

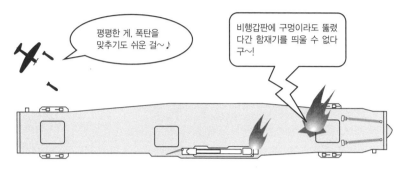

평평한 게, 폭탄을 맞추기도 쉬운 걸~♪

비행갑판에 구멍이라도 뚫렸다간 함재기를 띄울 수 없다구~!

항모의 무기는 불에 잘 탄다고?!

● 항모에 탑재된 불에 잘 타는 것들

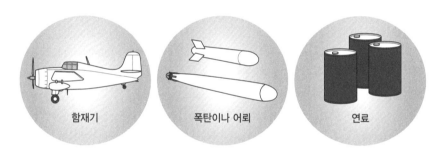

함재기

폭탄이나 어뢰

연료

● 정말 골치 아픈 것은, 기화되어 새어나온 항공연료

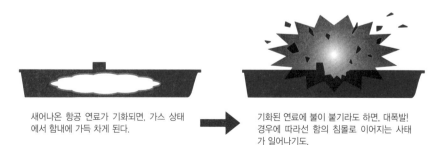

새어나온 항공 연료가 기화되면, 가스 상태에서 함내에 가득 차게 된다.

기화된 연료에 불이 붙기라도 하면, 대폭발! 경우에 따라선 함의 침몰로 이어지는 사태가 일어나기도.

단편 지식

● **중유와 가솔린** → 대형 함정의 보일러에 사용되는 중유는, 점도가 높은 B중유(Bunker B)나 C중유(Bunker C)로, 상온에서의 휘발성이 대단히 낮고, 휘발 가스에 의한 폭발 위험도 적은 편이다. 하지만, 레시프로기의 항공 연료로 사용되었던 가솔린은 휘발성이 높은 데다가 인화점도 낮았기에, 중유에 비해 취급과 보관이 까다로웠다.

항모의 데미지 컨트롤

공격을 받아 손상을 입더라도, 그 피해를 최소한에 그치게 하여, 전력의 손상을 막는 작업, 그리고 그 능력을 데미지 컨트롤이라 하며, 이는 항모에 있어, 없어서는 안 될 중요한 부분이다.

● 전훈을 통해 진화해온 데미지 컨트롤 능력

항모는 함의 내부에 함재기나, 탄약, 연료 등의 가연성 물질과 폭발물을 가득 적재하고 있는데, 이 때문에 적의 공격을 받아 손상을 입었을 때, 화재의 확산이나 유폭에 의한 2차 피해를 최소한에 그치도록 하는 능력이 매우 중요하게 여겨진다. 그리고 이를 위해 설비와 인원의 배치, 대응 매뉴얼의 작성, 각종 훈련의 실시 등, 하드웨어와 소프트웨어, 양 측면에서 데미지 컨트롤을 위한 준비가 이뤄지고 있다.

데미지 컨트롤의 중요성에 대하여 누구보다 먼저 주목했던 것은, 전쟁 이전의 미 해군이었는데, 「요크타운」급 이래로 연소(延燒, 불이 옮겨 붙음)나 유폭을 제어하기 쉬운 개방식 격납고를 채용했으며, 가장 취약하다고 할 수 있는 항공기용 연료탱크의 경우는 이때부터 이미 2중 구조로 되어 있는 것을 채용하는 등의 대비를 갖추었다. 또한 여기에 더하여 데미지 컨트롤 담당 인원을 육성하고, 대책 매뉴얼을 확립했는데, 이러한 노력들은 실전에서 그 진가를 발휘했다.

한편, 데미지 컨트롤 능력이 훨씬 뒤떨어졌다고 평가되던 일본 해군의 경우도 아무 대책 없이 마냥 손을 놓고 있었던 것은 아니었다. 항공기용 연료탱크의 예를 들어보면, 초기에 사용되었던 리벳 접합 방식으로 만들어진 탱크를 전기 용접 방식으로 제작함으로써 훨씬 기밀성이 높았던 탱크로 교체했으며, 탱크 주위에 물이나 콘크리트 등을 채우는 등의 대책을 세우고 있었다. 또한 이전의 전훈을 토대로, 격납고에 포말식 소화제를 뿌릴 수 있는 스프링클러 같은 설비를 도입하였으며, 미국과 마찬가지로 함내의 가연성 물질(목제 격벽 및 마룻바닥, 기타 집기류)을 최대한 줄이려는 노력을 기울이기도 했다.

전후에도 데미지 컨트롤에 대한 기본적인 생각은 바뀌지 않았다. 격납고 내부에는 감시 스테이션이 만들어졌으며, 스프링클러도 설치되어 만일의 사태가 발생했을 경우 방화벽으로 구획을 차단, 불이 옮겨 붙는 것을 막을 수 있도록 하였고, 격납고 내부나 비행갑판 위에는 소방차량이 항시 배치되어 있다. 또한 현대의 항모의 경우, 화생방 무기 공격을 받게 될 경우까지 상정되어 있어, 제독 작업을 위해 함의 바깥쪽 전체를 물로 씻어 내릴 수 있는 세정용 스프링클러 설비가 설치되어 있기도 하다.

데미지 컨트롤 능력

● 수밀 구획을 이용한 데미지 컨트롤

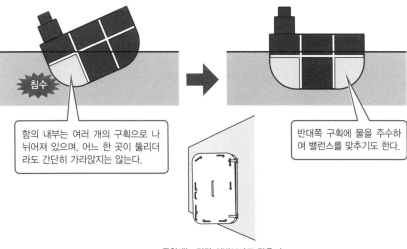

침수

함의 내부는 여러 개의 구획으로 나뉘어져 있으며, 어느 한 곳이 뚫리더라도 간단히 가라앉지는 않는다.

반대쪽 구획에 물을 주수하여 밸런스를 맞추기도 한다.

군함에는 민간 선박보다도 많은 수밀문이나 방화벽이 설치되어 있다.

● 화재에 대한 대책은 항모에 있어 대단히 중요한 과제

데미지 컨트롤을 담당하는 인원이 대기 중이며, 소방 훈련 등이 실시되기도 한다.

항모에서 활약하는 소방차

단편 지식

● 군함의 데미지 컨트롤 → 적과의 교전을 전제로 하고 있는 군함에는, 화재의 확산을 막기 위한 방화벽이나 함선에 구멍이 뚫렸을 경우를 대비하기 위한 수밀 구조 등, 군함 특유의 높은 대처능력을 뒷받침해주는 설비가 갖추어져 있다. 상선 개조 항모의 경우는, 태생의 한계로 인해 이러한 구조적 데미지 컨트롤 능력이 떨어지는 편이었다.

항모에 대한 보급

항모가 계속해서 작전 행동을 수행하기 위해서는, 소비한 물자의 보급이 필요한 법. 항구에 입항하여 보급을 받을 수 없는 경우, 보급함을 통한 해상 보급에 의지하게 된다.

●해상보급은 두 함이 나란히 항행하는 상태에서 실시된다

거대한 선체를 지닌 항모는 대단히 많은 양의 연료나 물자를 적재하고 다니지만, 그 양은 결코 무한이 아니며, 물자가 부족해지면 결국 작전 행동에도 지장이 발생할 수밖에 없다. 통상 동력 항모라면, 함을 움직이기 위한 연료(중유)에 더해 항공기용 연료와 탄약, 승무원들을 위한 식료품의 보급을 필요로 하게 된다. 예를 들어 64,000t급의 「미드웨이」의 경우, 약 1,000t의 식량을 저장할 수 있었으나, 이것은 45일이면 바닥이 날 분량이었다. 중유 탱크가 필요하지 않게 된 원자력 항모에 와서는, 그만큼 더 많은 물자를 실을 수 있었지만, 승무원의 숫자도 함께 늘어났기에, 이쪽도 이쪽 나름대로의 주기에 맞춰 보급을 받아야만 했다.

통상의 작전 행동에서는, 모항으로 귀항하거나 보급이 가능한 항구에 기항하여, 각종 물자의 보급을 실시한다. 하지만, 장기간에 걸친 작전 행동으로, 다른 항구에 기항하는 것도 불가능한 경우에는 해상에서 보급을 받게 된다.

제2차 세계 대전 당시에는, 항모 옆에 수송선이나 유조선을 접현(接舷)시킨 뒤, 와이어를 연결하여 활차 등으로 보급품을 전달하거나, 급유 호스를 연결하여 연료를 공급하는 등의 보급 작업을 실시했다. 하지만, 현재는 훨씬 효율적인 해상 보급을 실시할 수 있는 장비를 갖춘 보급함이 취역한 덕분에, 두 함이 병주(竝走, 나란히 달림)하면서 해상 보급 작업을 실시하고 있다.

급유 작업을 실시할 경우, 약 50m의 간격을 유지하며 보급함과 항모가 나란히 항해하게 되는데, 보급함 쪽에서 급유 사관(蛇管, 호스)을 길게 뻗어, 항모 우현에 위치한 급유구에 접속, 연료 등을 보급하게 된다. 한편 탄약이나 식료품 등의 물자는, 와이어를 연결하여 활차를 통해 물자를 전달하는 전통적인 방식으로도 실시되지만, 탑재되어 있는 헬기를 이용하여 슬링(Sling) 운반을 하는 쪽이 일반적인 방식으로 자리 잡은 상태이다. 또한 미국의 슈퍼캐리어의 경우, 함상수송기를 탑재하고 있기도 하다.

이와는 반대로 항모에 비축되어 있던 연료나 물자를, 함께 행동하던 수반함 쪽에 보급해주는 경우도 있다. 소형 함선은 항모에 비해 항속 거리가 짧고, 물자의 적재능력도 떨어지기 때문인데, 이러한 경우에도 해상 보급이 이루어진다.

항모에서 소비되는 주요 물자

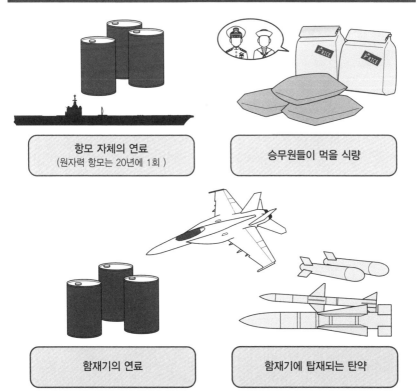

항모 자체의 연료
(원자력 항모는 20년에 1회)

승무원들이 먹을 식량

함재기의 연료

함재기에 탑재되는 탄약

그림으로 보는 해상 보급 방법

● 연료 보급

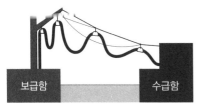

보급함   수급함

사관이라 불리는 연료 호스를 길게 늘여 급유.
두 함의 간격은 약 50m 정도이다.

● 물자 보급

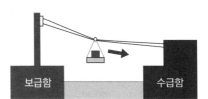

보급함   수급함

보급함과 항모 사이에 와이어를 연결하여, 활차
를 통해 물자를 전달한다.

단편 지식

● 담수는 자체 조달! → 옛날의 배들은 커다란 담수 탱크가 설치되어 있었으며, 저장된 물을 전부 소모하게 되면 새로 보
급을 받아야만 했지만, 현대의 함선들은, 항모를 포함하여 어느 정도 크기가 있는 대형 함선들의 경우, 해수의 담수화 설
비가 탑재되어 있다. 담수화 설비용 보일러에 사용할 연료가 남아 있는 한, 물이 부족할 걱정을 할 필요는 없는 것이다.

거대한 수용 능력

90기 가까이 되는 수의 함재기를 운용하며, 5,000명 이상의 승무원들이 활동하는 슈퍼캐리어에는, 그만큼의 소요되는 물자를 수용할 수 있는 공간이 꼭 필요한 법이다.

●물자의 수납 공간에 여유가 있는 원자력 항모

극히 당연한 얘기겠지만, 거대한 크기를 자랑하는 항모는, 함재기 이외에도 다양한 물자를 수용할 수 있는 능력을 갖추고 있다. 이 중에서도 특히 큰 공간을 필요로 하는 것이 자함의 항행용 연료와 탑재기가 사용할 항공 연료이며, 또한 항모에는 함재기에 탑재될 무기 및 탄약, 함재기의 예비 부속 등, 전투용 물자에 더해 승무원들의 식량이나 음료수, 생필품 등, 여러 종류의 물자가 적재되어 있다.

하지만 현대의 원자력 항모의 경우, 자함의 항행용 연료탱크를 필요로 하지 않게 되었기 때문에, 그만큼의 남는 공간에 다른 물자를 더 적재할 수 있게 되었는데, 이렇게 종래의 항모보다 더 많은 물자를 싣고 다닐 수 있다고 하는 점은 원자력 기관을 채용했을 때 얻을 수 있는 주된 이점 가운데 하나라고도 할 수 있을 것이다.

「니미츠」급의 경우, 물자의 대부분이 함선 바닥 부근의 하부 갑판에 수용되는데, 주로 함수 쪽에는 함재기용 무기고가 분산 배치되어 있으며, 중앙부에는 항공기용 연료탱크, 마지막으로 그 뒤에는 2기의 원자로 구획을 사이에 두고, 식량을 저장하는 거대 냉장고나 생필품을 저장한 창고가 배치되어 있다. 그 탑재량은 항공기용 연료의 비축량만 해도 1,325만 리터에 달한다. 5,000명이 넘는 승무원들을 먹여 살릴 식량의 경우는, 통상적으로 약 1개월 반 분량을 싣고 있다고 알려져 있으며, 하루에 제공되는 식사가 약 18,000끼. 그리고 이 것이 45일간 제공될 분량이므로, 81만 끼 분량의 식량이 적재되어 있다는 얘기가 된다. 하지만 유사시에는, 작전일수가 3개월이 훨씬 넘어가는 일도 있을 수 있기에, 이런 경우에는 보급함으로부터 해상 보급을 받아 보충할 필요가 발생하기도 한다. 또한 생필품을 저장한 창고에는 거의 10만 종이 넘어가는 각종 물품이 수납 관리되고 있다고 한다.

한편, 원자력 기관을 채택하게 되면서 얻을 수 있는 또 다른 이점으로 전력에 여유가 생겼다는 점을 들 수 있다. 함내의 담수화 설비에서는 하루에 150만 리터의 물을 만들어내며, 덕분에 급수 사정에도 큰 여유가 생기면서 제한 없이 샤워를 할 수 있게 되었다. 또한 이 전력을 이용해, 함재기나 함내에서 사용할 액화 질소나 산소도 제조가 가능하다. 게다가 어지간한 공장 급의 공방도 설치되어 있어, 항공기나 항모에서 필요로 하는 부속 가운데 간단한 것들은 함내에서 제작할 수 있으며, 이에 필요한 소재도 함내에 비축되어 있다.

「니미츠」급 원자력 항모의 주요 수납 공간

● 주된 수납 공간은 하부 갑판에 위치한다

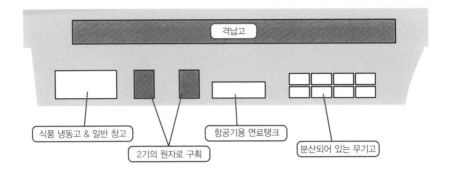

격납고

식품 냉동고 & 일반 창고

2기의 원자로 구획

항공기용 연료탱크

분산되어 있는 무기고

통상 동력을 사용하는 항모의 경우, 자함의 항행에 필요한 연료를 저장하는 탱크가 필요하며, 이것이 상당한 공간을 차지하게 된다.

무기고는 유폭 등의 위험을 피하기 위해, 40개소 이상으로 분산 배치되어 있으며, 각각의 무기고에는 방화 및 내폭 설비가 갖추어져 있다.

「니미츠」급 원자력 항모에 적재되는 방대한 양의 물자

항공기용 연료
1,325만 리터

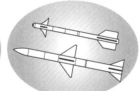

항공기용 무장 및 탄약
탑재량은 군사 기밀

항공기의 예비 부품
예비 엔진 등을 포함함

승무원들의 식량
약 81만 끼 분량

각종 생필품
약 10만 종

※음료 및 생활용수로 쓰이는 담수나 액화 산소 등은 자체적으로 제조한다. 또한 함내에 설치된 각종 공방에서 사용할 가공용 소재가 비축되어 있기도 하다.

단편 지식

● 함대에는 보급함을 빼놓을 수 없다 → 통상 동력 항모의 경우는 자함이 싣고 있던 여분의 연료를 다른 수반함에 나눠 줄 수도 있었지만, 원자력 항모의 경우는 중유를 거의 싣고 있지 않기 때문에, 이런 식의 보급은 불가능하다. 또한 항공 연료의 소모량 또한 매우 크기에, 현대의 항모 타격 전단의 경우, 같이 행동하는 보급함의 존재가 대단히 중요하다.

항모의 건조

항모 정도 크기의 대형 함선이 되고 보면, 건조를 실시할 수 있는 조선소가 극히 제한될 수밖에 없으며, 기공에서 취역까지도 수 년 이상의 긴 시간을 필요로 하게 된다.

●건조에 시간이 많이 소요되며 기술적인 허들도 높은 항모의 건조

비단 항모만이 아니라, 모든 군함의 건조는 몇 가지의 단계를 거쳐 이루어진다. 우선, 건조 계획을 세우는 것부터 시작, 해당 국가의 정부나 의회에서 예산의 승인을 받고, 예산이 통과되면 조선을 담당하는 기업 등에 발주가 이뤄진다. 배의 건조가 시작되는 것을 기공(착공)이라 부르며, **선대나 건조 도크**에서 선체 본체의 공사가 시작된다. 본체가 어느 정도 만들어지면, 선체를 물에 띄우는 진수를 거쳐, 함에 필요한 각종 설비를 올리는 의장(艤装) 공사가 실시되는데, 이 의장 공사를 끝으로 조선과정이 완료된다. 이후 함의 속도나 무장 등의 각종 성능을 체크하는 **공시(해상 공시 운전)**를 통해, 요구 성능을 만족시키는 등, 문제가 없음이 확인되면, 공사가 완료되었다는 의미로 준공이라 하며, 이 상태에서 함을 발주했던 군 측에 인도된다. 그리고 이 단계에서 처음으로 군적에 등록, 마침내 군함으로서의 임무를 부여받아 취역하게 되는 것이다.

기공에서 취역까지는 각각 그 나름의 시간을 필요로 하는데, 예를 들어 미국의 「니미츠」급의 경우, 기공에서 취역까지 5~7년의 세월이 걸렸다. 또한 개중에는 이런저런 문제로 인해 건조 작업이 장기화되면서, 10년이 넘는 세월이 걸리는 경우도 있다.

또한, 그 거대한 선체를 감당할 수 있는 크기의 건조 도크(Dock, 선거라고도 함)와 선대를 갖추고 있는 조선소 없이 항모를 건조한다는 것은 불가능한 일이며, 대출력 기관을 시작으로, 캐터펄트나 대형 엘리베이터 등, 항모만의 특수 설비도 제작할 수 있어야 하기 때문에, 기술적인 허들도 매우 높다. 미국의 경우, 「엔터프라이즈」 이후, 모든 원자력 항모의 건조가 버지니아 주에 있는 뉴포트뉴스(Newport News) 조선소에서 이루어지고 있는 상태이다.

조선 방식을 살펴보면, 2차 대전까지는 선대(building berth) 위에 **용골(Keel)**을 얹고, 이것을 뼈대로 하여 건조를 진행하는 「선대 건조 방식」으로 작업이 이루어져 왔다. 하지만 전후~현재는, 선체를 미리 몇 개인가의 블록으로 나누어 제작한 뒤, 마지막 단계에서 이들을 조립하여 완성시키는 「블록 건조 방식」이 주류의 자리를 차지하고 있다. 그 이유는, 각 블록의 제작을 복수의 장소에서 병행 작업할 수 있으므로, 공기(工期)를 대폭적으로 단축시킬 수 있다는 이점이 있었기 때문이다.

항모의 건조부터 취역까지의 흐름

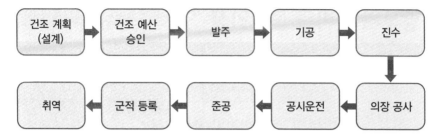

건조 도크와 공법의 차이

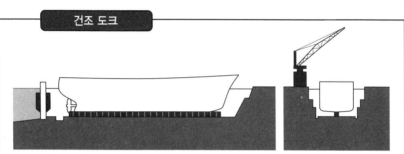

건조 도크(독)는 새로운 선박의 건조 기능을 갖춘 시설로, 물을 뺀 드라이 도크 상태에서 건조를 진행, 배를 진수시켜야 할 때 갑문을 열고 물을 끌어들여 선체를 띄우는 구조로 되어 있다. 이외에 육상의 선대에서 배를 조립한 뒤, 해면에 미끄러지듯 떨어뜨려 진수를 시키는 방식도 있으나, 항모와 같은 대형 함선에서는 그다지 쓰이지 않는 방식이다.

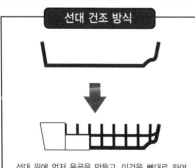

선대 위에 먼저 용골을 만들고, 이것을 뼈대로 하여 살을 붙여 배를 건조하는 공법.

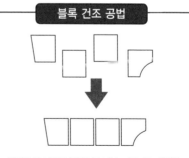

선체의 각 부위를 블록으로 나눠, 따로따로 제작한 뒤, 마지막 단계에서 이들을 조합하는 건조 공법.

용어해설

● **선대나 건조 도크** → 배를 건조하기 위한 설비로, 선박의 크기에 맞는 사이즈가 필요하다.
● **공시(해상 공시 운전)** → 완성을 앞두고 실시하는 정식 테스트로, 승무원과 탄약, 전투 소모품을 만재하고, 비전투 소모품과 연료, 예비 보일러 수(水)를 2/3 정도 실은 상태에서 이루어진다.
● **용골(Keel)** → 선수에서 선미까지, 선저(船底, 배의 바닥 부분)의 중심 부분을 지나가는 주요 부재.

항모의 정비와 로테이션

항모가 그 성능을 발휘하기 위해서는, 정기적인 정비가 필수이다. 하지만, 상당한 시간이 소요되기 때문에, 함의 운용 스케줄도 이러한 정비 일정을 고려한 상태에서 작성되는 것이 기본이다.

● 대대적인 정비는 그 수가 한정된 시설에서, 장기간에 걸쳐 진행된다

항모의 운용 계획에는, 일정 기간에 정비를 받도록, 장기적인 행동 스케줄이 포함되어 있다. 각 항모들이 소속되어 있는 모항에는 일정 수준 이상의 정비가 가능한 설비가 갖춰져 있는 경우가 많다. 때문에 통상적인 정비라면 모항으로 귀항했을 때 이루어지는 것이 보통이다. 하지만 대대적인 정비를 실시해야 하는 경우에는, 대형 함선의 입거(入渠)가 가능한 드라이 도크를 갖추고 있는, 해군 공창이라 불리는 시설에서 해당 작업을 행하게 된다. 이런 경우에는 수개월에서 수년에 걸친 장기간 동안 정비 작업에 들어가는 일이 많다.

예를 들어, 현재 10척에 달하는 함이 취역한, 미국의 「니미츠」급의 경우, 동력원으로 원자력 기관을 사용하고 있는 관계로, 20~25년에 한 번은 원자로의 연료봉을 교체할 필요가 있는데, 이것은 선체를 절개하여 원자로를 노출시킨 상태에서 진행하는 대공사가 된다. 여기에 더해, 미국에서 원자로의 연료봉 교체가 가능한 곳은 버지니아 주의 뉴포트뉴스 조선소가 유일하며, 공기도 2~3년은 걸리는 작업이다. 물론, 이때 정비 작업이 이루어지는 것은 원자로만이 아니며, 함 전체의 장비나 설비들도 철저한 점검과 보수를 받게 된다. 또한 전자장비의 경우 새로운 기재로 완전히 갱신되는 등, 아예 '정비'가 아니라, '개수'라고 불러도 이상할 것이 없을 정도로 구석구석 손을 보는 경우도 있다.

● 3척 이상을 보유하여 로테이션을 짜는 것이 이상적이긴 하지만⋯⋯

대대적인 정비로, 모항이나 해군 공창에 입거시킬 필요가 있다는 것을 감안하면, 항모를 항시 작전 가능하도록 배치하기 위해서는, 최소 3척이 이상적이라고 한다. 2척뿐일 경우는 1척이 정비 중일 때, 나머지 1척에 무슨 이상이 생겼을 경우, 가용할 수 있는 함선이 남아 있지 않게 되기 때문이다. 그러므로 예비까지 포함, 작전에 종사하는 함이 2척, 정비 중인 것이 1척이라는 것이 이상적인 로테이션이라 할 수 있는 것이다. 하지만 이를 위해서는 높은 국력이 필요하며, **11척 체제를 갖춘 미국**를 제외한 나머지 국가에서는 대부분 1척, 많아야 2척 정도를 운용하는 정도가 고작이다. 이 때문에 시기에 따라서는 가용한 항모가 아예 없는 경우도 종종 발생한다.

대대적인 정비를 위해서는 드라이 도크가 필요하다

통상적인 정비

모항으로 삼고 있는 항구에는 통상 정비용 설비가 갖춰져 있으며, 귀항했을 때 실시된다.

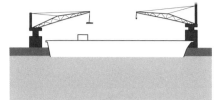

대대적인 정비

드라이 도크를 갖춘 해군 공창이나 조선소에서 실시되며, 상당한 시간이 소요된다.

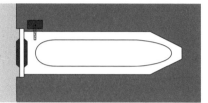

위에서 본 드라이 도크

정비 일정을 고려한 항모 운용의 로테이션은?

● 상시 작전 행동 능력을 생각한다면, 3척으로 돌리는 로테이션이 이상적이다

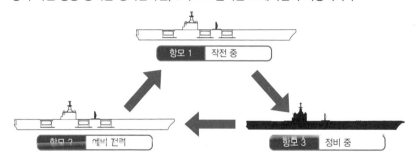

항모 1　작전 중

항모 2　예비 전력

항모 3　정비 중

● 미 해군은 11척 체제를 갖추고 있다

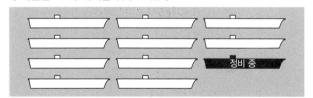

정비 중

1척은 2~3년간 원자로의 연료봉 교체를 비롯한 대규모 정비에 들어가며, 나머지 10척이 전 세계를 커버하게 된다. 이 외에 정기적인 통상 정비도 이루어진다.

단편 지식

● **11척 체제의 미국 →** 전 세계의 바다를 커버하며, 현존하는 원자력 항모 모두를 보유하고 있는 미국은 항모 11척 체제를 갖추고 있는데, 이 가운데 1척을 원자로 교환 등의 대규모 정비에 들어가도록 한다는 계산으로 운용하고 있다. 지난 2012년, 「엔터프라이즈」의 퇴역으로 현재는 10척 체제이지만, 2015년에 신예 항모가 취역하게 되면 다시 11척 체제로 복귀할 예정이다.

퇴역한 항모가 가는 곳은?

수명 이외의 다른 여러 가지 이유로 일찍 현역에서 은퇴한 항모의 경우, 제2의 인생이 기다리고 있는 일이 많은데, 개중에는 개장되거나 타국에 매각되는 함도 존재한다.

●항모의 노후 생활

항모도 수명을 가진 기계인 만큼, 언젠가는 은퇴할 수밖에 없으나, 이후에 걷게 되는 길은 제각기 다르다. 특히 아직 사용할 수 있는 상태에서 **퇴역 또는 제적**되었을 경우와 노후화되어 수명을 다한 상태에서 이뤄진 퇴역 사이에는 큰 차이가 있다.

아직 얼마든지 사용할 수 있는 상태임에도, 예산 삭감 등의 이유로 어쩔 수 없이 퇴역하게 된 경우, 제2의 인생(?)이 준비되는 경우도 있다. 우선, **예비역**으로 편입, **모스볼**(Mothball) 상태로 보존되어 차례를 기다리는 경우인데, 만약 이 상태에서 부활하지 못한 채 함적에서 제적될 경우, 결국 해체라는 운명과 맞닥뜨리게 되고 만다.

다음으로 들 수 있는 것은 항모 이외의 함으로 개수, 다른 용도로 활용되는 케이스가 있다. 이를테면, 2차 대전 종전 후 잉여 전력으로 남게 된 미국의 항모 가운데 일부 함들의 경우, 어느 정도의 개수를 거쳐, 대잠초계기를 운용하는 대잠 항모나 수송 헬기를 탑재한 강습상륙함으로 함종을 변경, 제2의 인생을 살았던 예가 적지 않았는데, 이러한 것들이 그 대표적 사례라 할 수 있을 것이다.

다만 민간 선박으로 전용되었던 사례는 극히 드문데, 그 몇 되지 않는 예외가 바로 일본 해군 항모로 종전 시까지 살아남았던 「호쇼」와 「카츠라기(葛城)」로, 전쟁이 끝나 해군의 함적에서 제적된 후, 수 년 동안 각 전역에서 귀환병들을 수송하는 선박으로 전용(轉用)되었으며, 이후 해체되었다.

또한 타국에 대여되거나 매각된 예도 적지 않은 편이다. 우선, 전후에 연합국의 잉여 함선들이 브라질, 아르헨티나, 인도, 네덜란드, 캐나다 등의 국가에서 운용된 예가 있으며, 현재 현역으로 활동 중인 항모로 범위를 축소시켜 살펴보더라도, 브라질의 「상파울루」(프랑스의 「포슈」를 개수), 인도의 「비라트」(영국의 「허미즈」를 개수), 중국의 랴오닝(구 소련의 「바리야그」를 개수)의 3척이 존재할 정도이다.

한편, 주어진 함령을 다 마치고 노후화하여 퇴역한 항모의 경우에는 두 가지의 길이 기다리고 있는데, 현역으로 활동하던 시절, 국가를 대표할 정도의 공적을 세운 수훈함들은 운이 좋은 쪽으로, 기념함으로서 항구에 계류, 보존되는 대접을 받게 된다. 하지만 그 외의 함들은 함적에서 제적된 뒤, 업자들에게 매각되어, 해체 처분되며 생애를 마치는 것이 일반적이다.

항모의 노후 생활

●일본의 항모 「호쇼」의 일생

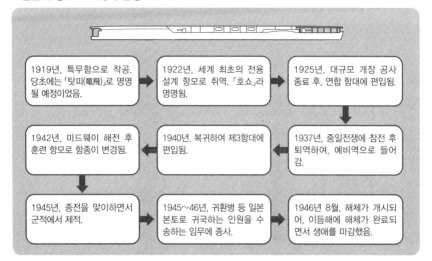

1919년, 특무함으로 착공. 당초에는 「탓피(龍飛)」로 명명될 예정이었음.

→ 1922년, 세계 최초의 전용 설계 항모로 취역. 「호쇼」라 명명됨.

→ 1925년, 대규모 개장 공사 종료 후, 연합 함대에 편입됨.

1942년, 미드웨이 해전 후 훈련 항모로 함종이 변경됨.

← 1940년, 복귀하여 제3함대에 편입됨.

← 1937년, 중일전쟁에 참전 후 퇴역하여, 예비역으로 들어감.

1945년, 종전을 맞이하면서 군적에서 제적.

→ 1945~46년, 귀환병 등 일본 본토로 귀국하는 인원을 수송하는 임무에 종사.

→ 1946년 8월, 해체가 개시되어, 이듬해에 해체가 완료되면서 생애를 마감했음.

●세 차례에 걸쳐 이름이 바뀐 아르헨티나 항모 「베인티싱코 데 마요」

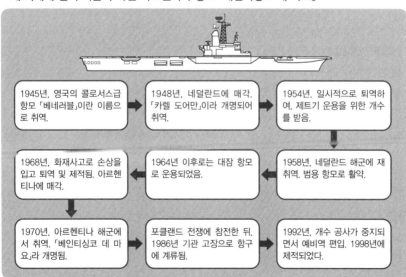

1945년, 영국의 콜로서스급 항모 「베네러블」이란 이름으로 취역.

→ 1948년, 네덜란드에 매각. 「카렐 도어만」이라 개명되어 취역.

→ 1954년, 일시적으로 퇴역하여, 제트기 운용을 위한 개수를 받음.

1968년, 화재사고로 손상을 입고 퇴역 및 제적됨. 아르헨티나에 매각.

← 1964년 이후로는 대잠 항모로 운용되었음.

← 1958년, 네덜란드 해군에 재취역. 범용 항모로 활약.

1970년, 아르헨티나 해군에서 취역. 「베인티싱코 데 마요」라 개명됨.

→ 포클랜드 전쟁에 참전한 뒤, 1986년 기관 고장으로 항구에 계류됨.

→ 1992년, 개수 공사가 중지되면서 예비역 편입. 1998년에 제적되었다.

용어해설
- **퇴역 또는 제적** → 퇴역은 현역에서 은퇴한다는 것으로 아직은 군함으로서 인정받으나, 함적에서 제적당한 경우는 더 이상 군함이 아닌 것이 되고 만다.
- **예비역** → 현역에서는 물러났지만, 예비 전력으로서 군적에 남아 있는 상태.
- **모스볼** → 재사용을 전제로, 함을 원상태 그대로 보존하는 것.

항모 승무원의 구성

항모를 운용하기 위해서는 수많은 인원들의 힘이 필요하다. 그들이 각기 맡은 임무를 다했을 때, 항모의 무기라 할 수 있는 함재기가 제 실력을 발휘할 수 있기 때문이다.

● 함재기 파일럿을 서포트하는 수많은 후방 지원 요원들

항모는 자함에 탑재하고 있는 함재기를 그 무기로 하며, 항모의 공격력을 직접 행사하는 것이 바로 함재기의 조종사들이다. 그리고 항모 승무원들의 대다수가 이들을 지원해주는 존재들인 것이다.

예를 들어 미 해군 슈퍼캐리어의 경우, 주역이라 할 수 있는 전투공격기는 4개 비행대에 약 50기, 그 외의 함재기를 합치더라도 75~90기 정도로, 이들 기체를 조종하는 조종사들은 전부 합쳐도 300명이 채 되지 않는다. 하지만 항모 전체의 승무원 수는 5~6,000명에 육박하므로, 조종사들의 수는 전체의 약 5%에 지나지 않는 것이다. 한편, 직접 함의 운용이나 작전에 참가하지 않는, 이른바 후방 지원 요원(이를테면 주방의 취사병 같은)은 전체 승무원의 2/3에 해당한다고 알려져 있다. 또한, 항모의 호위 임무를 맡은 수반함의 인원을 포함한 항모 타격 전단의 전체 구성원을 보면 7,000명 이상이므로, 함대 전체를 놓고 따지게 될 경우, 조종사들이 차지하는 비중은 더욱 줄어들게 된다.

하나의 함대에 이렇게나 많은 인원들이 배치되어 있는 것은 미국의 항모 타격 전단뿐으로, 그 규모는 정말 특별한 것이라 할 수 있다. 또한 타국의 항모나 함대와 비교해보더라도 이렇게 후방 지원 요원들의 비율이 높은 경우는 거의 드물다. 하지만 소수의 조종사들을 지원하기 위해 많은 수의 승무원들이 움직여야 하는 구조는 어느 국가를 막론하고 거의 비슷하다.

항모 승무원의 소속이나 구성은, 크게 보아 3종류로 나눌 수 있다. 우선, 항모 그 자체에 소속된 요원들인데, 이쪽은 가장 많은 숫자를 차지하며, 비율로 보더라도 전체의 80%에 해당한다. 다음으로 들 수 있는 것은 항모를 거점으로 하는 항모 항공단에 소속된 인원들인데, 예를 들면 항모의 함재기를 정비하는 요원들은 항모 항공단 소속이지만, 대규모 정비 등을 담당하는 크루(Crew)의 일부는 항모 그 자체에 소속된 인원들인 경우도 있다. 여기에 더해, 항모는 함대의 기함으로서의 임무를 수행하기도 하기에, 함대 사령부의 요원들도 함의 승무원으로 탑승하고 있다.

또한, 현대의 미 해군의 경우, 여성 크루도 많이 있으며 전체의 30%가 넘는 비율을 차지하고 있는데, 후방 지원 요원뿐 아니라 비행갑판 요원이나 격납고의 정비 요원, 함의 중추부에서 근무하는 오퍼레이터 등, 이제는 여성 승무원의 모습을 자주 볼 수 있게 되었다.

미 해군 항모 타격 전단의 인원 구성

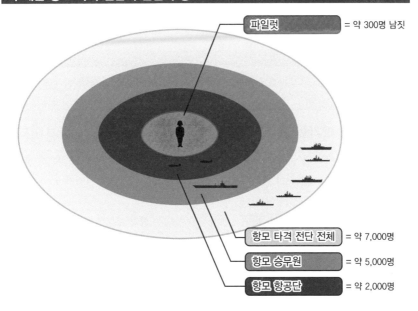

파일럿 = 약 300명 남짓

항모 타격 전단 전체 = 약 7,000명

항모 승무원 = 약 5,000명

항모 항공단 = 약 2,000명

미 해군 항모 승무원들이 속한 3개의 조직

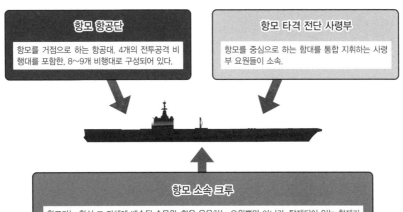

항모 항공단

항모를 거점으로 하는 항공대. 4개의 전투공격 비행대를 포함한, 8~9개 비행대로 구성되어 있다.

항모 타격 전단 사령부

항모를 중심으로 하는 함대를 통합 지휘하는 사령부 요원들이 소속.

항모 소속 크루

항모라는 함선 그 자체에 배속된 승무원. 함을 운용하는 요원뿐만 아니라, 탑재되어 있는 함재기의 정비와 관련된 요원이나 각종 후방 지원을 담당하는 요원들이 있으며, 항모와 함재기의 운용을 실시하는 것과 동시에 항모에서의 생활을 지원하는 임무를 맡고 있기도 하다.

단편 지식

● **미 해군 항모의 맨 파워** → 현재 미국의 항모 타격 전단은 모두 11개(현재는 10개이나, 2015년 다시 11개로 복귀 예정) 존재하며, 각각의 전단에 7,000명이 배치되어 있다고 한다면, 그 인원들만 합계를 내보더라도 7만 7,000명 이상의 인원이 소속되어 있다는 계산이 나온다. 일본 해상 자위대의 총 병력 수가 4만 5,500명, 대한민국 해군 병력이 해병대(2만 8,000명)를 포함 6만 9,000명이라는 것을 생각해본다면 얼마나 어마어마한 전력인지 알 수 있을 것이다.

항모의 지휘계통은?

항모에는 함장을 정점으로 하는 항모 소속의 조직에 더해, 항모 타격 전단의 사령부와 항모 항공단이라는 3개의 조직이 동거하며 작전 임무에 종사 중이다.

●항모와 함재기의 운용은 항모의 함장이 책임을 맡는 부분이다

군함과 항공기 양자가 동시에 소속되어 있는 항모는, 크게 나눠 3개의 조직으로 구성되어 있으며 각각의 지휘 계통이 세워져 있다. 그 조직 형태는 국가별로 차이가 있으나, 여기서는 미 해군의 예를 소개하고자 한다.

우선 항모를 포함한 함대 전체와 거기에 소속되어 있는 항공 부대를 통괄하는 것이 항모 타격 전단(Carrier Strike Group = CVSG 또는 CSG)이라 불리는 조직이다. 2005년까지는 항모 전단(Carrier Battle Group = CVBG)이라 불렸으나, 이후 현재의 호칭으로 변경되었다. 또한 경우에 따라서는 임무 부대(Tack Force)라 불리는 경우도 있다. 총 지휘관이 되는 사령관은 해군 소장이나 준장이 취임하게 된다. 그리고 이 타격 사령부의 밑에 항모와 각 호위 함정, 항모를 거점으로 하는 항모 항공단(Carrier Air Wing = CVW)이 소속되며, 사령관의 지휘아래 행동하게 되는 것이다.

항모 자체의 운용에 관해서는, 항모의 함장이 책임자로서 그 지휘를 담당하게 된다. 미 해군의 경우, 항모의 함장은 대령, 부함장은 대령이나 중령이 맡게 되며, 양쪽 모두 함재기 파일럿 출신에서 선임하도록 규정되어 있는데, 이것은 항모와 항모 항공단 양자의 연계를 보다 원활하게 진행하기 위한 배려 가운데 하나라 할 수 있다. 한편, 항모 항공단의 사령관도 대령이 보직되는데, 그 휘하에는 8~9개 비행대가 소속되며, 각 비행대의 대장은 중령~대위가 맡게 된다.

항모와 항모 항공단은 엄밀히 말해 별개의 지휘 계통이지만, 실제의 운용은 서로 오버랩되어 있다. 예를 들어 탑재되어 있는 함재기의 운용을 전담하는 것은 「에어보스」라 불리는 항모 항공과의 책임자인데, 계급은 중령에서 대령이며, 이쪽도 파일럿 출신에서 인선이 이루어진다. 비행갑판이나 격납고, 항모 주변의 항공관제는 이 「에어보스」가 통괄하고 있다. 또, 항공 관제소의 경우는 항모 소속과 항공단 소속의 요원이 함께 배치되어, 상호 협력을 통해 임무를 수행한다. 비행갑판 위에서 활동하는 덱 크루는 태반이 항모 소속이지만, 각각의 함재기를 담당하는 전속 요원들은 항모 항공단 소속이다.

미국 항모 타격 전단의 조직도

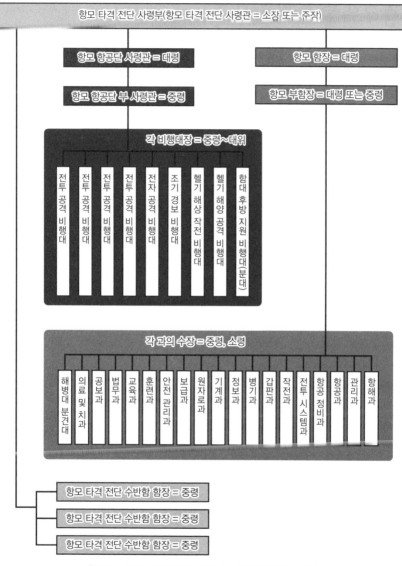

항모 타격 전단 사령부(항모 타격 전단 사령관 = 소장 또는 준장)

항모 항공단 사령관 = 대령

항모 함장 = 대령

항모 항공단 부 사령관 = 중령

항모 부함장 = 대령 또는 중령

각 비행대장 = 중령~대위

전투 공격 비행대 / 전투 공격 비행대 / 전투 공격 비행대 / 전투 공격 비행대 / 전자 공격 비행대 / 조기 경보 비행대 / 헬기 해상 작전 비행대 / 헬기 해양 공격 비행대 / 함대 후방 지원 비행대(분대)

각 과의 수장 = 중령, 소령

해병대 분견대 / 의료 및 치과 / 공보과 / 법무과 / 교육과 / 훈련과 / 안전과 / 보급과 / 원자로과 / 기계과 / 정보과 / 병기과 / 갑판과 / 작전과 / 전투 시스템과 / 항공 정비과 / 항공과 / 관리과 / 항해과

항모 타격 전단 수반함 함장 = 중령

항모 타격 전단 수반함 함장 = 중령

항모 타격 전단 수반함 함장 = 중령

※항공단의 편성은 개개의 전단에 따라 다소의 차이가 있을 수 있음.

단편 지식

●**부사관의 톱은 최고 선임 주임 원사** → 승무원의 4/5를 차지하는 부사관을 총괄하는 자리가, 함내에서 딱 한 명 임명되는 최고 선임 주임 원사이다. 부사관 이하의 승무원들을 아우르며, 경우에 따라서는 함장에게 직접 진언을 하거나, 상담역이 되는 경우도 많다. 전용의 집무실이 제공되며, 그 계급 이상의 큰 권한과 책임을 지닌 존재라 할 수 있다.

승무원들의 거주 환경

미국의 슈퍼캐리어 정도가 되면, 작은 시내 하나와 맞먹을 정도의 인원이 거주하게 되는데, 이들의 생활에는 해군 전통의, 계급에 따른 대우의 차이가 있다.

● 의외로 여유가 있는 항모의 거주 공간

항모에는 대단히 많은 수의 인원이 탑승해 있다. 항모 자체의 운용을 담당하는 크루에 더해, 항모 항공단 소속의 인원, 사령부에 소속된 인원들까지 한 지붕에 동거하고 있기 때문이다.

특히 미국의 슈퍼캐리어 정도가 되면 총 인원이 5,000~6,000명에 이르며, 이 정도면 작은 시내 하나에 필적할 정도의 숫자라고 할 수 있다. 당연한 얘기겠지만 항모 내부에는 이만한 인원을 수용할 수 있는, 방대한 거주 공간이 마련되어 있다.

「니미츠」급의 경우, 거주 구역은 크게 둘로 나뉘는데, 그중 하나는 격납고를 중심으로 한 구역이다. 사실 격납고 천정과 비행갑판 사이에는 갤러리 덱이라 불리는 층이 있고, 여기에는 함의 중추와 관련된 중요 시설이 배치되어 있는 것 외에 사관 이하 간부들의 거주 구획이 들어 있는데, 이는 격납고 앞뒤에 배치된 거주 구역도 마찬가지이다. 한편, 격납고 아래에는 7개에 달하는 층수가 있는데, 이 가운데 격납고와 가까이 있는 두 개의 층을 일반 거주 구역으로 사용하고 있다.

이것은 항모에만 한정된 것이 아니라 모든 군함에서 이뤄지는 일로, 원래 군함의 거주 환경은 계급에 따라 큰 차이가 있다. 우선, 함장과 항모 타격 전단 사령관에게는 집무실과 침실이 딸린 넓은 1인실이 제공되며, 부함장 이하 고급 장교들이나 비행대의 대장들에게는 화장실과 샤워실이 부속된 1인실이 제공된다. 그 외의 장교들의 경우는 2인 1실이 제공되는데, 항모 항공단 소속의 파일럿들은 전원이 장교 계급에 해당하기 때문에 이들도 여기에 거주하게 된다. 부사관 이하 일반 사병 크루들은 함내 여러 곳에 있는 커다란 거주구역에서 생활하는데, 부사관은 2단 침대, 사병들은 3단 침대를 사용하게 된다. 샤워실이나 화장실은 각각의 거주구역 근처에 배치되어 있으며, 그 거주 환경은 다른 군함들과 비교했을 때, 비교적 여유가 있는 편이다. 또한 「니미츠」급에 설치된 침대의 총 수는 약 6,500개로, 승무원의 정수보다 약 10% 정도의 여유가 있는데, 이것은 작전에 따라서는 평소보다 훨씬 많은 인원을 태우게 될 경우를 고려한 것이라고 한다.

「니미츠」급의 거주구역 배치도

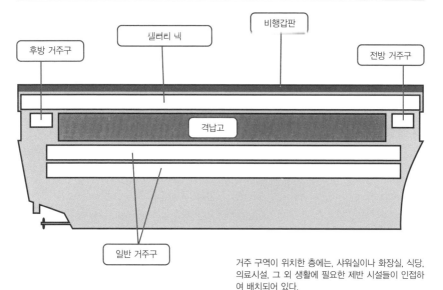

비행갑판

갤러리 덱

후방 거주구

전방 거주구

격납고

일반 거주구

거주 구역이 위치한 층에는, 샤워실이나 화장실, 식당, 의료시설, 그 외 생활에 필요한 제반 시설들이 인접하여 배치되어 있다.

계급에 따라 대우가 다른 거주 공간

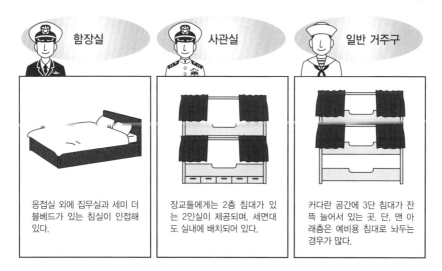

함장실

사관실

일반 거주구

응접실 외에 집무실과 세미 더블베드가 있는 침실이 인접해 있다.

장교들에게는 2층 침대가 있는 2인실이 제공되며, 세면대도 실내에 배치되어 있다.

커다란 공간에 3단 침대가 잔뜩 늘어서 있는 곳. 단, 맨 아래층은 예비용 침대로 놔두는 경우가 많다.

● **소음으로 시끄러운 갤러리 덱** → 함장 이하 고급 사관들의 거주 구역이 있는 갤러리 덱은 비행갑판 바로 아래에 위치한 관계로 소음이 끊이지 않는 곳이다. 이 소음이라는 문제 하나만 놓고 본다면, 격납고 아래에 위치한 일반 거주구가 훨씬 안락하다고도 할 수 있을지 모른다.

거대 항모의 식사 사정

'식(食)'이란 인간이 살아가기 위한 기본 요소로, 거대한 항모의 승무원들도 하루 세끼의 식사를 하지 못하면 제대로 일할 수가 없는 법이다. 항모에서는 하루에 18,000끼분의 식사가 제공되는데, 여기에도 계급 간의 격차가 존재한다.

● 계급에 따라 나뉘는 식당

　미국의 슈퍼캐리어에는 5,000명 이상의 인원이 타고 있어서, 하루에 준비되는 식사만 해도 18,000끼에 달하며, 이를 준비하는 것만 해도 정말 엄청난 일이 된다. 메뉴는 2~3주 단위로 로테이션이 이루어지는데, 여러 군함들 중에서도 가장 충실한 편이다. 이러한 식사를 취식하게 되는 식당은 각 거주구와 가까운 곳에 복수 설치되어 있는데, 조리가 이뤄지는 주방도 각 식당마다 따로따로 딸려 있는 구조이다. 또, 계급에 따라서도 이용할 수 있는 식당이 다르다.

　함장이나 사령관은 각 개인의 방에 있는 다이닝 룸에서 식사를 하며, 특별한 게스트를 맞이할 때는 여기서 같이 회식을 하기도 한다. 또한 함장이 원할 경우에는 다른 장교들과 같은 식당에서 식사를 하는 일도 있다고 한다.

　사관용 식당은 일명 워드룸(Wardroom)이라 불리며, 제복 착용이 원칙이다. 「니미츠」급의 경우, 세 곳의 워드룸이 설치되어 있는데, 급사가 서빙을 담당하는 등, 단단히 격식을 갖춘 곳부터 24시간 영업을 하며 셀프 서비스로 좋아하는 것을 골라먹을 수 있는 워드룸까지 여러 스타일이 존재한다. 또한 장교들이 작업 사이에 짬을 내서 간단히 식사를 때워야 할 경우에는 더티 셔츠(Dirty-shirt wardroom)라 불리는, 작업복을 입은 채로도 이용 가능한 식당을 찾게 된다. 통상의 워드룸에서는 매일 다른 메뉴가 준비되며, 몇 가지 메뉴들 중에서 선택할 수 있게끔 되어 있다.

　한편, 부사관이나 일반 사병들의 경우는, 메스 덱(Mess deck)이라 불리는 대형 식당을 이용하게 되는데, 이곳은 기본 24시간 영업을 하며, 1개의 식판에 음식물을 담는 셀프 서비스 스타일이다. 이러한 메스 덱도 함내 여러 곳에 배치가 되어 있는데, 가장 큰 곳은 동시에 500명의 인원을 수용할 수 있다. 여기에 더해, 서둘러 식사를 해결해야 하는 인원들을 위한 패스트푸드 코너도 마련되어 있으며, 이외에 각 부서의 치프(Chief) 클래스의 부사관을 위해서는 CPO메스(CPO Mess)라는 전용 식당도 준비되어 있다.

　또한 함내에는 매점이 있어, 개인적으로 과자나 음료 등 기호품을 구입하여 먹을 수도 있게 되어 있다. 아무래도 군함이다 보니, 알코올의 판매는 이루어지지 않으나, 특별한 날에는 긴장을 풀어주기 위해 맥주가 배급되는 경우도 종종 있다.

계급에 따라 달라지는 슈퍼캐리어 내부의 식당(일례)

함장 및 사령관

개인실에 부속되어 있는 다이닝 룸에서 식사를 하게 되며, 여기에 게스트를 맞이하여 회식을 하는 경우도 있다.

사관

워드룸 1

제복 착용이 의무. 하루 세 번 열리며, 메뉴는 매일같이 바뀐다. 급사가 서빙을 담당.

워드룸 2

제복을 착용해야 하기는 하지만, 훨씬 자유로운 분위기. 셀프 서비스이며 24시간 영업이 이뤄진다.

더티 셔츠 워드룸

임무 수행 도중 비는 시간에 이용할 수 있도록, 작업복 차림으로도 출입 가능한 식당. 이쪽도 셀프 서비스이다.

부사관 & 일반 사병

CPO 메스

각처 부장 클래스의 부사관들만이 이용할 수 있다. 패밀리 레스토랑에 가까운 분위기의 셀프 서비스 식당.

메스 덱

부사관이나 일반 크루들이 이용한다. 셀프 서비스로 식판 하나에 음식물을 담으며, 긴 테이블들이 잔뜩 늘어서 있는 대형 식당. 거주 구역 주변에 복수 설치되어 있으며 가장 큰 곳은 500명까지 가능하다.

패스트푸드

메스 덱 가운데 몇몇 곳에는 서둘러 식사를 마쳐야 하는 인원들을 위해 패스트푸드 코너도 마련되어 있다.

하루에 준비되는 식사는 무려 18,000끼!

단편 지식

● **국가별로 다른 메뉴들** → 항모에서 제공하는 식사는 상당히 충실한 식사 메뉴를 제공하고 있는데, 여기서 각 국가의 특성이 나오기도 한다. 예를 들어 미국의 경우라면 햄버거 등의 메뉴가 제공되기도 하며, 프랑스의 경우는 디저트를 빼놓을 수 없다. 또한 인도의 항모에서는 카레와 난이 제공되며, 중국의 항모에는 만두를 제조하는 설비가 실려 있다고 알려져 있다.

항모에 배치된 의료설비

내부 공간에 여유가 있는 항모에는, 의료설비 또한 충실하게 갖춰져 있는데, 오늘날에는 그 능력을 활용하여, 재해구조 활동 등에서도 그 능력을 발휘할 것이 요구되고 있다.

● 어지간한 부상이나 질병 정도는 내부에서 대응 가능한 의료 설비

현대의 항모 대다수는 충실한 의료 설비를 갖추고 있는데, 이것은 단순히 항모가 대형 함선이고, 내부 공간에 여유가 있기 때문에 그런 것은 아니다. 일단 항모에는 많은 수의 승무원들이 탑승하고 있으며, 여기에 호위를 담당하는 함대까지 포함하게 되면, 그 숫자는 더욱 늘어나게 된다. 예를 들어 미국의 항모 타격 전단(함대)의 경우 7,000명이 넘는 인원이 배속되어 있으며, 이들은 원격지에서 활동할 것이 상정되어 있기에, 어지간히 큰일이 벌어지지 않는 한, 항모 타격 전단 내부에서 병상자에 대응해야 할 필요가 있기 때문이다.

슈퍼캐리어의 경우, 복수의 수술실과 집중 치료실, 뢴트겐 촬영실, 치과 시설, 약국 등을 갖춘 데 더해 입원용 병상도 60개 이상 준비되어 있으며, 10명의 의사, 5명의 치과의가 대기하고 있다. 항모나 함대를 구성하는 다른 함선에서 발생한 병상자는, 정말 특수한 기술 및 설비가 필요한 수술이나 고도의 의료기술을 요하는 경우가 아닌 이상은 항모 내부의 인력과 장비로 대응이 가능한 것이다.

이러한 점은 다른 국가의 항모나 그에 준하는 함정도 마찬가지로, 그 규모에 준하는 의료 설비를 갖추려고 하는 경향이 있다. 예를 들자면, 경항모에 준하는 크기와 설비를 갖추고 있는 일본의 「휴우가」형의 경우, 집중 치료실과 수술실, 입원 설비가 갖추어져 있는데, 여기에 더하여 평상시에는 탄약 운반 등에 사용되는 엘리베이터로 병상자를 비행 갑판에서 의료시설 쪽으로 신속하게 옮길 수 있도록 하는 등의 배려가 이루어져 있기도 하다.

충실한 의료 설비나 물자 운반 능력은, 전쟁 상황에서뿐만이 아니라, 평시의 재해 구조 활동에서도 큰 힘을 발휘한다. 항모나 강습상륙함 정도의 독자 작전 능력을 갖춘 함선은 거의 없는 데다, 탑재된 헬기 또한 매우 믿음직한 존재이기 때문이다. 이러한 점은, 지난 2011년 동일본 대지진 당시, 「토모다치 작전(Operation Tomodachi)」으로, 여기에 참여하여 피해 지역의 지원에 나선 미국의 항모 「로널드 레이건」과 강습상륙함 「에식스」의 활약을 통해 실제로 증명되었다. 또, 2004년 인도양 지진 해일 사태 당시에도 태국의 경항모 「차크리 나루에벳」이 피해 지역에서의 구조 활동으로 큰 활약을 했던 것도 좋은 사례 중 하나이다. 이와 같은 실적이 계기가 되어, 최근에는 재해 구조 활동도 항모의 임무 가운데 하나로 포함시키려는 추세라고 한다.

슈퍼캐리어의 충실한 의료설비

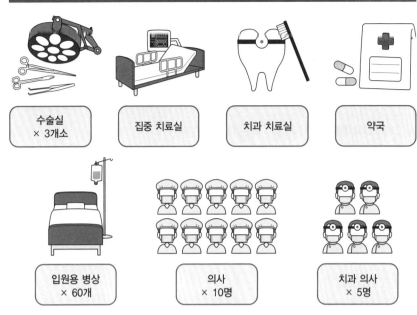

수술실
× 3개소

집중 치료실

치과 치료실

약국

입원용 병상
× 60개

의사
× 10명

치과 의사
× 5명

재해 시에 항모 측에서 이뤄지는 지원

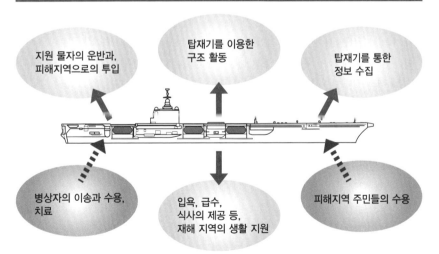

지원 물자의 운반과,
피해지역으로의 투입

탑재기를 이용한
구조 활동

탑재기를 통한
정보 수집

병상자의 이송과 수용,
치료

입욕, 급수,
식사의 제공 등,
재해 지역의 생활 지원

피해지역 주민들의 수용

● **의약품의 비축도 풍부!** → 항모 내에는 약국도 설치되어 있으며, 여러 가지 병상자에 대비할 수 있도록, 함내 창고에는 많은 양의 의약품 재고가 쌓여 있다. 미 해군의 경우, 보급과에서 취급하는 여러 물자들 가운데에서도, 의약품의 보충은 특히 우선순위로 잡혀 있다.

항모는 이동하는 거대 도시

장기간에 걸친 임무를 수행해야 할 경우가 많은 미국의 슈퍼캐리어에는, 5,000명 이상에 달하는 승무원들의 생활을 지원하기 위해, 다양한 설비가 갖춰져 있다.

● 다종다양한 생활 지원 시설이 있으며, 전문직들도 함에 동승 중이다

5,000명이 넘는 승무원들이 근무 중인 미국의 슈퍼캐리어에는, 이들의 생활을 지원하기 위한 각종 시설이 갖춰져 있어, 어지간한 소도시에도 필적한다고 할만하다.

예를 들어, 함 내부의 매점은 크고 작은 것을 합쳐 모두 3곳으로, 편의점처럼 음료나 스낵 류, 군 지급품 이외의 일용 잡화를 판매할 뿐 아니라, 항모의 이름이나 로고가 들어간 모자나 티셔츠, 와펜(Wappen, 로고가 들어간 패치), 오리지널 지포 라이터 등, 기념품들도 함께 취급하고 있는데, 여기서는 현금 대신 '네이비 카드'라 불리는 선불카드로 결재하는 것이 기본으로 되어 있다. 이외에 소프트드링크를 판매하는 자동 판매기도 곳곳에 비치되어 있다.

세탁부문에서는 거대한 업소용 세탁기가 쉴 새 없이 돌아가고 있으며, 하루에 약 5t가량의 세탁물을 처리하고 있다. 이발소의 경우는 하루에 약 200명이 이용하고 있는데, 기본 무료이기는 하나 예약제이며, 기본적인 헤어스타일은 'Navy Cut Only'라고 한다.

승무원들을 위한 복리 후생 시설로는, 광대한 피트니스 시설이나 도서관, PC방 등이 있으며, 휴게실에서는 위성 회선을 경유하여 TV 중계나 영화 등을 시청할 수도 있게 되어 있다. 또한 함내에도 TV 방송국이 있어, 독자적인 함내 방송이 이루어지기도 한다. 그리고 함내에 종교 시설이 세 곳이나 설치되어 있다는 점은 역시 청교도들이 세운 국가인 미국다운 점이라 할 수 있는데, 기독교는 물론, 유대교나 이슬람교 등, 다른 종교의 신자들에게도 개방되어 있어, 각각의 종교 행사를 치를 수 있도록 되어 있다. 이외에도 우체국이나 공중전화, 은행 ATM 등이 설치되어 있기도 하다.

항모에는 위에서 열거한 시설들을 운용하기 위해, 많은 수의 전문 직원들도 탑승하고 있는데, 주방의 요리사나 의사, 치과 의사, 간호사는 물론이고, 피트니스 인스트럭터, 이발사, 종군 목사, 함내 방송 스태프, 세탁 기술자 등 그 종류도 다양하다. 또한 물자를 분류하는 담당이나 공방에서 부품을 제작하는 기술자도 배치되어 있는데, 사실 이러한 후방 지원 인력들이 차지하는 비율은, 약 5,000명이 넘는 승무원 중에서 2/3에 달한다고 한다. 항모를 가리켜 이동하는 거대 도시라고 지칭하는 것은 결코 지나친 과장이 아니었던 것이다.

슈퍼캐리어에 설치된 각종 생활 지원 설비의 예

의무실

치과

식당

편의점

이발소

세탁소

우체국

자판기 코너

종교 시설

스포츠 센터

도서관

휴게실(영화관)

TV 방송국

은행 ATM

PC방

공중전화

항모 내에서 구입할 수 있는 기념상품들

항모나 소속 비행대 로고를 넣은 패치

지포 라이터

오리지널 캡

오리지널 폴로셔츠

오리지널 티셔츠

단편 지식

● **여러 가지 업무를 동시에 담당하는 후방 지원 요원** → 후반 지원 요원들 중에는 전문직도 많지만, 몇 가지인가의 업무를 겸해서 맡는 크루들도 많은 편이다. 또한 각 과의 요원 중에는 일정한 수의 데미지 콘트롤 요원을 겸하는 인원이 존재하며, 유사시에는 소화 활동 등에 종사할 수 있도록 평상시에도 훈련을 받고 있다.

슈퍼캐리어 승무원들의 가혹한 생활 주기

현재, 전 세계에 10척이 전개되어 있는 미국의 슈퍼캐리어에는 약 5,000~6000명의 승무원들이 탑승하는데, 이들은 대단히 가혹한 임무를 견디고 있다.

원자력을 주동력으로 하고 있기에, 항속거리는 사실상 무한대. 하지만 통상 임무의 경우, 하나의 작전 기간이 약 반년 정도이며, 항구에 기항하지 않고 연속으로 항해를 할 경우에는 최대 90일(걸프 전쟁 등에 참전했을 당시에는 100일이 훨씬 넘는 장기 항해가 이루어진 일도 있었으나, 이쪽은 어디까지나 예외적인 케이스이다)로 정해져 있는데, 그 이유는 가혹한 임무이기 때문에 승무원들의 체력이나 정신 건강 등을 고려할 필요가 있었기 때문이라고 한다.

평상시의 경우, 해상 작전 중인 항모에서는 매일같이 훈련이 반복된다. 만일의 경우에 대비하여, 미국의 항모에서는 언제나 실전을 방불케 하는, 강도 높은 훈련이 실시되고 있는데, 항모의 함재기 파일럿들은 물론, 이를 지원하는 임무를 맡은 승무원들에게도 고도의 기술과 집중력을 요구하고 있기 때문이다. 특히 비행갑판이나 격납고 내부 같은 곳에서는 풀어진 긴장이나 사소한 실수 하나가 중대한 사고로 이어지기도 하며, 실제로 승무원들이 죽거나 다치는 불행한 사고가 발생한 사례도 결코 적지 않다고 전해진다. 또한 비행훈련 이외에, 1주일에도 몇 차례나 긴급 전투 태세 훈련이, 아무 예고도 없이 실시되기도 한다. 1회 2~3시간이 소요되는 이런 훈련은 승무원 전원 참가를 기본으로 하며, 여기에는 당직이나 비번의 구분이 없이 참가하도록 되어 있어, 유사시 대응 능력을 단련하고 있다.

해상 작전 시, 항모는 24시간 쉬는 일 없이 움직이는데, 승무원들의 근무 시간표는 1일 2교대를 기본으로, 12시간 근무, 12시간 휴식이라는 구조로 짜여 있다. 그리고, 일단 항해가 시작되면 휴일은 일절 존재치 않으며, 모항으로 돌아가거나, 어딘가의 항구에 기항하기까지의 90일 동안은, 이러한 2교대 12시간 근무 사이클이 계속 이어지는 것이다.

일정 주기에 따라 시간표가 바뀌면서 주간 근무와 야간 근무도 바뀌지만, 근무하는 장소에 따라서는, 주간 근무라고 해도 항상 함내 깊숙한 곳에서 일하는 관계로, 햇볕 한 번 보는 일 없이 매일을 보내야 하는 경우도 있다. 항모의 승무원이라고 해서 모두가 햇볕과 바닷바람을 맞고 사는 것은 아닌 것이다. 또한 항모에는 직접 전투 임무에 종사하지 않는, 지원 임무를 담당하는 승무원들도 많지만, 그들에게 있어서도 5,000명 이상의 생활을 지원해야 하는 업무는 결코 만만한 것이라 할 수 없다. 항모 어디를 가더라도 쉽고 편한 보직이란 결코 존재하지 않는다.

거주 환경은, 장교들의 경우 2인 1실이 배정되지만, 부사관 이하의 승무원들은 3층 침대가 잔뜩 늘어서 있는 대형 생활관에서 지내야만 하는데, 이곳은 아침 식사와 저녁 식사 때를 제외하면 기본적으로 붉은 실내등만이 켜져 있을 뿐, 늘 어두운 상태이다. 주야 교대 근무로, 취침 중인 승무원이 항상 있기 때문이다. 게다가 공용 공간이기 때문에 누군가 시끄럽게 떠들었다간, 곧바로 욕설을 듣게 마련이다.

이렇게 가혹한 임무를 계속하여 수행해야 하는 점도 있기에, 기항지에서 주어지는 휴가는 항모 승무원들에게 있어, 최대의 즐거움이다. 반현상륙(半舷上陸)이라 하여, 보통은 승무원의 절반이 배에 남아 대기하고, 나머지 절반이 휴가를 나가는 식으로 이루어진다. 또한 평시에는, 해상에서라도 지휘관 재량에 따라 특별 휴가를 시행하는 경우가 있는데, 이때 이른바 스틸 비치 피크닉이라고 하여 비행갑판 위에서 바비큐를 굽는 등의 행사가 열리며, 이러한 행사 때에는 특별하게 맥주를 지급한다고 한다(평상시에는 알코올의 섭취가 금지되어 있다).

반년 동안의 임무를 마치고 모항으로 돌아가게 되면, 비행대 소속 조종사들이나 항공기 정비 요원들은 베이스라 부르는 항공 기지로 이동하며, 항모 소속의 승무원들은 항모와 모항 양쪽에서 근무하게 된다. 현재 니미츠급 항모 조지 워싱턴은 일본의 요코스카를 모항으로 하고 있는데, 여기 소속된 비행대는 약 25km 떨어진 아츠기(厚木)기지를 베이스로 삼고 있다.

제3장
함재기

함재기와 육상기의 차이

원래 함재기는 육상기를 군함에 올려놓은 것에서 출발했지만, 항모에서의 운용을 위해 여러 가지 고안과 개량이 이어지면서, 전용 설계가 이뤄진 기체로 탄생했다.

●항모에서 사용하기 위한 장비를 탑재

원래 항모라고 하는 것은, 군함에 육상기를 적재, 이착함을 시키기 위한 목적으로 탄생한 함종이다. 항모 탄생의 여명기에는 육상기를 그냥 그대로 가져다 썼지만, 이윽고 항모에서 운용하기 위한 전용 장비를 갖춘 기체의 개발이 이뤄졌고, 육상기와 함재기라는 명칭으로 서로를 구분하게 되었다.

복엽기가 활약했던 1910~30년대에는, 단거리 이륙이 가능한 소형의 가벼운 기체가 사용되었다. 하지만 착함의 경우는 가벼운 복엽기라고 해도 결코 쉬운 작업이 아니었기에, 착함 제동 장치가 고안되었으며 제동용 와이어를 붙잡을 수 있는 후크를 장비하기 시작한 것이 함재기 전용 장비의 시작이라고 할 수 있을 것이다.

이후, 각국에서 항모 전용의 함재기가 개발되기 시작했는데, 한정된 공간에 최대한 많은 함재기를 적재할 수 있도록, 날개를 접는 기구나, 보다 장거리를 비행할 수 있도록 드롭 탱크(낙하식 보조 연료 탱크)를 장착하는 등의 발전이 이루어졌다. 여기에 더하여, 좁은 비행갑판에 착륙하기 위해, 지속 안정성이나 하방 시계가 중요시 되었으며, 부식을 막기 위한 염해(鹽害) 대책이 세워지기도 했다.

제2차 세계 대전 중에 유압 캐터펄트가 실용화되자, 미국과 영국의 함재기에는 캐터펄트와 접속하기 위한 장치가 설치되었다. 캐터펄트의 등장으로 다소 기체가 무겁더라도 충분히 이함할 수 있게 되면서, 이전까지는 이착함에 부담이 된다고 여겨졌던 랜딩 기어 등의 각 부위를 강화시킨 기체가 등장했다. 이 시기의 미국산 함재기에 중량을 차지하는 장갑판이 설치될 수 있었던 것은 고출력 엔진과 유압 캐터펄트의 힘이 매우 컸다 할 수 있을 것이다. 실제로 비교해보면, 대전 후기, 일본의 주력 함상전투기였던 영식 함상전투기 52형의 전비중량이 2,700kg를 조금 넘는 정도에 지나지 않았던 것에 비해, 당시 미국의 주력 함상전투기였던 그루먼 F6F 헬캣의 경우는 전비중량 5,700kg으로, 거의 두 배에 가까운 중량 차가 있었다.

전후, 제트기 시대에 들어와서도 기체 중량은 증기 캐터펄트나 착함 장치의 성능과 밀접한 관련이 있었으며, 육상기에 비해서 탑재 무장의 양에 있어 어느 정도 제한될 수밖에 없는 부분이 있었다. 이 외에, 해상을 장시간 비행하기 위한 항법 장치나, 전자 제어되는 착함 유도 장치 등, 함재기 고유의 장비들도 발전되어왔다.

함재기에 설치되는 장비들

어레스팅 후크

착함 시에 어레스팅 와이어를 붙잡을 수 있
도록, 어레스팅 후크를 장비. 비행 시에는 동
체에 수납된 상태가 된다.

주익을 접는 기구

주익을 꺾듯이 접어, 함내에 좀 더 많은 수의
기체를 수용할 수 있게 되었다. 날개를 접는
방식은 기종에 따라서 달라진다.

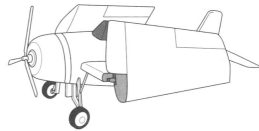

드롭 탱크(낙하 연료 탱크)

기체 외부에 장착이며, 필요에 따라 분리할
수 있는 보조 연료 탱크.

● **함재기와 육상기** → 함재 수상기가 널리 사용되었던 시절에는, 플로트가 달린 수상기를 「함재기」, 바퀴가 달려 있어, 비
행갑판에서 이착함을 실시하는 탑재기를 「함상기」라고 구분해서 부르곤 하였으나, 현대에 들어와서는 양자 모두 「함재
기」라 부르는 것이 일반적이다.

초기의 함재기

수상기에서 시작된 함재기의 역사는, 보다 고성능의 육상기를 이착함시킬 수 있는 항모를 탄생시켰으며, 이는 다시 전용 설계가 이뤄진 함재기의 탄생으로 이어졌다.

●소형 경량의 복엽 함재기에서 전용 설계가 이루어진 함재기가 탄생했다

항모가 등장하기 이전, 제1차 대전기에 함재기로 활약한 것은, 플로트가 달려 있는 복엽 수상기였다. 이들은 주로 적지의 폭격을 담당하는 공격기나, 광범위한 수색 임무를 수행하는 정찰기로 활약했는데, 해상에서 갑자기 나타난 수상기는, 적에게 있어 위협적인 존재였다. 하지만, 수상기에는 플로트가 달려 있어 움직임이 둔했고, 혹시라도 적의 육상 전투기와 조우하는 날에는 한 주먹감도 되지 않는 상대로 전락하고 말았다.

한편, 독일군의 대형 육상기나 **체펠린 비행선**의 공격에 골머리를 앓고 있던 영국 해군은 함선에서 운동성이 뛰어난 전투기를 이함시켜, 여기에 대처하는 방법을 구상했는데, 1917년 8월, 영국의 경순양함 「야머스」의 가설 비행갑판에서 이함한 솝위드 펍 복엽 전투기가 체펠린 비행선을 격추시키는 전과를 올리면서 군함에 적재된 육상기와 그 운용이 얼마나 유용한 것인지를 증명해냈다. 하지만 이 당시에는 착함을 할 도리가 없었기에, 전투 후에는 기체를 해면에 불시착시키고 승무원만을 회수하는 방법이 사용되었다.

미국과 영국, 일본에서 전통식 평갑판을 갖춘 항모가 탄생하면서, 소형 경량에 단거리 이륙 능력이 우수한 복엽 육상기가 함재기로 사용되었다. 당초에는 적기를 요격하는 **단좌식** 육상 전투기와 적지를 공격하거나 적지를 정찰하는 **복좌식** 또는 **삼좌식** 육상 공격기를 개조하여 탑재했는데, 이들은 이윽고 항모에 착함하기 위한 어레스팅 후크 등의 장비를 처음부터 장착한, 전용 설계의 함상기로 진화해나갔다.

1920년대에는 비행기에서 어뢰를 투하하여 적의 함선을 공격하는 전법이 고안되면서, 함상뇌격기가 탄생했다. 또한 1930년대에 들어와서는 종래의 수평 폭격 방식에 더하여 급격한 각도로 하강하며 폭탄을 투하하여, 보다 명중률을 올릴 수 있는 **급강하폭격**을 실시할 수 있게 되었으며, 함재기에도 이러한 능력을 요구하게 되었다.

이후 일본 해군에서는 함재기를 주로 3종류로 분류하여 개발했는데, 대공 전투를 주요 임무로 하는 함상전투기, 뇌격이나 수평 폭격을 주된 임무로 하는 함상공격기, 마지막으로 급강하폭격을 전문으로 하는 함상폭격기가 그것이었다.

초기의 함재기

항모 여명기에 사용되었던 육상 전투기

경량이며 단거리 이륙이 가능한 솝위드 펍 전투기는 세계 각국에서 사용한 걸작 전투기였다.

뇌격 임무를 담당하는 함상공격기

1922년, 최초의 함상뇌격기로 탄생한, 일본의 10식 함상뇌격기. 무거운 어뢰를 탑재할 수 있도록 3엽기로 제작되었으며, 이 당시에는 함상공격기라 불리지는 않았다.

급강하 폭격 임무를 맡은 함상폭격기

1934년, 일본 해군에 제식 채용된 94식 함상폭격기는 독일의 He66 급강하폭격기를 베이스로 개발되었다.

용어해설

●**체펠린 비행선** → 1차 대전 당시 폭격 및 정찰 목적으로 사용된 독일의 비행선.
●**단좌, 복좌, 삼좌** → 승무원이 1명일 경우를 단좌, 2명이면 복좌, 3명인 경우를 삼좌라 한다.
●**급강하폭격** → 일본군의 경우 약 50~60도 정도의 각도에서 실시하였다. 이보다 완만한 각도로 하강하며 폭격을 실시하는 경우는 완강하폭격이라 불렀다.

2차 대전 당시의 함상공격기

어뢰나 대형 폭탄을 실은 채 공격에 나서는 함재기를 함상공격기라 부르는데, 이들은 2차 대전 당시, 항모가 갖추고 있던 최대의 공격력을 담당하는 존재이기도 했다.

● 항공 어뢰로 적함을 공격하는 함상공격기는 항모 항공대의 꽃이라 할 수 있다

항공기에서 어뢰를 투하하여 함선을 공격하는 전법이 처음 고안된 것은 1912년의 일이며, 1915년에 에게 해(Aegean Sea)를 향해 중이던 영국의 수상기 모함에서 발진한 수상기가, 터키 해군의 보급함을 어뢰로 격침시키며 첫 전과를 올렸다.

이후 항모 탄생의 여명기에는 함재기에도 어뢰 탑재 능력을 부여할 것이 요구되면서, 각국에서도 그 개발이 시작되었다. 함상공격기에 있어 제1의 임무로 부여된 것이 바로 항공어뢰를 이용한 뇌격 임무였기에, 미국이나 영국에서는 함상뇌격기라는 명칭으로 부르는 것이 일반적이었다. 함상공격기 특유의 높은 탑재능력을 활용, 500kg, 800kg 등의 대형 폭탄을 싣고 수평 폭격을 통해서도 전과를 거뒀던 점에서 일본 해군에서는 함상공격기, 짧게 축약하여 '함공'이라 호칭하곤 했다.

제2차 세계 대전기에는 **단엽식** 주익에, **인입식 랜딩기어**를 갖춘 함상 공격기가 항모 전력의 주력으로 군림하고 있었다. 개전 당시에는 일본의 B5N 97식 함공이나 미국의 TBD 데버스테이터, 대전 중기를 넘어가면서부터는 B6N텐잔(天山)이나 TBF/TBM 어벤저가 대표적인 함상공격기라 할 수 있다. 단 영국의 경우는 2차 대전기에도 복엽기인 페어리 소드피시 뇌격기를 사용하고 있었다.

대전 후기가 되자, 탑재기 수가 한정된 항모에서 운용해야 한다는 점을 고려하여, 급강하 폭격 임무까지 수행할 수 있는 B7A 류세이(流星)가 개발되었다. 또, 영국에서는 전투기와 뇌격기를 겸하는 블랙번 파이어플라이가 탄생했으며, 미국에서는 전후에 다기능 걸작기인 A-1 스카이레이더 함상공격기가 등장했는데, 이 기체는 1970년대까지 사용되었다. 함상공격기는 함상폭격기를 겸할 수 있도록 진화한 것이다.

뇌격기에 탑재되는 어뢰의 경우, 처음에는 소형의 함선용 어뢰였으나, 1931년, 일본에서 전용 설계가 이뤄진, 91식 항공 어뢰가 개발되었다. 이 어뢰는 고도 500m에서 투하되는 충격에도 견디며, 최대 2,000m의 사거리를 지니고 있었다. **진주만 공습**이 실행될 즈음에는 수심이 30m 전후밖에 되지 않는 만에서도 사용할 수 있도록 개량되었으며, 작전 당시, 고도 20m에서 투하되어 큰 전과를 올리기도 하였다.

일본 해군의 일반적인 항공 뇌격전

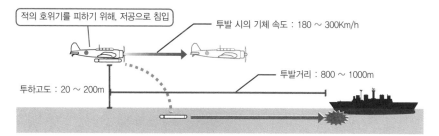

적의 호위기를 피하기 위해, 저공으로 침입

투발 시의 기체 속도 : 180 ∼ 300Km/h

투발거리 : 800 ∼ 1000m

투하고도 : 20 ∼ 200m

함상공격기와 탑재병기

나카지마 97식 함상공격기

제식채용 : 1937년	무장 : 7.7mm 기총 × 1 (후방 좌석)
최대 속도 : 378km/h	800kg 항공어뢰 × 1 또는
항속거리 : 약 2,000km	800kg 폭탄 가운데 하나를
승무원 : 3명	동체 하면에 탑재

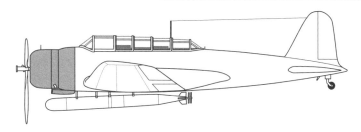

91식 항공 어뢰

세계 최초의 전용 항공 어뢰.

전장 : 542cm	항주거리 : 최대 2000m
직경 : 45cm	속도 : 78km/h
중량 : 824kg	

80번 항공 폭탄

육상 폭격에 사용된 대형 폭탄.

전장 : 287cm	중량 : 805kg

용어해설

- **단엽** → 항공기의 주익이 한 쌍인 것을 나타내는 말. 복엽에 대비되는 의미이다.
- **인입식 랜딩기어** → 이륙한 뒤, 바퀴를 주익이나 동체 안쪽으로 끌어넣듯이 집어넣어 공기저항을 줄이는 방식.
- **진주만공습** → 1941년 12월 7일, 태평양 전쟁 개전 시에 일본 측이 하와이의 진주만에 감행한 공격.

2차 대전 당시의 함상폭격기

폭격의 정밀도를 높이기 위해 고안된 급강하폭격이라는 개념은 함재기에도 도입되어, 함상폭격기를 탄생시켰는데, 이 급강하폭격은 대함공격에서 진가를 발휘했다.

● 최대 70도라는 급격한 각도로 강하하여 적함에 폭탄을 명중시킨다

항공기를 이용한 폭격은, 당초에는 수평비행 상태에서 실시하는 수평 폭격이 중심이었으나, 그 명중 정밀도는 결코 높지 못했다. 그래서 폭격의 정밀도를 높이기 위해 고안된 전법이 바로 급강하폭격이었다. 육상이나 해상의 움직이는 표적에 절대적인 위력을 발휘했는데, 1930년대 이후부터 사용하게 되었다. 일단 30도 이상의 각도로 하강하면서 폭탄을 투하하는 것을 급강하폭격이라 부르지만, 실제로는 45도에서 70도나 되는 급각도에서 많이 실시되었다. 30도 미만의 각도로 강하하는 경우는 완강하폭격으로 구별된다.

함재기에도 이런 급강하폭격 전용의 기체가 요구되면서 함상폭격기(함폭)가 탄생하였는데, 급강하폭격 후 급격히 기수를 올리려는 움직임에 견딜 수 있는 견고한 구조에 더하여, 급강하하며 폭탄을 투하했을 때, 투하한 폭탄이 자기의 프로펠러와 충돌, 파손시키지 않도록, 폭탄 투하용의 암(arm)을 설치하는 등의 고안이 이루어졌다. 또한 급강하 시, 기체의 속도를 줄일 수 있는 다이브 브레이크가 달린 기체도 있었다. 탑승 인원은 2명으로, 기수와 후방 좌석에 방어용 기관총이 설치된 기체도 많았다. 사용했던 폭탄은 주로 250kg나 500kg급이었는데, 약 600m의 고도에서 투하가 이루어졌다. 위력은 고고도에서 실시되는 수평 폭격에 비해서는 못 미치지만, 대단히 명중 정밀도가 높았다.

영국에서는 블랙번 스쿠아가 1940년에 세계 최초로 함상폭격기의 급강하폭격을 통한 전과를 기록했으나, 이후에는 거의 활약할 기회가 없었다. 한편, 진주만공습이나 산호해 해전에서는 일본의 99식 함상폭격기가 미국의 함선을 폭격하여 큰 전과를 거두었으며, 미드웨이 해전에서는 미국의 SBD 돈틀리스가 급강하폭격을 실시하여 일본의 항모 4척을 대파시키고, 끝내는 자침시키는 지경까지 몰아붙이는 데 성공했다. 일본 측에서도 99식 함폭으로 미국의 항모 요크타운을 격파(이후, 예인 도중에 일본 잠수함의 뇌격으로 침몰)하는 등, 함상폭격기의 위력을 널리 알리는 전투로 기록되기도 했다.

이후 일본에서는 스이세이(彗星)를, 미국 측에서도 SB2C 헬다이버라는 신예기를 투입하였다. 하지만, 급강하폭격은 물론 뇌격이나 수평 폭격까지 다양한 임무를 수행할 수 있는 함상공격기가 등장하면서, 급강하폭격만을 전문으로 하는 함상폭격기의 역사는 서서히 막을 고할 수밖에 없었다.

급강하폭격과 수평 폭격으로 함선을 공격할 경우의 차이

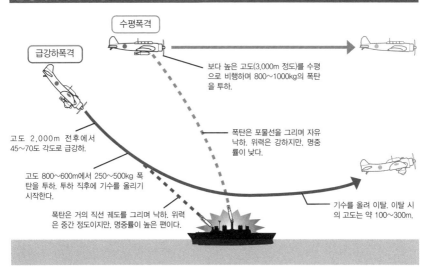

수평폭격

급강하폭격

보다 높은 고도(3,000m 정도)를 수평으로 비행하며 800~1000kg의 폭탄을 투하.

고도 2,000m 전후에서 45~70도 각도로 급강하.

폭탄은 포물선을 그리며 자유 낙하. 위력은 강하지만, 명중률이 낮다.

고도 800~600m에서 250~500kg 폭탄을 투하. 투하 직후에 기수를 올리기 시작한다.

폭탄은 거의 직선 궤도를 그리며 낙하. 위력은 중간 정도이지만, 명중률이 높은 편이다.

기수를 올려 이탈. 이탈 시의 고도는 약 100~300m.

함상 폭격기의 구조

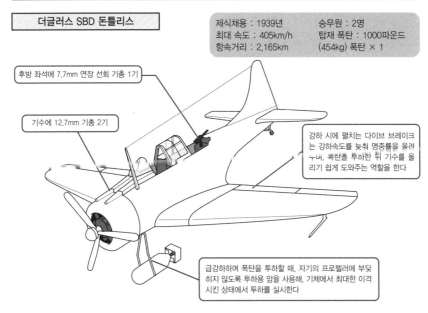

더글러스 SBD 돈틀리스

제식채용 : 1939년
최대 속도 : 405km/h
항속거리 : 2,165km

승무원 : 2명
탑재 폭탄 : 1000파운드 (454kg) 폭탄 × 1

후방 좌석에 7.7mm 연장 선회 기총 1기

기수에 12.7mm 기총 2기

강하 시에 펼치는 다이브 브레이크는 강하속도를 늦춰 명중률을 올려 누버, 폭탄을 투하한 뒤 기수를 올리기 쉽게 도와주는 역할을 한다

급강하하며 폭탄을 투하할 때, 자기의 프로펠러에 부딪히지 않도록 투하용 암을 사용해, 기체에서 최대한 이격시킨 상태에서 투하를 실시한다

단편지식

●급강하폭격의 이점 → 대함 공격에서 급강하폭격이 자주 쓰이게 된 것은, 함선의 대공 화력이 점점 충실해진 것 또한 원인 가운데 하나라고 할 수 있다. 완만한 각도로 침입하기보다는 급격한 각도로 돌입하는 쪽이 대공화기에 포착될 가능성이 적기 때문이다.

2차 대전 당시의 함상전투기

2차 대전기에는 일본의 제로센이나 미국의 헬캣 등, 나중에 명작 기체로 이름이 알려지게 되는 함상 전투기가 탄생하여 수많은 명승부를 펼쳤다.

● 다양한 임무에 투입되어 활약한 함상전투기

적기를 요격하는 대공전투를 수행하는 함상전투기(함전)는 항모에 있어 절대 빼놓을 수 없는 항공 전력이다. 항모 여명기의 대서양에서 함대를 공격해오는 육상기나 비행선을 요격하는 임무를 담당했던 함상전투기는, 이후 더욱 다양한 임무를 수행하게 되었다.

우선은 공격할 지역을 선점하고, 그 상공에 있는 적기를 격퇴하여 제공권을 확보하는 제공 임무, 그리고 아군의 함상공격기나 함상폭격기와 함께 행동하며 적 요격기로부터 아군기를 보호하는 호위 임무도 중요한 역할이었는데, 이 때문에 적기를 격추할 수 있는 화력과 속도에 더해 공격기 이상의 항속거리가 요구되었다. 여기에 대전 후기에 들어서는, 소형 폭탄이나 로켓탄 또는 기총 소사로 지상의 아군을 근접 지원하거나 적의 잠수함 또는 소형 선박을 공격하는 등, 여러 국면에 맞춰 투입되기도 하였다.

일본의 경우, 1935년에 등장한 96식 함상전투기의 후속으로 1940년에 걸작 기체 중 하나로 꼽히는 영식 함상전투기(통칭, 제로센)가 탄생했는데, 경쾌한 운동성능에 더해 매우 긴 항속거리, 그리고 당시 기준으로 강력한 화력을 갖춘, **격투전**을 특기로 하는 기체로 완성되었으며, 적어도 대전 초기에는 압도적인 능력을 자랑했다. 제로센은 이후로도 계속 성능 개량이 이루어지며 종전 무렵까지 사용되었다.

이에 맞선 미국의 경우, 개전 초기에는 F2A 버팔로와 F4F 와일드캣이 배치되어 있었으나, 여러 가지 이유로 제로센에 대적하기에는 역부족이었다. 하지만, 대전 중기에 들어서면서 고속에 중무장, 중장갑을 갖춘 F6F 헬캣과 F4U 콜세어가 전선에 투입되었고, 이들 신형 전투기들은 고속 성능을 살린 **일격 이탈 전법**을 구사하며 제로센을 일방적으로 유린하기 시작했다. 이러한 현상이 벌어진 것은 고출력 엔진의 실용화와 더불어 항모에 유압식 캐터펄트가 설치되어 이함 중량이라는 제약이 크게 줄어들었던 것이 가장 큰 요인이었다.

한편 영국의 경우는, 페어리 풀머 등의 복좌식 함상전투기를 개발했지만, 낮은 성능으로 불평의 대상이 되었으며, 이로 인해 걸작 전투기인 스핏파이어를 함재기로 개수한 시 파이어를 투입했으며, 여기에 더하여 미국으로부터 F4F를 대량으로 공여받아, 마틀리트라는 이름을 붙이고 호위 항모 등에서 운용했다.

제2차 세계 대전 당시 일본과 미국의 함상전투기

미츠비시 영식 함상전투기 21형

제식 채용 : 1940년　　최고 속도 : 533km/h
전장 : 9.05m　　　　항속 거리 : 3,350km
전폭 : 12.0m　　　　무장 : 20mm 기관포 × 2문
자체 중량 : 1,754kg　　＋ 7.7mm 기총 × 2정
엔진 출력 : 940 마력

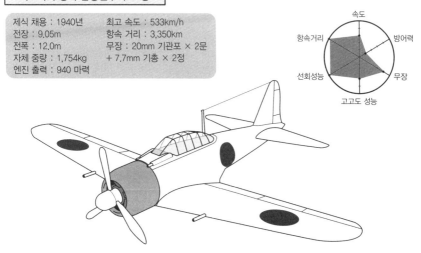

그루먼 F6F-3 헬캣

제식 채용 : 1942년　　엔진 출력 : 2,000마력
전장 : 10.24m　　　　최고 속도 : 603km/h
전폭 : 13.06m　　　　항속 거리 : 2,558km
자체 중량 : 4,128kg　　무장 : 12.7mm 기총 × 6정

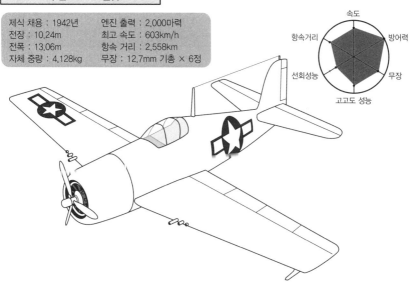

용어해설

● **격투전** → 전투기끼리 공중전을 펼칠 때, 서로의 배후 포지션을 잡으려는 기동을 펼치며 교전하는 상황. 일반적으로는 선회 반경이 작은 기체 쪽이 좀 더 유리하다고 한다.
● **일격 이탈 전법** → 보다 높은 고도를 선점한 뒤, 속도의 우위를 살려 급속히 돌진, 한 차례의 사격을 퍼부은 뒤 바로 이탈하는 전법.

제트기 시대의 함상공격기

전후, 항공기의 제트화가 이뤄지면서, 함상공격기의 성능이 비약적으로 향상되었는데, 여기에 더하여 탑재 병기의 전자화가 진행되면서, 공격 전술 또한 크게 달라졌다.

●제트화와 유도병기의 등장으로 큰 변화를 겪은 함상공격기

전후, 항모에 탑재되는 함상공격기에는 커다란 방향 전환이 있었다. 제트 엔진의 등장으로 더욱 고속화되었으며 무기의 탑재량도 늘어난 한편으로, 사용하는 공격 무기나 방어 측 장비의 진화에 따라, 그 전술에도 큰 변화가 필요했기 때문이다.

예를 들면, 함선에 장비된 레이더의 발달로 인해, 레이더에 탐지되는 것을 회피하기 위한, **저고도 침투 능력**을 요구하게 되었다. 동시에, 대전 당시 대함 공격의 주력이었던 항공 어뢰를 이용한 뇌격이 폐지되면서 중량급 항공 폭탄이 주류가 되었다. 무기의 탑재 능력이 대전 당시의 중폭격기급으로 비약적인 향상을 이룩했기 때문이다. 여기에 무기의 전자화가 진행됨에 따라 정밀 유도무기나 공대함 미사일이 등장, 공격 무기의 주역이 되었는데, 특히 공대함 미사일의 등장은 적의 방공 구역 밖에서 공격하는 **아웃 레인지 공격**을 실현할 수 있게 해주었다.

전후, CATOBAR 항모를 자국에서 건조하여 운용했던 것은 미국, 프랑스, 영국. 이렇게 3개국으로, 이들은 제각기 항모의 공격력이 되는 함상공격기를 개발했다.

미국의 경우는 소형이면서 뛰어난 범용성을 자랑하는 A-4 스카이호크, 아음속 비행능력을 지닌 A-7 콜세어 Ⅱ, 뛰어난 저고도 침투능력에 더하여 8t이나 되는 무기를 탑재할 수 있는 A-6 인트루더 등이 장기간에 걸쳐 사용되었다. 또한, 전투기로 분류되는 F-4 팬텀 Ⅱ도 높은 범용성에 힘입어 폭격 임무도 소화해냈으며, 베트남 전쟁과 걸프전 등에서 활약했다.

프랑스에서는 쉬페르 에탕다르 등의 전투공격기를 개발하여, 공대함 미사일이나 핵 미사일 등을 운용하는 독자적 전력을 배치했으며, 한편 영국의 경우는, 저고도 침투 능력이 탁월한 버캐니어가 활약했지만, 경제난으로 CATOBAR 항모가 폐지되면서 V/STOL기인 해리어가 함상공격기로 사용되었다.

이렇게 한 시대를 풍미했던 함상공격기였지만, 대공전투부터 대지 및 대함 공격 임무까지 하나의 기체로 수행이 가능한 **다목적 함재기**의 등장으로, 현재는 서서히 자취를 감추고 있는 추세이다.

대표적인 함상공격기

더글러스 A-4 스카이호크(미국)

제식 채용 : 1955년
최대 속도 : 1,077km/h

4t이 넘는 탑재능력을 지녔으며, 운동 성능도 양호. 세계 각국에서 사용되었는데, 그 가운데 일부는 아직도 현역으로 활동 중이다.

그루먼 A-6 인트루더(미국)

제식 채용 : 1963년
최대 속도 : 1,040km/h

8t이나 되는 탑재능력에 더해 전자장비 또한 충실하게 갖춘 전천후 함상공격기.

블랙번 버캐니어(영국)

제식 채용 : 1962년
최대 속도 : 1,074km/h

5.4t의 탑재능력을 지닌 쌍발엔진 복좌기. 저공에서의 기동성이 뛰어나다.

공대함 미사일은 현대의 항공 어뢰

엑조세 공대함 미사일

공대함 미사일(ASM)은 항공기에서 발사, 함선을 공격하는 데 사용되는 대형 미사일이며, 제트 추진, 또는 로켓 추진으로 비행한다. 큰 위력을 지닌 탄두와 유도 장치를 갖추고 있어, 100km 바깥에서도 적함을 공격할 수가 있다.

용어해설

● **저고도 침투 능력** → 레이더에 탐지되지 않도록 수십 미터에서 100미터 정도의 낮은 고도로 비행, 적지에 침투해 들어가는 능력.

● **아웃 레인지 공격** → 사정거리가 긴 미사일 등을 이용하여, 상대방으로부터 반격을 받지 않을 거리에서 공격을 가하는 방법.

● **다목적 함재기** → 여러 가지 임무에 사용할 수 있는 다용도기(No.069 참조).

제트기 시대의 함상전투기

제트기의 등장으로 고속화된 데 더하여 고성능 레이더나 유도식 공대공 미사일이 등장하면서, 함상
전투기의 전법 또한 크게 바뀌었다.

● 대공 미사일의 등장으로 전투기의 개념이 일변했다

전후, 제트기의 시대가 개막되면서, 1947년에 탄생한 맥도널사의 FH-1을 시작으로, 미국과 영국에서 제트 엔진을 탑재한 함상전투기의 개발이 시작되었는데, 항모에 탑재하기 위한 컴팩트한 기체에 신뢰성을 고려하여 쌍발 엔진을 탑재하는 것이 함상전투기의 기본이었다. 1950년에 발발한 한국전쟁에서는 미국의 그루먼 F9F 팬서가 활약했는데, 주요 무장은 아직 기관포였으며, 직접 사격을 하는 도그 파이트로 공중전을 수행하였다.

이후, 함상전투기는 3가지의 커다란 진화를 이루게 되는데, 우선 첫째는, 최고 속도가 음속을 돌파할 정도로 향상되었다는 것이며, 그 다음이 강력한 레이더를 탑재하게 되었다는 점. 그리고 마지막으로 가장 중대한 변화로 들 수 있는 것이, 적외선 유도방식의 사이드와인더나 레이더 유도방식을 사용하는 스패로 미사일로 대표되는 공대공 미사일이 실용화되어, 주요 무장으로 사용하게 되었다는 점이다. 훨씬 빠른 속도로 비행하며, 보다 먼 곳의 상황을 탐지하고, 멀리 떨어진 곳에서 공격할 수 있는 능력을 갖추게 되면서 공중전의 개념이 크게 바뀌게 된 것이다.

1960년대 이후에 활약했던 미국의 챈스 보우트사가 개발한 F-8 크루세이더나 맥도널사의 F-4 팬텀 II는 그 압도적인 성능을 통해 베트남 전쟁 이래로 미국의 항모 타격 전력의 상징이 되었는데, 특히 F-4 팬텀 II는 처음부터 함재기로서 개발되었음에도 불구하고, 그 우수한 성능으로 주목을 받아 세계 각국의 공군에서 사용되기도 했다. 그 일례로 대한민국 공군과 일본 항공자위대에서는 아직까지 현역으로 활동 중이기도 하다.

또한 미국은 여기서 그치지 않고, 제공 임무를 수행할 궁극의 함상전투기로, 1973년, 그루먼사의 F-14 톰캣을 등장시켰는데, 저속 성능과 고속 성능의 양립을 실현한 가변익 구조를 갖추고 있었으며, 사정거리가 무려 210km에 달하는 피닉스 미사일을 장비, 도그 파이트와 아웃 레인지 공격 모두에서 절대적인 힘을 발휘할 수 있었다.

하지만, 전투에서 공격 임무까지 다양한 임무를 수행하는 멀티롤(다목적) 전투기가 등장하면서, 톰캣이 퇴역한 2006년을 마지막으로, 순수한 의미의 함상전투기는 모습을 감추게 되었다.

미국의 역대 함상전투기

그루먼 F9F 팬서

제식 채용 : 1949년
최대 속도 : 864km/h
20mm 기관포 × 4문
승무원 : 1명

그루먼 F-14 톰캣

제식 채용 : 1973년
최대 속도 : 마하 2.34(약 2,480km/h)
　　　　　　20mm 개틀링 포 × 1문
탑재 미사일 : 피닉스 × 6발
　　　　　　　+ 사이드와인더 × 2발
승무원 : 2명

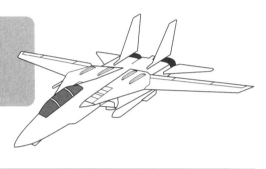

미국의 함상전투기에 탑재되었던 주요 공대공 미사일

AIM-9L 사이드와인더

전장 : 2.87m
최대 사거리 : 약 18km
적외선 유도

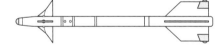

AIM-7E 스패로

전장 : 3.66m
최대 사거리 : 약 30km
레이더 유도

AIM-54 피닉스

전장 : 3.90m
최대 사거리 : 약 210km
레이더 유도

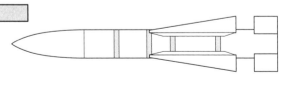

단편 지식

●미사일 만능론 → 공대공 미사일이 보급되기 시작한 1960년대, 전투기끼리의 공중전에는 기관포 없이 미사일만 있으면 충분하다는 생각이 크게 유행했다. 하지만, 베트남 전쟁에서 그 유용성이 다시 확인되면서 현재의 전투기는 대부분 고정무장으로 기관포를 장비하고 있다.

145

항모에 혁신을 가져온 V/STOL기

단거리 이륙 / 수직 착륙이 가능한 V/STOL기 해리어의 등장은, 비교적 소형인 경항모의 탄생으로 이어졌으며, 몇몇 국가에서는 이 기체의 적극적인 배치가 이루어지기도 했다.

● 너무도 혁신적이었던 해리어의 등장

1950년대부터 시작되었던 수직 이착륙이 가능한 제트기의 개발사는, 그야말로 갖가지 시행착오들의 연속이었다. 하지만 1967년, 마침내 영국의 호커 시들리사가 AV-8 해리어를 탄생시켰다. 이착륙 시, 4개의 분사 노즐의 방향을 아래쪽으로 돌리는 추력 편향 방식의 엔진을 탑재하고 있는 해리어는, 수직 이착륙이 가능한 아음속 공격기로서 배치되었다.

이후 함선에서의 탑재 실험도 시작되었으며, 1979년에는 레이더 등의 장비를 추가한 함재형, 시 해리어의 실전 배치가 이루어졌고, 이듬해에 취역한 경항모 「인빈시블」에 탑재되었는데, 이는 비교적 소형의 항모에서도 제트 함재기의 운용이 가능하다는 것을 보여주는 획기적 사건이었다. 이에 미 해병대에서도 도입을 시작하였으며, 1985년에는 해리어를 대폭적으로 개량한 AV-8B 해리어 Ⅱ가 탄생했다. 해리어 / 시 해리어 / 해리어 Ⅱ는 영국(지난 2010년에 전량 퇴역함)과 미국 이외에도 이탈리아, 스페인, 인도, 태국이 운용하는 경항모에서도 사용되고 있다.

한 가지 재미있는 것은, 수직 이착륙기(VTOL기)로 개발되어 탄생한 해리어이지만, 실제 운용을 살펴보면 어느 정도의 거리를 활주하는 단거리 이륙을 실시하고 있는 것을 알 수 있는데, 이는 수직 이륙을 실시할 경우, 기체의 페이로드가 극단적으로 줄어들어 탑재 무기를 거의 실을 수 없기 때문이며, 이로 인해 단거리 이륙 / 수직 착륙(V/STOL)기라 불리고 있다. 대부분의 경항모에는 **스키점프대**가 설치되어 있어 이러한 단거리 이륙 능력을 보조해주고 있다.

한편 구 소련에서도 VTOL기의 개발이 진행되었는데, 1977년에는 함상공격기인 Yak-38이 배치되었다. 추력편향 엔진에 더하여 **리프트 엔진**을 탑재하고 있었지만, 구조상의 문제로 단거리 이륙은 제한적으로밖에는 실시할 수 없었으며 무기의 탑재량도 적었고 최대 항속거리도 겨우 600km밖에 되지 않았기에, 1992년에 전부 퇴역하고 말았다.

현재는 해리어의 후속으로, 미국과 영국을 중심으로 하는 다국적 협력 프로젝트로, 다양한 임무에 대응할 수 있는 다목적 V/STOL 함재기인 F-35B 라이트닝 Ⅱ의 개발이 진행 중이다.

V/STOL 함재기

AV-8B 해리어 II (미국)

해리어를 베이스로 하여 개발된 함상공격기.

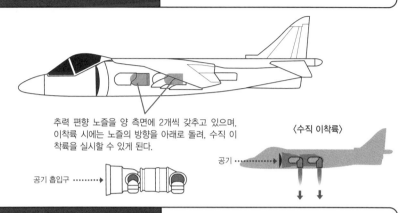

추력 편향 노즐을 양 측면에 2개씩 갖추고 있으며, 이착륙 시에는 노즐의 방향을 아래로 돌려, 수직 이착륙을 실시할 수 있게 된다.

공기 흡입구 ⋯⋯⋯▶

〈수직 이착륙〉

공기 ⋯⋯⋯

Yak-38(구 소련)

NATO 코드명인 「포저(Forger)」는 가짜, 모조품이라는 의미이다.

공기

공기 ⋯⋯⋯▶

추력 편향 엔진에 더하여, 전방의 리프트 엔진까지 2개의 엔진이 탑재되어 있다.

록히드 마틴 F-35B 라이트닝 II (미국 외)

다목적 V/STOL 함상전투기로 현재 개발이 진행 중이다. 초음속 비행도 예정되어 있음.

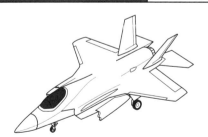

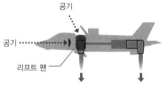

공기

공기 ⋯⋯⋯▶

리프트 팬

기체 후미의 메인 노즐을 편향시킴과 동시에, 기체 앞부분에 내장되어, 엔진과 연동하여 움직이는 리프트 팬 방식을 채용.

용어해설

- **스키점프대** → 단거리 이륙 성능을 보조하기 위해, 비행갑판 끝부분에 설치된 슬로프(No.027 참조).
- **리프트 엔진** → 수직방향으로의 추력을 발생시키는 것을 전담하는 엔진. 하지만 수평 비행에 들어갔을 경우에는 사용되지 않기에, 결국 데드웨이트로 작용하게 된다.

현대의 주력, 다목적 함재기

종래의 함재기는 함상전투기와 함상공격기로 나뉘어 임무를 분담했지만, 21세기에 들어서면서, 마침내 양자의 임무에 플러스 알파까지도 수행할 수 있는 멀티롤(다목적) 함재기가 등장하였다.

●1기의 기체로 다양한 임무를 수행

탑재 공간이 한정되어 있는 항모의 경우, 너무 많은 종류의 기종을 탑재하는 것은 정비나 군수 등의 관점에서 봤을 때 결코 바람직한 일이 아니다. 가능하다면 1가지 기종으로 다양한 임무를 소화해내는 것이 가장 이상적인 것이다. 이런 이유로 2차 대전 당시에는 뇌격기와 급강하폭격기의 능력을 겸비한 기체나 폭격 능력까지 갖춘 전투기가 등장하기도 했다.

전후 제트기 시대에도, 전투기와 폭격기를 겸하는 전투폭격기(듀얼 롤 파이터)가 활약했다. 미국이 자랑하는 걸작 함상전투기인 F-4 팬텀 Ⅱ나 그 후계자라 할 수 있는 F/A-18 호넷이 그 대표적 예라 할 수 있는데, 참고로 형식 번호에 붙은 알파벳 「F」는 전투기(Fighter), 「A」는 공격기(Attacker)를 의미하는 약어이다.

하지만 여기에서 더 나아가, 좀 더 다양한 임무를 수행할 수 있도록 개발된 것이 다용도 임무라고도 번역되는 멀티롤(다목적) 기이다. F/A-18을 베이스로 하여 대폭적인 개조를 거쳐 탄생했으며, 1999년부터 운용에 들어간 F/A-18E/F 슈퍼 호넷은 바로 이러한 멀티롤 함재기의 대표격인 존재이다. 함상전투기와 함상공격기로서의 능력을 매우 높은 수준으로 아울러 갖추고 있으며, 보다 정밀도가 높은 전자장비가 설치되어 있어, 탑재 무장의 조합을 바꾸는 것만으로도 다양한 임무에 대응할 수 있다. 최대 8t의 무기 탑재가 가능하며, 공대공 미사일이나 기관포를 사용한 대공 전투부터, 유도 폭탄을 사용한 **정밀 폭격**, 공대함 미사일을 탑재하고 실시하는 대함 공격 등 특수한 공격 임무도 소화해낼 수가 있다. 여기에 더하여, 정찰용 포드를 탑재하고 정찰 및 색적 임무를 수행하거나, **공중 급유**용 장비가 달린 보조 연료 탱크를 부착한 상태에서 실시하는, 아군기에 대한 연료 급유 임무 등, 문자 그대로 '멀티'한 임무에서 활약하고 있다.

이 외에 프랑스의 주력 함재기인 라팔 M이나 러시아의 주력 함재기인 Su-33, 그리고 Su-33의 개수(?)형이라 알려진 중국의 J-15등도 현대를 대표하는 다목적 함재기들이다. 또한 현재 개발이 진행 중인 통합 타격 전투기(Joint Strike Fighter, JSF)의 CTOL 함재기 모델인 F-35C 라이트닝 Ⅱ도 스텔스 성능을 갖춘 차세대 다목적 함재기로 기대를 받고 있다.

다목적기가 담당하는 임무

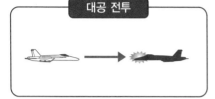

대공 전투

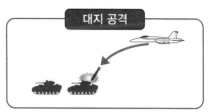

대지 공격

대함 공격

정찰 및 색적

공중 급유

다양한 임무를 수행한다!

현대의 멀티롤(다목적) 함재기

F/A-18E/F 슈퍼 호넷 (미국)

제식 채용 : 1999년
최대 속도 : 마하 1.6(약 2,000km/h)
최대 탑재량 : 약 8t
승무원 : 1명(E형) / 2명(F형)

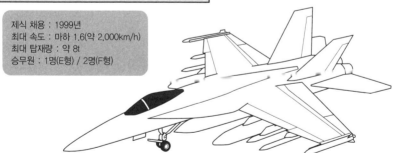

공대공 미사일, 대 레이더 미사일, 공대지 미사일, 공대함 미사일 외에 통상 폭탄이나 유도 폭탄 등 다양한 무장을 임무에 맞춰 모두 11개의 하드 포인트에 탑재할 수 있다.

용어해설

● **정밀 폭격** → 레이저 등을 조준에 사용, 낙하 궤도의 콘트롤이 가능한 유도 폭탄으로 실시하는 핀 포인트 폭격을 말한다.
● **공중 급유** → 항공기의 항속거리를 연장하기 위해, 전용 급유호스나 급유관을 사용, 비행 상태에서 급유 작업을 실시하는 것을 말하며, 급유를 하는 쪽이나 받는 쪽 모두 전용 장치를 갖추고 있어야만 한다.

함상정찰기

2차 대전 당시에는 함상공격기나 함상폭격기를 유용했으며 전용기도 등장했다. 현재는 멀티롤 함재기에 정찰용 포드를 탑재하여 임무에 투입하고 있다.

● 적의 위치나 상황을 파악하기 위해 꼭 필요한 함상정찰기

　제2차 세계 대전 당시, 적 함대의 위치를 파악하는 색적 임무는 항모에 부여된 중요한 임무 중 하나였다. 아무리 강력한 항공 타격력을 보유하고 있어도, 적의 위치를 파악하지 못한 상태에서는 아무 의미가 없기 때문이다. 그래서 일본 해군은, 항속거리가 긴 데다 2~3명의 승무원을 태울 수 있는 함상공격기나 함상폭격기, 항모의 수반함에 탑재된 **수상정찰기**등을 색적 임무나 적지의 정찰 임무에 투입했으며, 대전 후기에는 전용으로 설계된 함상정찰기를 개발했는데, 5,300km에 달하는 장대한 항속거리에 더해 일본 해군의 함재기 가운데 가장 빠른 속도(609km/h)를 자랑하는 사이운(彩雲)이 바로 그것이었다. 「ワレ ニオイツク、グラマンナシ(우리를 따라오는 구라망 없음, ※역자 주 : 구라망은 헬캣을 비롯한 미 해군 전투기의 총칭)」이라며, 사이운의 승무원이 발신한 전문은, 사이운 특유의 고속 비행 성능을 잘 드러내는 에피소드로 전해져 내려오고 있다. 한편, 미국의 항모에서는 주로 함상폭격기를 색적 및 정찰 임무에 사용했으며, 함상전투기에 항공 카메라를 싣고, 항속 거리를 늘려 정찰 사양으로 만든 기체가 채용되기도 했다.

　전후 제트기 시대에 들어서면서부터는 기존의 함재기에 항공 카메라를 설치, 정찰 사양으로 개조한 전용기를 활용하게 되었다. 레이더의 발달로 보다 광범위한 색적이 가능하게 되었지만, 다른 한편으로는 항공 카메라에 의한 정찰을 통해 핀포인트로 상황파악을 해야 할 필요성이 이전보다 더욱 높아졌기 때문이다. 초음속 함상공격기 A-5 비질란테(Vigilante)를 개조한 RA-5나 초음속 함상전투기였던 F-8 크루세이더를 개조한 RF-8이 등장했다. 이 가운데, RF-8은 기수에 탑재되어 있던 기관포를 제거한 뒤, 그 자리에 5개의 항공 카메라를 장착하였으며, 1960년대 초엽부터 1987년 까지 장기간에 걸쳐 사용되었다.

　하지만 이후로는 정찰 포드를 장착한 함상전투기 F-14 톰캣이 정찰 임무도 수행하게 되면서, 정찰만을 전담하는 기체는 모습을 감추고 말았다. 현재는 멀티롤 함재기인 F/A-18E/F 슈퍼 호넷이 이 임무를 이어받은 상태이다.

　또한 21세기에 들어오면서 놀라운 진보를 보인 것이 무인 정찰기인데, 보다 장시간 체공할 수 있다는 이점이 있어, 미 공군에서는 RQ-4 글로벌호크 등이 사용되고 있으며, 해당기종의 함재기 모델도 개발되어 가까운 장래에 항모에도 배치될 예정이다.

진화하는 함상정찰기

나카지마 사이운(일본)

제식 채용 : 1944년
속도 : 609km/h
항속거리 : 약 5,300km
승무원 : 3명

당시 사용되었던 항공 카메라. 정찰 요원이 손에 들고 촬영했다.

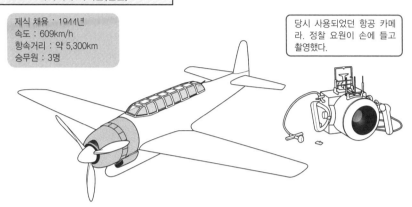

챈스 보우트 RF-8(미국)

제식 채용 : 1960년
속도 : 마하 1.8
항속거리 : 약 2,260km
승무원 : 1명

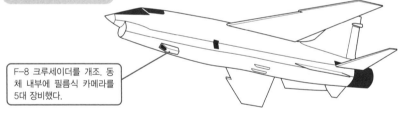

F-8 크루세이더를 개조. 동체 내부에 필름식 카메라를 5대 장비했다.

F/A-18E/F 슈퍼 호넷(미국)

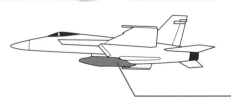

정찰 포드에는 각종 전자 카메라나 센서가 내장되어 있으며, 여기서 수집한 데이터를 거의 실시간으로 모함에 전송하는 기능이 들어 있다.

단편 지식

● **정찰 임무로 활약했던 수상기** → 제2차 세계 대전 당시의 일본 해군에서는, 항모 함재기를 전부 공격 임무에 투입했기 때문에, 색적 및 정찰 임무는 함께 함대행동을 했던 전함이나 순양함 등에 탑재되어 있는 수상 정찰기를 활용하여 실시했던 경우도 많았다. 한편 미국의 경우, 함재기는 아니지만 3,790km의 항속거리를 자랑하는 PBY 카탈리나 비행정을 사용하기도 했다.

조기경보기

레이더 기술의 발달은, 이를 이용해 넓은 범위를 탐색할 수 있는 조기경보기를 탄생시켰는데, 현재는 항모의 '눈'으로서 빼놓을 수 없는 장비로 자리 잡은 상태이다.

●레이돔을 등에 짊어지고 있는 유니크한 형태

제2차 세계 대전 중에 실용화된 레이더는, 전파의 반사 등을 이용하여 넓은 범위의 상황을 탐색할 수 있는 장비이다. 하지만 수평선 아래의 대상물은 전파가 닿지 않는 사각에 위치하는 등, 결코 만능이라고 할 수는 없다. 이러한 점에 문제를 느낀 미 해군은 항모에 탑재되어 있는 레이더의 탐지 범위 바깥쪽에, 레이더를 장비한 구축함을 레이더 피켓 함으로 전방 배치하여 탐지 범위를 확장시켰으며, 이러한 역할을 함재기로 수행하는 공중조기경계(AEW)를 고안, 강력한 레이더를 탑재한 함상 조기경보기를 개발했다.

조기경보기의 도입으로, 항모가 정보를 탐지할 수 있는 범위는 이전과 비교할 수 없을 정도로 넓어졌는데, 특히 접근해오는 항공기나 대함 미사일의 탐지에는 절대 빼놓을 수 없는 장비로 자리를 잡게 되었다. 또한 수상의 함정을 탐지하는 데도 매우 유용하여, 대전 당시 활약했던 색적기의 역할은 오늘날의 조기경계기가 완전히 대체한 상태이다.

처음으로 실용화된 조기경보기는, 전후에 만들어진 걸작 레시프로 공격기인 A-1 스카이레이더의 동체 아랫부분에 레이더를 탑재시킨 기체였으며, 그 뒤를 이어 1958년에는 함상 대잠초계기인 쌍발 **레시프로 엔진**을 장착한 S-2 트래커의 등 부분에 레이더 돔을 탑재시킨 E-1 트레이서가 항모에 배치되었다.

그리고 1964년에는 쌍발 **터보프롭 엔진**을 장착한 기체의 등 부분에 원반형 레이더 돔을 탑재시킨 E-2 호크아이의 배치가 시작되었다. E-2는 탑재되어 있는 전자기기와 엔진, 기체 자체의 지속적인 개량과 버전 업을 통해 현재도 미국과 프랑스 해군 항모에서 사용되고 있으며, 「니미츠」급 항모에는 1개 비행대, 4기의 기체가 탑재되어, 주변을 광범위하게 탐색하는 함대의 '눈'으로서 활약하는 중이다.

또한 1990년대 이후에는 러시아나 인도에서 사용되고 있는 카모프 Ka-31이나 영국의 시 킹 AEW 등, 헬기에 경계 레이더를 탑재한 조기경보헬기가 개발되어, 각국의 항모에서 함대의 '눈' 역할을 수행하고 있다.

조기경보기의 역할

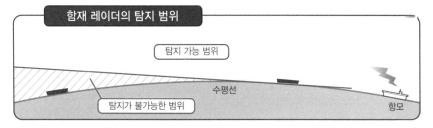

함재 레이더의 탐지 범위

탐지 가능 범위

수평선

탐지가 불가능한 범위

항모

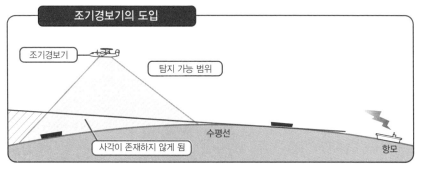

조기경보기의 도입

조기경보기

탐지 가능 범위

수평선

사각이 존재하지 않게 됨

항모

항모의 눈 – 조기경보기

노스롭 그루먼 E-2C 호크아이

현재는 E-2C형이며, 본래의 용도인 함재기로 사용되는 것
은 아니지만, 일본의 항공자위대에서도 조기경보기로 운용
하고 있다.

제식 채용 : 1964년
최고 속도 : 약 625km/h
항속 거리 : 약 2,850km
승무원 : 5명

회전식 레이더 돔

터보프롭 엔진

용어해설
● **레시프로 엔진** → 엔진 내부의 피스톤을 왕복시키는 힘으로 프로펠러를 돌려 추력을 얻는 구조.
● **터보프롭 엔진** → 제트 엔진과 같은 기본원리로, 연소 가스를 이용해 터빈을 돌리고, 이 터빈의 회전력을 프로펠러의
회전축에 전달하여 추력을 얻는 구조이다.

함상전자전기

함상전자전기는 현재, 미 해군 항모만이 탑재, 운용하고 있는 기체로, 적의 레이더나 대공 미사일을 기만하며, 전파 발신원을 공격하는 임무를 맡고 있다.

●적의 레이더를 무력화!

전자기술의 발전으로 레이더에 대한 의존도가 높은 현대전에서는, 적의 레이더에 대항하기 위해 다종다양한 대책이 연구되어왔다. 예를 들면 레이더에 재밍(Jamming, 전파방해)을 걸거나 기만체를 이용하기도 했고, 좀 더 적극적인 방법으로는 레이더파를 추적하여 발신원을 파괴하는 대 레이더 미사일을 사용하는 등의 전법이 고안되었으며, 이러한 전법들은 통상적인 공격을 실시하기 전에 적의 대공 레이더나 대공 미사일을 공격하여 무력화시키는, 적 방공망 제압 임무(SEAD = Suppression of Enemy Air Defenses)라는 이름으로 통합되고 체계화되었다. 그리고 이러한 레이더망과의 싸움을, 우리는 전자전 또는 전자공격이라 부르고 있다.

당연하겠지만 항공기를 이용한 전자전 또한 수행되는데, 이러한 임무를 전담하는 기체를 전자전기라 하며, 이 가운데, 항모에 탑재하는 함상전자전기를 개발, 운용하고 있는 것은, 전 세계를 통틀어 오직 미 해군 뿐이다. 전자전을 수행하기 위해서는 방대한 전력이 필요하기에, 출력에 여유가 있는 쌍발 엔진의 함상 공격기를 베이스로 개조한 기체를 사용하고 있다.

전자전의 유용성이 서서히 알려지기 시작한 1960년대 초반, A-3 스카이 워리어 함상공격기의 폭탄창을 개조하여 여압 캐빈을 설치하고, 전자기기와 승무원을 실을 수 있도록 개조한 EA-3B가 등장했는데, 1971년에는 그 후속으로, A-6 함상공격기의 동체를 늘려 4명의 승무원과 전자기기를 실을 수 있도록 대대적인 개조를 가한 EA-6B 프라울러 함상 전자 공격기가 개발되어 항모에 배치되었다. 프라울러의 승무원은 조종사 1명에 전자전 기기 조작원 3명으로 구성되어 있으며, 재밍 등의 전자전에 더해, 대 레이더 미사일인 HARM을 4발 탑재, 보다 적극적으로 적의 방공망을 무력화시키는 임무를 맡고 있다. 프라울러는 전자장비의 지속적인 업그레이드를 통해, 이미 40년 이상의 세월동안 현역의 자리에 있었으나, 얼마 안 있어 전부 퇴역할 예정이다.

프라울러의 후계로 2007년에 그 모습을 드러낸 EA-18G 그라울러는 F/A-18 슈퍼 호넷의 복좌형을 바탕으로 개발된 기체로, 높은 기동성과 자위 능력을 갖추고 있어서, 앞으로의 전자전을 담당할 주역으로 기대를 모으며 항모 배치가 진행 중이다.

전자전은 서로 속고 속이는 싸움이다

● 반복되는 재밍

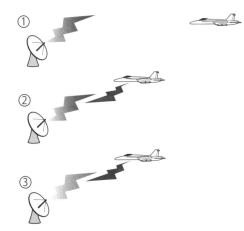

① 전자전기가 레이더가 설치되어 있는 적지에 침입.

② 적 레이더를 교란하는, 강력한 방해전파를 발신하여 재밍을 거는데, 이것을 ECM(Electronic Counter Measure)라고 한다.

③ ECM 공격을 당한 적은 레이더의 주파수나 전파의 강약을 조절하여 대항하는데, 이것을 ECCM(Electronic Counter-Counter Measure)라 하며, 이러한 공방이 둘 사이에서 계속 반복된다.

● 레이더를 공격하는 미사일

적의 레이더 파를 추적하여, 그 발신원을 공격하는 대 레이더 미사일을 사용한다.

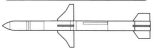

AGM-88 HARM(대 레이더 미사일)

함상전자전기

노스롭 그루먼 EA-6B 프라울러

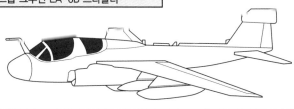

제식 채용 : 1971년　　　　　탑재 미사일 : 대 레이더 미사일 4발
최대 속도 : 약 1,000km/h　　　승무원 : 4명

● 출력으로 승부를 보는 전자전 → 적의 레이더를 교란하는 재밍(전파방해)은, 현재 레이더를 탑재하고 있는 항공기 대다수가 사용 가능한 전법이다. 하지만 레이더의 출력이 약한 경우에는 그다지 효과를 볼 수가 없기에, 전자전기는 레이더에 높은 출력을 제공할 만큼 여유가 있는 쌍발기가 주로 선택된다.

함상대잠초계기

항모의 최대 천적이라 할 수 있는 잠수함. 이러한 잠수함의 사냥을 전담하는 것이 바로 함상대잠초계기이다. 현재는 대잠 헬기가 이 임무를 담당하고 있다.

●잠수함을 탐지, 상공에서 공격한다

함상대잠초계기는 제2차 세계 대전 후반에 대서양에서 펼쳐졌던 헌터 킬러 전법에 그 기원을 두고 있다. 당시 미국과 영국의 호위 항모는, 대서양을 통과하는 수송선단을 노리던 U보트에 대항하기 위해 함재기를 이용한 반격을 시도했는데, 당초에는 함상전투기나 함상폭격기가 제각기 공격을 실시하는 식이었으나, 이윽고 팀을 짜게 되면서 보다 효율적으로 대처할 수 있게 되었다. TBF 어벤저 함상공격기의 폭탄창 부분을 개조하여, 동체 아랫면에 대형 색적 레이더를 설치한 TBF-W형이 해면으로 부상 중인 U보트를 탐지하면, 이를 전달받은 대잠 공격 사양의 TBF-S형이나 폭장을 한 F4F 와일드캣 전투기가 해당 해역으로 급행하여, 공격을 퍼부었던 것이다. 게다가 호위 항모와 함께 함대의 일원으로 행동하는 구축함들도 여기에 연동하여 움직였다. 이러한 헌터 킬러 팀은 다수의 U보트를 수장시키며, 항로의 안전을 지켜냈다.

전후에는, 잠수함을 탐지하는 능력과 대잠 공격 능력을 아울러 갖춘, 함상대잠초계기가 개발되었다. 바로, 쌍발 레시프로 엔진을 장비하고 있는 S-2 트래커였다. S-2 트래커는 수상 탐색 레이더와 **자기변화 탐지기**를 장비하고, 투하식 소나인 **소노부이**(Sonobuoy)을 탑재하고 있었으며, 공격용 대잠어뢰에 폭뢰, 로켓탄 등 또한 탑재하고 있었다. 트래커는 미국의 항모뿐 아니라, 일본의 해상자위대를 포함, 전 세계 15개국에서 사용되었다.

그 후계기로, 1974년에는 쌍발 제트 엔진을 탑재한 S-3 바이킹이 등장했는데, 오랜 세월에 걸쳐 미 항모 전단의 대잠초계임무를 담당했다. 또한 프랑스도 독자적으로 개발한 함상대잠초계기인 Br.1050 알리제를 사용했다.

하지만 21세기에 들어서면서, 대잠 헬기의 능력이 향상된 바에 힘입어, 항모를 비롯한 각종 함정에 탑재되는 대잠초계기는 전부 헬기로 교체된 상태이다. 현재는 미국이나 일본을 비롯한 많은 수의 국가에서 운용 중인 SH-60 시리즈나, 러시아의 Ka-27, 영국의 AW-101 등의 여러 종류의 대잠 헬기가 세계 곳곳의 항모나 헬기 탑재함에 적재되어 대잠초계임무에 종사하고 있다.

지금까지의 역대 함상대잠초계기

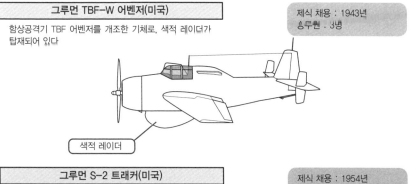

그루먼 TBF-W 어벤저(미국)

함상공격기 TBF 어벤저를 개조한 기체로, 색적 레이더가 탑재되어 있다

제식 채용 : 1943년
승무원 : 3명

색적 레이더

그루먼 S-2 트래커(미국)

수상 탐색 레이더에 더하여 기체의 꼬리부분에는 인입식 자기 변화 탐지기(MAD, Magnetic Anomal Detection) 붐이 설치되어 있다. 또한, 수면에 투하하여 사용하는 소노부이나 대잠 어뢰 등도 탑재한다.

제식 채용 : 1954년
승무원 : 4명

MAD 붐

투하식 소노부이

미쓰비시 SH-60K (일본)

시코르스키 SH-60 시리즈를 면허 생산했던 일본이 다시 독자적으로 이를 개량한 기체. 최신식 대잠전자장비와 어뢰에 더하여 헬파이어 II 공대함 미사일도 장착할 수 있니. 현 시점에서는 가장 발날된 대잠 헬기 가운데 하나라 할 수 있음.

제식 채용 : 2005년
승무원 : 4명

레이더 돔

용어해설

● **자기변화 탐지기** → MAD라 불리는 장치로, 지구의 정상적 자장에 잠수함 자체의 자장이 작용, 왜곡되는 현상을 이용하여 잠수함을 탐지한다. 이중에서 붐(Boom, 봉)형상을 하고 있는 것을 MAD 붐이라 한다.
● **소노부이** → 소나가 내장되어 있는 봉 모양의 부표. 항공기에서 해당 해역에 투하하여 사용한다.

함상수송기 · 구난기

항모의 운용을 지탱해주는 것 중 하나가 수송기나 구난기 등의 함재기이다. 겉보기엔 별다른 특색이 없어 보이지만, 이들 숨은 일꾼들의 존재 없이는 항모도 제 능력을 발휘할 수 없다.

●항모에 인력과 물자를 수송

주로 육지에서 멀리 떨어진 해상에서 작전을 펼쳐야 하는 항모에 있어, 인력과 화물을 운반해오는 수송기는 결코 빠져서는 안 될 존재로, 현재 미국의 슈퍼캐리어에는 C-2A 그레이하운드 수송기가 탑재되어 있다. C-2A는 조기경계기인 E-2C를 베이스로 개발된 함상수송기로, 최대 39명의 인원과 4.5t의 화물을 싣고 2,800km 이상의 거리를 비행할 수 있다.

또한, 대형 수송헬기도 함재 수송기로 사용되고 있다. 항속거리는 1,000km 정도이지만, 최대 8t의 물자를 운반할 수 있는 CH-53E나, 항속거리 1,370km에 최대 5.6t의 화물 운반이 가능한 AW-101 등이 대표적인 수송 헬기들이다. 또한 가벼운 화물이나 수 명 정도의 인원이라면 좀 더 체급이 작은 범용 헬기를 사용하는 경우도 많다.

현재 주목을 받고 있는, 헬기와 고정익기의 특성을 동시에 지닌 **틸트로터**기인 V-22 오스프리는 8t의 화물이나 24명의 인원을 싣고 1,700km 이상의 거리를 비행할 수 있는 능력을 지니고 있으며, 아직 항모 탑재기로 배치된 것은 아니지만, 가까운 장래에 함상 수송기 겸 **전투 수색 구난**기로 도입될 예정이다.

●범용 헬기가 담당을 겸하기도 하는 구난 임무

항모의 함재기 가운데 빼놓을 수 없는 또 하나의 존재가 바로, 구난 헬기이다. 해면 위를 호버링하며 조난자를 끌어 올리는 등, 오직 헬기로밖에는 할 수 없는 움직임 때문에, 함재기의 이착함 시에는 반드시 사전에 공중 대기를 하며 만에 하나 일어날 수 있는 사고에 대비하고 있다. 항모에 있어, 없어서는 안 될 중요한 존재인 것이다.

미국의 MH-60S나 서유럽 공동 개발 기체인 NH-90으로 대표되는 범용 헬기는 구난기로 활동하는 것은 물론, 수송이나 연락, 초계 임무에 이르기까지 다양한 용도로 사용되고 있는데, 예를 들어 미국의 슈퍼캐리어의 경우, 대잠 헬기를 포함하여 항상 8~15기의 헬기를 탑재, 여러 가지 임무에 투입하고 있는 모습을 볼 수 있다.

함상수송기

그루먼 C-2A 그레이하운드(미국)

제식 채용 : 1966년
승무원 : 3명
항속 거리 : 약 2,800km
탑재량 : 약 4.5t

조기경계기인 E-2C의 기체를 베
이스로 개발된 함상수송기.

벨 · 보잉 V-22 오스프리(미국)

제식 채용 : 2007년
승무원 : 4명
항속 거리 : 약 3,590km
탑재량 : 약 9t(내부 수납)
／ 6.8t(외부 슬링)

이착륙 시에는 로터를 위로 올려
수직/단거리 이착륙을 실시하며,
비행 시에는 로터를 전방으로 돌
린다. 항모 수납 시에는 주익과
로터를 접을 수 있도록 되어 있는
것도 특징

주익

로터

비행 시
전방으로 회전

구난 및 수송 임무에 종사하는 범용 함재 헬기

시코르스키 MH-60S 나이트호크(미국)

제식 채용 : 2002년
승무원 : 2명
탑재량 : 약 4.5t 또는
11명의 인원 탑승

미 해군의 신형 함재 범용 헬기.
수송과 구난 임무 양쪽 모두에서
사용되고 있다.

용어해설

● **틸트로터** → 로터의 방향을 수직 상방에서 전방으로 90도 회전 가능한 기구. 수직 이착륙이 가능한 헬기의 특성과 장거
리 비행의 효율이 우수한 고정익기의 장점을 동시에 갖추고 있다.
● **전투 수색 구난** → 적 세력권에 불시착한 아군을 구난하는 임무.

과연 항모에서 대형기를 이함시킬 수 있을까?

보통 함재기하면 콤팩트한 소형기라는 이미지가 강하지만, 미국의 항모에서는 여태까지 몇 차례인가 대형 기체를 운용하기 위한 시도가 이루어져 왔다. 이 가운데 가장 유명한 예라면 2차 대전 당시, 둘리틀 특공대가 실시한 도쿄 공습을 들 수 있을 것이다.

대전 개전 직후, 일본 측의 기습으로 각지에서 수세에 몰려 있던 미군은 자국 내의 염전 분위기를 불식시키고자, 일본 본토에 대한 공습을 계획했다. 하지만 당시의 미 해군에는 그만한 장거리 비행능력을 가진 기체가 없었기에 육군 항공대가 사용하던 노스롭 아메리칸 B-25 미첼 폭격기를 개조하여, 항모에서 이함시키는 방법을 생각해냈다. 연료 탱크의 용량을 늘리고, 기체를 조금이라도 더 가볍게 만들어 항속거리의 연장을 꾀했다. 하지만 어디까지나 항모에서의 이함만이 가능한 개조였기에, 공격을 실시한 후에는 일본 열도를 지나, 중국 대륙에 착륙하는 방법으로 기습 공격을 실현시켰다. 크레인을 이용하여 항모「호넷」의 비행갑판에 탑재된 16기의 B-25 폭격기는 1942년 4월 18일, 일본 본토에서 약 1,200km 떨어진 태평양의 해상에서 이함하여, 도쿄를 비롯한 각지에 공습을 가했다. 이후 폭격을 마친 16기 가운데 15기가 중국에 도착했으며 나머지 1기는 소련에 불시착했는데, 계산해보면 대략 3,000km 이상의 거리를 비행했다는 결론이 나온다. 하지만 예정했던 중화민국 세력권 내의 비행장 착륙은 실패하여, 낙하산으로 승무원들이 탈출하거나 불시착하는 등, 작전에 참가했던 기체는 모두 손실되고 말았다.

전후에도 미 해군은 중~대형기의 항모 운용을 계속해서 시도했다. 이 계획의 실현을 위해 함교 없이 광대한 비행갑판이 설치된 대형 항모「유나이티드 스테이츠」를 계획했으나, 기공을 시작한 지 불과 5일 만에 계획이 취소되고 말았는데, 일설로는 군의 예산 배분을 둘러싼 각 군의 알력 다툼에서 해군 측이 대형 전략 폭격기를 운용하는 공군에 패한 결과라는 이야기도 전해져 온다. 하지만 그 직후 한국전쟁이 발발, 항모가 실전에서 그 실력과 유용성을 다시 증명하면서, 후에 슈퍼캐리어라 불리게 되는「포레스탈」급의 건조가 진행되었다.

1963년에는 항모에 대한 해상 보급의 필요성에 따라, 초도함인「포레스탈」에서 전술수송기인 록히드 C-130 허큘리스의 이착함 실험이 실시되었으며, 이 실험은 멋지게 성공했다. 단거리 이륙 성능이 우수했던 C-130F는 화물을 만재한 상태에서 캐터펄트나 어레스팅 후크를 사용하지 않은 채, 325m의 비행갑판에 이착함할 수 있었다고 한다. 4기의 터보프롭 엔진을 장착하고, 전장 29.8m, 전폭 40.4m의 크기를 자랑했던 C-130 허큘리스는 이 실험으로, 항모에서 뜨고 내린 사상 최대의 항공기로 남게 되었다. 하지만, 일단 실험에는 성공했다 하나, 항모에서 사용하기에는 지나치게 크다는 것이 문제였으며, 이 직후에 E-2C 함상조기경계기의 기체를 베이스로 개발된 그루먼사의 C-2 그레이하운드 함상수송기가 등장, 운용이 개시되면서 C-130F의 함상 이착함은 이 실험을 끝으로 더 이상 실행되지 않았다. 참고로 E-2C / C-2는 전장 17.3m에 전폭 24.6m로 B-25(전장 16m, 전폭 20.6m)보다는 훨씬 큰 기체이다.

여담이지만, 뉴욕 맨하탄에 위치한 인트리피드 해상 항공 우주 박물관은 에식스급 항모였던「인트리피드(USS Intrepid)」를 계류, 보존한 곳으로, 각종 항공기가 전시되어 있는데, 2012년에는 인트리피드의 스페이스 셔틀인「엔터프라이즈」호가 전시품 목록에 추가되어, 비행갑판 위에 전시되었다. 물론 이착함이 가능할 리는 만무하겠지만, 78t의 무게가 나가는 스페이스 셔틀은 지금까지 항모 위에 올려졌던 항공기 가운데 가장 무거운 것일지도 모른다.

제4장
항모의 임무와
그 운용

초창기의 항모에 부여되었던 역할

초창기의 항모에 부여된 주요 임무는 정찰이나 관측이었지만, 점차 항모의 대형화가 진행되면서 적함의 파괴를 기대할 수도 있게 되었다.

●항모의 임무는 전함의 보조로 시작되었다.

항모가 초창기에 맡았던 임무는 정찰과 탄착 관측이었다. 정찰이라 함은 적 함대를 찾아다니거나(색적), 적의 기지나 육군 부대의 동태를 살피는 것을 말한다. 항공기는 시계는 물론 속도도 극히 제한되어 있는 수상함과는 비교도 안 될 정도로 넓은 범위의 색적이 가능하여, 잠수함 경계 임무도 수행하였다. 그리고 또 하나의 임무인 탄착 관측은, 아군 전함이 포격을 개시했을 때 적함 가까이 까지 접근하여 정확한 포격이 이뤄지도록 지시하는 임무이다. 특히, 전함의 포격 사정거리가 점차 연장되면서, 수평선 너머까지 포탄이 도달하게 되고부터는 항공기를 이용한 탄착 관측이 필수가 되었던 것이다. 미 해군에서 항모의 함종 기호 표시로 사용되고 있는 「CV」는 항공기를 탑재하는 순양함을 의미한다고도 하는데, 순양함이란 넓은 해역을 경계하기 위한 함종이며, 항모는 거기에 준하는 함정으로 취급한다는 의미로도 이해할 수 있을 것이다.

항공기에 폭탄이나 어뢰를 장비시키고, 이러한 무기들을 사용해 적 함선을 공격한다고 하는 아이디어도 각국에서 연구가 진행되고 있었다. 하지만, 아직 탄생한 지 얼마 되지 않았던 당시의 항모는 기술적인 면에서도 함선의 크기 면에서도 미성숙한 상태였기에, 항모를 적함의 공격에 사용한다고 하는 사상은, 1920년대까지는 널리 인정받지 못하고 있었다. 하지만 얼마 뒤, 이러한 인식에도 변화가 찾아오게 되는데, 그 계기 가운데 하나로, 주요 열강들의 주력함(당시는 전함이나 순양전함이 해군의 주력으로 인식되던 시대였다)의 보유량을 제한한 **워싱턴 해군 군축조약**을 들 수 있을 것이다. 이 군축 조약의 체결로 주력함의 신규 건조가 금지되었는데, 일본과 미국은 건조 도중이었던 주력함의 선체를 전용하는 식으로 대형 항모를 완성시켰고, 뜻하지 않게 다수의 항공기를 탑재할 수 있는 여러 척의 대형 항모를 손에 넣게 된 양국은 암중모색으로 각종 실험과 연습을 거듭하며, 항모의 효과적 운용법을 체득해나갔다. 그리고 마침내 1930년대에 들어서서는 항모 탑재기를 이용한 함선 공격과, 항모를 이용한 함대 방공의 가능성에 눈을 뜨게 되었던 것이다. 특히 일본의 경우 워싱턴 해군 조약에 의해 '열세를 강요'받게 된 주력함 전력을 어떤 식으로라도 만회해야 할 필요가 있었기에, 항모 전력으로 적의 주력함을 격파하는 전술을 구상하게 되었다.

초창기의 항모에 부여되었던 역할

역할 1　　정찰과 탄착 관측

수상함의 시계와 속도에는 제한이 있었기에
극히 좁은 범위의 상황밖에 파악할 수 없었다.

함재기를 사용하면서, 정찰 가능한 범위가
비약적으로 확장되었다.

역할 2　　아군 주력함 전력의 열세를 보완

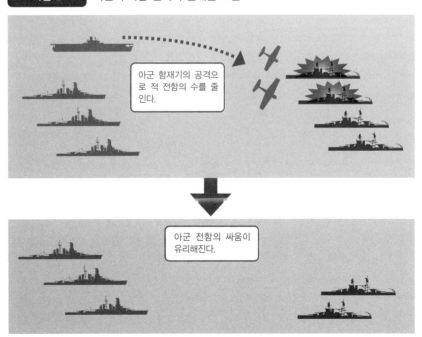

아군 함재기의 공격으로 적 전함의 수를 줄인다.

아군 전함의 싸움이 유리해진다.

용어해설

● **워싱턴 해군 군축조약** → 제1차 세계 대전이 끝난 뒤, 열강 사이에서 일어난 해군 확장 경쟁에 제동을 걸기 위해 맺어진 조약. 일본의 경우, 기준배수량으로 따진 전함의 보유 비율이 영국이나 미국 대비 6할이라는 제한을 받았기에, 여기에 기인한 수적 열세를 만회하기 위해, 아직 미개척 분야였다고 할 수 있는 항모나 전력 비율의 제한이 없었던 보조함 전력의 확충에 힘을 기울였다.

항모는 움직이는 항공 기지?

항모는 기능적으로, 그리고 그 전력의 측면에서도 육상의 항공기지에 필적하는 능력을 지니고 있다. 또한 움직일 수 없는 기지와 달리, 얼마든지 이동 가능한 항모에는 엄청난 이점이 있었다.

●항모와 육상 기지의 차이

항모는 단순히 함재기를 이착함시키는 것에 그치지 않고, 탄약과 연료를 보급하며, 정비를 실시하여 항상 그 능력을 발휘할 수 있는 상태를 유지하게끔 해준다. 이러한 점에서 본다면 육상의 항공 기지와 거의 다를 바가 없는 것이다. 하지만, 이러한 항모와 육상 기지의 중요한 차이점이 있다면 그것은 바로 항모가 이동할 수 있다는 점이다. 기지에서 출격하는 항공기는 기체의 항속거리 안에서밖에 활동할 수 없으나, 이와 달리 이동 가능한 항모에서 출격한 함재기들은 전 세계의 해역과 연안 지역에서 활동할 수 있다는 장점이 있다. 이 덕분에 항모를 보유한 국가들은, 현지에 기지가 없더라도, 전 세계의 분쟁지역 어디라도 자국의 항공 전력을 전개시킬 수 있으며, 이를 통해 적대 세력에 폭격을 가하거나 분쟁지역에서 행동하는 부대, 또는 분쟁 지역에 상륙하는 부대에 항공 지원을 해줄 수 있는 것이다. 현대의 미국, 영국, 프랑스 군이 세계 각지의 안전 보장에 기여하고 있는 것은 이들 국가가 보유하고 있는 항모가 있었기에 가능한 일이라 할 수 있겠다.

물론 육상 기지에서 발진하는 항공기의 경우도, 그것이 장거리를 비행할 수 있는 폭격기라고 한다면, 분쟁 지역에 전력을 투사하는 것이 불가능한 일은 아니다. 하지만 폭격기가 분쟁지역까지 비행해야 하는 경우 시간이 걸리기에, 작전의 유연성이 떨어진다는 단점이 있다. 게다가 폭격을 실시하기 위해서는 먼저 적의 공군 전력이나 지상 방공망을 돌파할 필요가 있기에, 둔중한 폭격기를 출격시키기에는 여러 가지 제약이 따르며, 항모 함재기의 지원도 있어야 할 것이다. 본국에서 떨어진 연안 지역에서 자국의 군사력을 유효하게 살리기 위해서는 역시 항모와 그 전력이 필수인 것이다.

육상 기지에 비해 크기가 작은 항모이지만, 미 해군의 항모는 48기 전후의 전투기, 또는 공격기를 탑재하고 있으며, 이는 일본의 항공자위대를 포함, 어지간한 국가의 공군 기지와 비교해보더라도 결코 밀리지 않는 전력이다. 그리고 항상 같은 위치에 고정되어 있는 육상 기지와 달리, 항상 이동하는 항모는 그 위치를 파악하기 어렵고, 이러한 점으로 인해 항모에서 실시되는 공격은, 그 시기나 위치를 특정하기가 까다롭다는 장점을 지닌다. 언제 어디에서 공격이 날아올지 잘 모르는 상태에서, 갑작스럽게 공격을 받을 수밖에 없기 때문이다. 또한 이동이 불가능한 육상 기지의 경우, 적 항공기나 미사일 공격의 목표가 되기 쉬우나, 항모는 이동능력이 있어 쉽게 공격을 받지 않는다는 이점을 지니고 있기도 하다.

항모는 움직이는 항공기지?

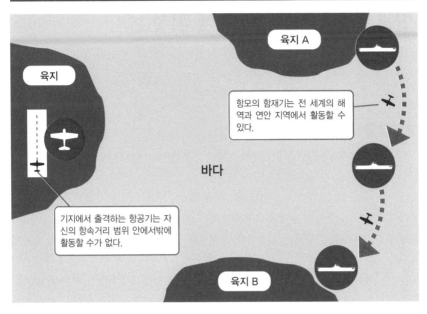

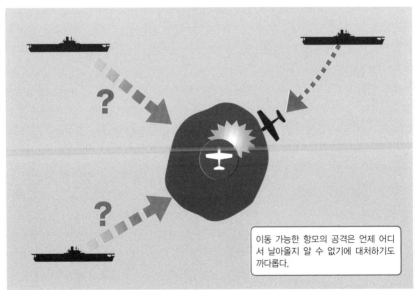

단편 지식

● **항공자위대의 항공 기지** → 대부분의 경우, F-15나 F-2로 구성되는 2개 비행대가 배치되어 있다. 각 비행대의 배치 정수는 18기로, 2개 비행대를 합쳐도 36기밖에는 되지 않으므로, 미국의 항모 항공단의 적수는 되지 못한다.

항모를 중심으로 한 함대 편성

항모와, 항모를 호위하는 수반함들이 모여 함대가 편성되는데, 이러한 함대는 「기동함대」나 「임무함대」, 또는 「항모 타격 전단」이라는 이름으로 불려왔다.

●항모를 중심으로 한 함대 편성

초창기 항모의 역할은 정찰을 비롯한 전함의 보조였는데, 이 때문에 당시에는 전함이나 순양함을 중심으로 한 함대에 1척씩 배치하는 것이 일반적인 방식이었다.

일본의 경우, 각 1931년과 1937년에 일어난 제1차, 제2차 상하이사변과 중일전쟁에서 복수의 항모를 실전에 투입, 항공 작전을 실시한 경험을 통해 항모 2척의 페어를 구성, 여기에 다수의 수반함을 편성한 「항공전대」를 편성하게 되었다. 당시는 아직 항공기에 탑재 가능한 소형 고성능의 무전기와 위치 측정 장치가 없었기 때문에 함재기가 공중에서 합류하는 것이 어려웠으며, 따라서 대규모 편대를 짜기 위해서는 복수의 항모가 한데 모여 행동을 할 필요가 있었던 것이다. 일본 해군은 이후에도 항모의 집중 운용을 진행, 주력 항모 4척과 호위함들로 구성된 「제1 항공함대」를 편성했다. 실제 작전에 들어갔을 경우에는 여기에 전함이나 순양함 등이 호위로 추가되었으며, 이를 보조하는 유조선도 합류했다. 일본 측에서는 이를 「**기동부대**」라 불렀으며, 이후 벌어지는 태평양전쟁에 있어, 일본 해군의 기본적인 항공 함대 편성이 되었다.

대전 이전의 미국은 항모를 순양함에 준하는 함종이라 생각하고, 순양함대에 항모 1척을 배치했다. 태평양전쟁 초기도 기본적으로는 동일했으나, 일본 해군에 비해 열세였던 점도 있어, 항모를 1~2척으로 분산시킨 뒤, 각각의 항모에 순양함 등의 호위함을 붙인 함대를 편성했으며, 이를 「항모임무군(Task force)」이라 불렀다. 미군이 대규모 편성의 항모 부대를 편성한 것은, 대전 후반에 들어 다수의 항모가 전열에 합류하고 나서의 일이다.

한편, 선단 호위의 경우, 항모 1척만으로 임무를 수행하는 일이 많았으며, 지상 지원을 실시할 경우에도 주력부대의 항모와는 떨어져서 행동하는 경우가 많았다.

전후, 핵무기의 시대에 들어서면서, 1발의 핵병기에 밀집한 함대가 전멸할 가능성을 피하기 위해, 다시 항모를 분산하여 운용하는 방식으로 회귀하게 되었다. 현대 미국의 「항모 타격 전단」이라 불리는 항모 부대는, 1척의 항모를 이지스 순양함 1척, 이지스 구축함 2척, 그리고 1~2척의 원자력 잠수함이 호위하는 편성으로 이루어져 있다.

항모를 중심으로 한 함대 편성

● 복수의 항모를 한데 묶은 편성

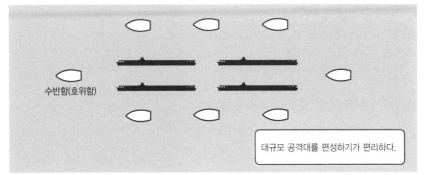

수반함(호위함)

대규모 공격대를 편성하기가 편리하다.

● 항모를 1척씩 분산 편성

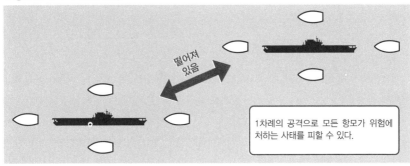

떨어져 있음

1차례의 공격으로 모든 항모가 위험에 처하는 사태를 피할 수 있다.

● 현대 미 해군의 항모 타격 전단

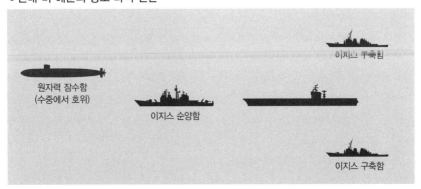

원자력 잠수함
(수중에서 호위)

이지스 순양함

이지스 구축함

이지스 구축함

용어해설
● **기동부대** → 대전 이전의 일본 해군에서는, 전함으로 편성된 주력부대와 대비되는 의미로, 고속을 낼 수 있는 소형 함 정들로 편성된 부대를 이렇게 부른 적이 있었다. 전쟁 직전에 나구모 주이치 중장이 이끌던 항모 부대를 기동 부대라고 부른 것이, 항모 부대를 기동 부대라 부른 최초의 예라고 한다. 이후, 기동 부대라는 말은 항모 부대를 가리키는 대명사 처럼 사용되었다.

항모의 천적은?

항모는 군사적으로 대단히 중요한 존재이다. 이 때문에 가장 먼저 적의 표적이 되며, 적대 세력 측에서는 온갖 수단을 동원하여 항모를 공격하려 한다.

●항모의 적은 공중과 수중에서 온다

당연한 얘기겠지만, 군사적으로 대단히 큰 가치를 지니는 항모는, 적의 우선 공격 목표가 된다. 하지만 항모는 2차 피해에 대단히 취약한 존재이다. 항모에는 함재기용 탄약이나 연료를 비롯한 위험물이 대량으로 적재되어 있어, 적의 공격 등으로 입은 피해가 확산될 경우, 함 전체가 위험에 빠질 가능성이 있기 때문이다. 또한 데미지 컨트롤을 통해 피해를 최소한으로 막았다고 하더라도, 비행갑판이 손상되거나 함이 제 속도를 낼 수 없게 될 경우, 항모로서의 기능을 잃고 만다. 항모의 주된 적이라면 항공기와 미사일, 그리고 잠수함을 들 수가 있다.

제2차 세계 대선기의 항공기는, 육안으로 적 항모를 확인한 뒤, 탑재하고 있던 폭탄이나 어뢰로 공격했지만, 현대의 항공기는 눈으로 포착할 수 없는 원거리에서 대함미사일을 발사하여 공격을 실시한다. 대함 미사일은 항공기뿐만 아니라 수상함이나 잠수함에서도 발사되며, 정밀한 유도장치를 통해 항모를 향해 날아가는데, 심지어는 해면에 가까이 아슬아슬한 고도로 비행하여 방공 시스템의 사각을 파고들거나, 단번에 대량의 대함 미사일을 발사하여 방공 시스템에서 미처 처리하지 못하도록 만드는, 이른바 **포화공격**(飽和攻擊)을 실시하는 식으로 운용되기도 한다.

한편, 바닷속에는 잠수함이라는 천적이 도사리고 있다. 잠수함에서 발사하는 어뢰는 대형이고 작약량이 커서, 단 1발이라도 명중하는 날에는 큰 피해를 입게 되며, 2차 대전 당시의 사례를 찾아보더라도, 잠수함의 어뢰 공격으로 격침된 항모가 다수 존재하는 것을 알 수 있다. 또한 연안 부근 해역이나 비교적 좁은 해역의 경우, 기뢰 또한 큰 위협이다. 특히 전략적으로 중요한 해역인 페르시아 만과 그 주변의 경우, 미국과 그 동맹국에 적대하는 세력이나 테러리스트 등이 기뢰를 부설했을 가능성이 있기도 하다.

여기에 더해, 최근 들어 새로이 위협으로 부상한 것으로는, 중국이 개발 중이라고 하는 대함 탄도 미사일을 들 수 있을 것이다. 이것은 항시 이동 중인 함선을 노리기 위해 각종 센서를 장착한 탄도 미사일로, 고공에서 초음속으로 낙하해 내려오기 때문에 요격하기가 까다롭다. 탄도 미사일을 요격할 수 있는 함정은 이지스 함, 그 중에서도 일부밖에 없으므로, 이것이 실용화된다면 새로운 항모의 천적이 될 것이다.

항모의 천적은?

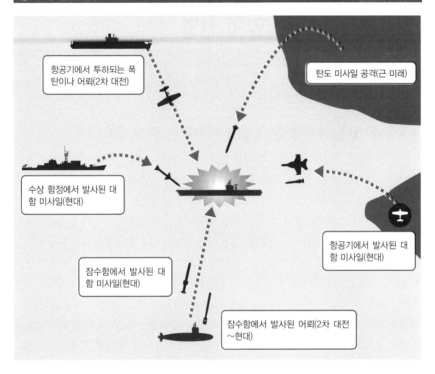

- 항공기에서 투하되는 폭탄이나 어뢰(2차 대전)
- 탄도 미사일 공격(근 미래)
- 수상 함정에서 발사된 대함 미사일(현대)
- 항공기에서 발사된 대함 미사일(현대)
- 잠수함에서 발사된 대함 미사일(현대)
- 잠수함에서 발사된 어뢰(2차 대전 ~현대)

● 제2차 세계 대전 기간 중 항모의 주요 상실 원인

		항공기에 의한 공격		잠수함에 의한 공격
		폭탄만을 사용	폭탄 및 어뢰를 사용	
●	일본	「아카기」, 「카가」, 「소류」, 「히류」	「히요」, 「즈이가쿠」	「쇼가쿠」, 「다이호」, 「시나노」, 「운류」
🇺🇸	미국		「렉싱턴」, 「요크타운」, 「호넷」	「와스프」
🇬🇧	영국			「이글」, 「커레이저스」, 「아크로열」

이 외에 영국의 「글로리어스」의 경우는 포격으로 격침되었으며, 일본의 항모는 폭격에 취약했다는 점과, 영국 항모의 천적이 잠수함이었다는 것을 알 수 있다.

※최종적으로는 아군에 의해 처분되거나 다른 공격으로 마무리를 지었던 경우도 있으나, 여기서는 해당 함선이 상실된 최대 원인에 따라서 분류하였다.

용어해설

● **포화공격** → 구 소련군이 미군의 항모를 격파하기 위해 고안해낸 전법. 수상함과 잠수함, 항공기가 미 해군 항모를 향해 일제히 대함 미사일을 발사, 이를 통해 항모를 호위하는 수반함들의 방공 능력에 과부하를 걸 수 있을 것이라 기대되었으며, 미국 측에서는 이에 대응하고자 이지스 체계를 개발하였다.

항모를 보호하는 함대 진형

제2차 세계 대전이 시작될 무렵에는 여러 가지 함대 진형이 있었으나, 대전 후기를 거쳐 현대에 들어서면서부터는 최대의 위협이라 할 수 있는 항공기 또는 미사일의 위협에 대비한 진형이 일반적이다.

●호위를 맡은 수반함을 어떻게 배치하는 지가 중요하다

　함포나 어뢰를 이용해 전투를 수행하는 군함은, 1열이나 2열정도의 종대 진형으로 항해하는 것이 보통이었다. 하지만 항모 부대의 경우, 항모를 적으로부터 지키는 것을 우선으로 한 진형으로 움직였다. 2차 대전기에는 수반함이 전방 경계도 같이 담당하고 있었기에, 경계와 방어라는 2가지 관점에 입각, 상황에 맞춰 여러 가지 진형을 구분해서 사용했다.

　적의 수상함이나 적국의 상선에 대한 경계 임무 시에는 아군 항모의 모습이 노출되기 전에, 먼저 상대를 발견할 필요가 있었기 때문에 수반함 가운데 일부를 항모보다 훨씬 앞에 전개하는 진형을 취했다. 2차 대전 당시의 잠수함은 속도가 느려 항모를 적극적으로 추격하는 것이 무리였기에, 매복을 주요 전법으로 삼았다. 따라서 항모 부대는, 주로 전방 경계에 집중하면 문제가 없다는 점을 이용하여, 잠수함을 경계해야 할 경우에는 수 척의 수반함을 항모 전방에 횡대로 배치했다. 이것을 '스크린'이라 불렀는데, 그저 한 겹의 스크린으로는 적 잠수함을 놓칠 위험이 있었기에, 스크린을 2중으로 치거나 수반함을 지그재그로 배치하여 잠수함을 놓치지 않도록 여러 아이디어를 짜내기도 했다. 또한 항모 옆에도 수반함을 배치, 유사시에 어뢰공격으로부터 항모를 지키는 '방패'로 삼았다.

　태평양 전쟁이 시작되고, 항공기가 해전의 주역으로 떠오르면서 여기에 대응하기 위한 진형이 태어났다. 항공기에 의한 공격은 어느 방향에서 이루어질지 알기 어려운 경우가 많았기 때문에, 항모 부대는 전방위를 경계해야 했다. 이 때문에 항모를 중심으로, 동심원을 그리듯 호위함들을 배치했는데, 이러한 진형을 윤형진(輪型陣, ring formation)이라 부른다. 항모 가까이에는 전함, 중순양함, 방공 순양함 등 다수의 대공 화기를 탑재한 함선을 배치했는데, 이들 수반함은 항공기의 공격을 받더라도 회피하지 않고 끝까지 진형을 유지하며, 날아오는 적 항공기로부터 항모를 지키는 방패가 되었다. 이 외에 좀 더 빨리 적을 발견하기 위해, 1척 내지 2척의 수반함을 진형 외측에 배치하는 경우가 있는데, 이를 피켓함(Picket ship)이라 부른다.

　현대에는 잠수함에서도 미사일 공격을 하는 경우가 많은 관계로, 항모 부대는 공중으로 날아오는 공격에 적합한 윤형진을 취하는 경우가 대부분이다.

항모를 지키기 위한 함대 진형

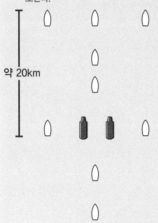

2차 대전 당시의 대수상함 경계 진형의 예

수반함들 가운데 일부가 항모보다 훨씬 앞에 나서서 적의 눈으로부터 항모를 보호한다.

약 20km

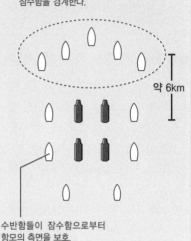

2차 대전 당시의 대잠수함 경계 진형의 예

다수의 수반함들이 항모 전방에 전개하여 잠수함을 경계한다.

약 6km

수반함들이 잠수함으로부터 항모의 측면을 보호.

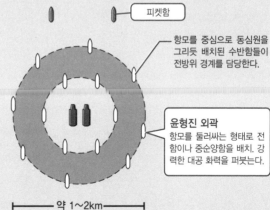

2차 대전 당시의 대공 경계 진형의 예(윤형진)

피켓함

피켓함은 함대 진형에서 전방으로 돌출한 위치에 있는 관계로, 적의 공격을 받기 쉬우며, 실제로 2차 대전 당시 가미카제 공격에 가장 많은 피해를 봤던 것도 이들 피켓함이었다. 또한 전후에 벌어진 포클랜드 전쟁 당시 엑조세 미사일에 격침당했던 영국의 구축함 「셰필드」도 피켓함 임무를 수행 중이었다.

항모를 중심으로 동심원을 그리듯 배치된 수반함들이 전방위 경계를 담당한다.

윤형진 외곽
항모를 둘러싸는 형태로 전함이나 중순양함을 배치. 강력한 대공 화력을 퍼붓는다.

약 1~2km

단편 지식

● **피켓함** → 피켓(picket)이라는 것은 영어로 「말뚝」이란 뜻으로, 말뚝을 박고 울타리를 쳐서 적의 침입을 막았던 것에서, 전방에서 망을 보는 일을 이렇게 부르게 되었다. 노동쟁의 관련으로, 조합원들이 효과적인 쟁의행위를 위해 사업장의 입구 등에서 파업파괴자들이 들어오지 못하도록 막고 감시하는 행위를 「피케팅(picketing)」이라 하는데, 이 또한 여기서 유래한 말이다.

항모를 보호하는 전투기

항모를 발진한 함상전투기는 대공화기가 닿지 않는 원거리에서 적을 요격, 상공으로부터 날아오는 위협을 사전에 제거한다.

●항모를 지키는 제1선의 방패

항모를 지키기 위해서는, 적을 항모에 접근시키지 않는 것이 최선의 방법이다. 따라서 상공으로부터 엄습해오는 위협의 경우, 함상전투기를 발진시켜 항모 쪽으로 다가오는 적을 격추시키는 것을 통해 해결하는 것이 제일이라 할 수 있을 것이다. 하지만, 아무리 운동성이 뛰어난 전투기라 해도, 적을 발견한 뒤에 발진시켜서는 제대로 타이밍을 잡을 수가 없다. 그래서 미리 발진시킨 전투기가 함대 주위를 경계하게 되는데, 이것을 전투 공중 초계(CAP)라 부르며, 대전 당시의 일본 해군은 이러한 임무에 종사하는 기체를 직위(直衛) 전투기라 불렀다. 전투 해역에 진입한 항모는 전투기를 교대로 발진시켜, 항상 상공에 전투기를 띄우고 있었다.

2차 대전 당시, 레이더가 없는 경우 적을 육안으로 발견할 수밖에 없었는데, 이 때문에 곧바로 적기를 포착할 수 있도록, 제로센과 같이 운동성능이 높은 함상전투기를 배치하는 식으로 대비를 했지만, 우수한 레이더를 갖추지 못했던 일본 해군은 미드웨이 해전에서 끝내 미군 함재기의 접근을 허용하고 말았다. 저공으로 접근한 뇌격기의 요격에 집중하다가 고공에서 침입해온 급강하폭격기에 미처 대응하지 못했던 것이다.

미국은 누구보다 먼저 고성능 레이더를 도입, 대전 후반기에 이르면, 내습해오는 일본군 항공기의 고도나 속도, 편대 규모 등을 항모에서 한참 떨어진 거리에서도 탐지 가능했으며, 덕분에 미 해군은 상황에 맞춰 전투기를 배치, 최적의 고도와 위치에서 일본군의 항공기들을 요격할 수 있었다.

현대의 항모는, 조기경보기나 조기경보헬기를 탑재하고 있으며, 항모에서 아득히 멀리 떨어진 전방에서 날아오는 적기나 적 미사일을 탐지, 전투기의 요격 임무를 지원하고 있다.

여기에 최근에는 이지스 시스템과 같이 원거리에서 적을 요격 가능한 대공 시스템이 보급된 것도 있어, 항모의 방어에서 전투기가 차지하는 비중이 전에 비해서는 많이 줄어든 상태이다. 또한 미국의 F-14 함상전투기마저 퇴역하는 등, 순수하게 제공임무를 맡는 함상전투기는 사라지고 있는 추세이며, 이를 대신하여 F/A-18 전투공격기와 같은 멀티롤 기체가 함재기의 주류를 차지하고 있는 중이다.

항모를 지키는 전투기

● 2차 대전 당시의 윤형진

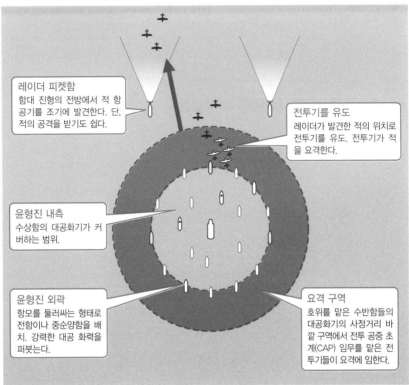

레이더 피켓함
함대 진형의 전방에서 적 항공기를 조기에 발견한다. 단, 적의 공격을 받기도 쉽다.

전투기를 유도
레이더가 발견한 적의 위치로 전투기를 유도. 전투기가 적을 요격한다.

윤형진 내측
수상함의 대공화기가 커버하는 범위.

윤형진 외곽
항모를 둘러싸는 형태로 전함이나 중순양함을 배치. 강력한 대공 화력을 퍼붓는다.

요격 구역
호위를 맡은 수반함들의 대공화기의 사정거리 바깥 구역에서 전투 공중 초계(CAP) 임무를 맡은 전투기들이 요격에 임한다.

● 현대의 방공 임무

현대에는 (레이더)피켓함 대신, 조기경보기 또는 조기경보헬기가 함대의 전방에서 경계 임무를 수행하며 아군 전투기에 데이터를 송신한다.

단편 지식

● **적을 육안으로 발견** → 레이더가 없었던 시대에는, 오로지 육안과 이를 보조하는 망원경, 쌍안경에 의지할 수밖에 없었으며, 이 때문에 시력이 매우 중요했다. 2차 대전 당시의 공중전에서 활약한 에이스 파일럿 중에서도 경이적인 시력을 자랑했던 사람들이 많았고, 시력이 좋은 파일럿이 편대장 대신 편대를 지휘했던 경우도 있었다고 한다.

항모를 보호하라! – 대공 임무

2차 대전 당시, 적 항공기의 위협으로부터 항모를 보호했던 대공 병기의 중심은 대공포와 기관포였다. 그리고 현대에 들어와서는 대공 미사일이 그 자리를 차지하였다.

●탄막, 근접 신관에서 대공 미사일로

2차 대전까지는, 대공포와 기관포만이 적 항공기에 대항하기 위한 수단이었다. 대공포로는, 12.7cm 전후의 구경을 가진 포가 사용되었는데, 여기서 발사된 포탄은 고도 8,000~10,000m까지 도달하여 적기를 원거리에서 영격했다. 기관포의 경우는 20~40mm 구경의 것들이 사용되었는데, 이쪽은 5,000m 이하로 다가온 적을 영격하기 위해 불을 뿜었다. 항모와 항모의 수반함에는 이러한 대공 화기들이 대량으로 탑재되어, 내습해오는 적기를 맞아 탄막을 펼쳤다. 탄막이라는 것은 개개의 명중률을 기대하지 않고, 단시간에 대량의 포탄을 퍼붓는 것을 말하는데, 이때 군이 명중하지 않더라도, 포탄이 날아오거나, 날아온 포탄이 작렬하는 탓에, 적 항공기는 정확한 공격을 할 수가 없게 된다.

대공포의 포탄에는 일정 거리를 날아가면 작렬하는 시한 신관이 사용되었다. 이 시한 신관은 전투에 들어가기 전에 설정을 하게 되는데, 아군이 관측한 적기의 위치와 속도를 통해 산출한 데이터를 가지고 설정이 이뤄졌기에, 명중률이 썩 좋은 편은 아니었다. 하지만 미국에서 개발한 근접신관, 일명 VT 신관은 이런 상황을 완전히 일변시켰다. 이것은 신관에서 발신된 전파가 적기에 반사되어 돌아오는 것을 탐지, 신관을 기폭시키는 것으로, 이 신무기의 등장으로 대공포의 명중률은 비약적으로 향상되었다.

현대에는 적기가 항모의 상공에 나타나는 일이 없는 대신, 대함 미사일이 새로운 위협으로 등장했으며, 이를 요격하기 위한 무기로, 기존의 대공포 대신 대공 미사일이 주력의 자리를 차지했다. 현재는 미국의 **이지스 시스템**으로 대표되는, 동시에 다수의 목표를 요격 가능한 대공 시스템을 갖춘 수반함들이 항모의 호위를 담당하고 있다.

대함 미사일은 항공기, 수상 함정, 잠수함 등 다양한 플랫폼에서 발사되며, 저공을 고속으로 비행하여 접근하기에 전방위적 방어가 필요하게 되었다. 이 때문에 발사하는 모함이나 모기를 발사 전에 격파하거나, 전자정찰기가 적의 미사일이 발신하는 전자파, 또는 미사일을 유도하는 전파를 탐지하는 등의 방법으로, 가능한 한 원거리에서 위협을 제거하는 것의 중요성이 부각되었다. 또한 대공 미사일만이 아니라, 함포, 기관포, ECM(전파 방해) 등을 조합한 중층적 방공 시스템이 채용되어 운용 중이다.

항모를 보호하라! 대공 임무

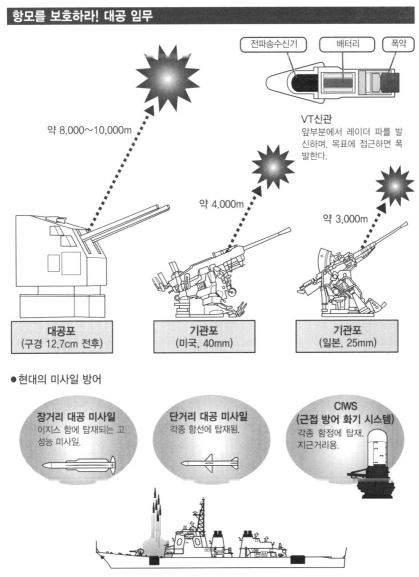

전파송수신기　배터리　폭약

VT신관
앞부분에서 레이더 파를 발신하며, 목표에 접근하면 폭발한다.

약 8,000~10,000m

약 4,000m

약 3,000m

대공포
(구경 12.7cm 전후)

기관포
(미국, 40mm)

기관포
(일본, 25mm)

● 현대의 미사일 방어

장거리 대공 미사일
이지스 함에 탑재되는 고성능 미사일.

단거리 대공 미사일
각종 함선에 탑재됨.

CIWS
(근접 방어 화기 시스템)
각종 함정에 탑재.
지근거리용.

이지스 시스템은 동시에 여러 개의 목표를 요격 가능하며, 각종 대공 미사일뿐 아니라, 화포, 기관포 등을 통합하여 제어하는 것을 통해 중층적인 방공 시스템을 구축하였다.

단편 지식

● **이지스 시스템** → 다수의 미사일을 요격하기 위해, 미국이 개발한 방공 시스템. 동시에 다수의 목표를 추적, 미사일을 유도할 수 있는 등의 특장점을 지니고 있다. NATO 연합국이 공동으로 개발한 NAAWS 시스템 또한 거의 같은 기능을 지니고 있다고 전해진다.

항모를 보호하라! – 대잠 임무

보이지 않는 바닷속에 모습을 감춘 채 다가오는 잠수함에 대응하기 위해, 함대의 진형을 짜거나 소나, 대잠기, 대잠 헬기를 사용하는 등의 방법이 강구되었다.

● 대잠기와 대잠 헬기가 공중에서 잠수함을 경계한다

제2차 세계 대전에 있어 잠수함은, 항공기와 함께 항모 최대의 천적이었다. 당시의 잠수함은 항모를 비롯한 수상함에 비해 속도가 느렸는데, 이 때문에 항모 부대는 주로 자신들이 항행하는 침로 전방을 중점적으로 경계했다. 호위를 맡은 수반함들은 잠수함을 놓치지 않기 위해, 항모 전방에 전개하여 직접 눈으로 잠수함의 잠망경을 찾거나, **소나** 또는 수중 청음기로 바닷속의 잠수함을 경계했으며, 잠수함을 발견하여 공격에 들어갈 때는 미리 설정한 심도에서 폭발하는 폭뢰를 주로 사용하였다.

전후, 냉전기에 들어서서는, 구 소련 해군이 대량으로 배치했던 잠수함이 항모 부대의 위협이 되었다. 이에 대항하기 위해, 항모에도 대잠 임무를 수행할 것이 요구되었고, 전용의 함상대잠기가 탑재되거나, 아예 대잠 임무를 전담하는 대잠 항모가 배치되는 등의 조치가 취해졌다.

현대에는, 항모에 고정익 대잠기가 탑재되는 일은 없어졌고, 여러 대의 대잠 헬기가 그 자리를 대신하게 되었다. 현재 대잠 임무의 주력을 맡고 있는 것은, 육상 기지에서 발진하는 대형 대잠초계기와 수반함에 탑재되어 있는 대잠 헬기들이다. 대잠초계기는 소노부이라 불리는 한 번 쓰고 버리는 방식의 소나를 투하하거나, 잠수함이 띠고 있는 자기를 탐지하는 등의 방법으로 잠수함을 탐색했으며, 대잠 헬기의 경우는 아래로 길게 늘어뜨린 디핑 소나를 바닷물 속에 담가 물속에 있는 잠수함을 탐지하는 것이 가능하다. 잠수함에 대한 공격은 어뢰를 이용하는데, 항공기와 수상함에서 발사하거나 끝부분에 경어뢰가 달린 대잠 로켓을 이용, 근처 해역까지 날려 보내기도 한다.

또한 함대의 진형에도 변화가 생겼다. 잠수함의 속도가 크게 향상된 데 더하여 잠수함에서 발사되는 대함 미사일의 위협이 추가되면서, 함대의 전방뿐 아니라 전방위를 경계할 필요가 발생했는데, 이는 이전 시대에 항공기에 대응하기 위해 만들어진 윤형진이 대잠 임무에도 적용되는 결과로 이어졌다.

여기에 더하여 현대 미 해군의 항모 타격 전단에는 공격형 원자력 항모가 1~2척 배치되어 있는데, 이들은 수중에서의 경계 임무를 맡고 있다.

항모를 지켜라! 대잠 임무

● 제2차 세계 대전 당시의 대잠수함 작전

항모에서 발진한 정찰기나 소나를 이용, 바닷속에 숨은 적 잠수함을 탐지하면, 설정 심도에서 폭발하는 폭뢰를 주무기로 하여 잠수함을 공격했다.

● 현대의 대잠수함 작전

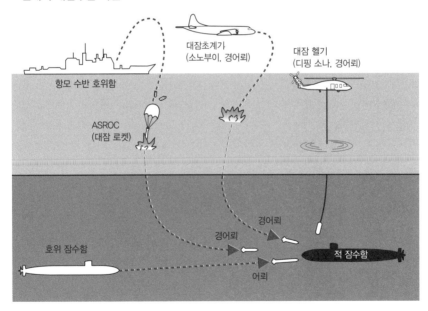

항모 수반 호위함

대잠초계기
(소노부이, 경어뢰)

대잠 헬기
(디핑 소나, 경어뢰)

ASROC
(대잠 로켓)

경어뢰

경어뢰

호위 잠수함

어뢰

적 잠수함

● **소나** → 음파를 이용하여 물속에 숨은 잠수함의 위치를 탐지하는 장치. 초음파를 발신, 잠수함에 반사되어 돌아오는 음파를 탐지하는 액티브 소나와 잠수함 자체에서 나오는 소리를 탐지하는 패시브 소나라는 2가지 종류가 있다.

2차 대전 당시 항모 항공 부대의 편성

제2차 세계 대전 당시의 함재기는 전투기, (급강하)폭격기, 뇌격기로 구성되어 있으며, 이들은 각각 같은 기종끼리 묶은 비행대로 편성되었다.

●전투기, 폭격기, 뇌격기의 밸런스를 맞춘 편성

다수의 항공기가 탑재 가능한 항모를 보유했던 미국과 일본은, 공중전, 폭격, 뇌격이라는 3가지 임무에 맞춰, 이들 임무를 전문적으로 수행할 항공기들을 한데 모아, 각각의 임무를 전담하는 비행대를 편성했다.

일본 항모의 경우, 전투기를 묶은 함전대, 함상폭격기로 이뤄진 함폭대, 마지막으로 함상공격기를 모아 편성된 함공대라는 3종류의 부대가 배치되어 있었는데, 항공대의 규모는 항모의 크기에 따라 차이가 있었지만, 공격의 주력인 함공대에 중점을 둔 편성이 이루어져 있었다. 미 해군 항모에서는, 각 18기 정도로 편성되어 있었던 전투기대, 급강하 폭격기대, 색적 폭격기대, 뇌격기대라는 4종류의 비행대가 배치되어 있었는데, 이 가운데 색적 폭격기대에는 급강하 폭격기들이 배치되어 통상적으로는 2기씩 페어를 이루어 정찰 임무를 수행했으며, 적을 발견했을 경우, 항모에 이를 알림과 동시에 뇌격을 수행했다.

미국과 일본 모두, 항모에는 각 항모 전속의 비행대가 배치되어 있는 것이 일반적으로, 이를테면 「렉싱턴 비행대」라는 식으로 소속 항모의 이름으로 부르는 경우가 많았다. 하지만 전쟁이 시작되고, 항모 항공 부대의 손실이 격렬해지면서, 소모되어버린 비행대를 후방으로 돌려 재편성을 할 필요가 생겼다. 하지만 항모는 상처없이 무사한 상태에서 항공대만이 소모된 경우, 그냥 후방으로 항모를 돌리는 것은 멀쩡한 항모를 놀리는 것에 다름 아니었기 때문에, 다른 항모의 비행대로 부대를 편성하거나, 항공부대를 통째로 교대시키는 등의 조치를 취하게 되었다.

영국의 경우, 2차 대전 개전 당초에는 공중전과 폭격 임무를 겸하여 수행하는 전투폭격기와 뇌격기라는 2종류로 항모 항공 부대를 편성했다. 하지만 영국의 전투폭격기는 둔중한 복좌식 기체였던 관계로, 서둘러 육상기를 개조한 함상전투기를 배치, 이들 전투폭격기를 대체했으며, 공격 임무는 거의 전적으로 뇌격기에 의지하게 되었다.

전쟁이 점차 격렬해지자, 항모나 공격대를 호위할 전투기의 필요성이 높아지면서, 항모 항공 부대 내에서 전투기가 차지하는 비율도 올라가게 되었다. 전쟁 후기에 들어서면서 전투기에 폭탄을 탑재하여 공격을 실시하는 전법이 채용되자, 전투기의 비율은 더더욱 상승했다.

2차 대전 당시 미국/영국/일본의 항모 항공 부대 편성

● 항모 항공 부대의 편성과 그 비율의 변천

함상전투기　함상폭격기　함상공격기

미국과 일본 모두 전투기의 비율이 올라갔다!

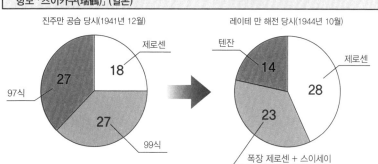

항모 「즈이카쿠(瑞鶴)」 (일본)

진주만 공습 당시(1941년 12월)

제로센 18 / 27 97식 / 27 99식

레이테 만 해전 당시(1944년 10월)

텐잔 14 / 제로센 28 / 23 폭장 제로센 + 스이세이

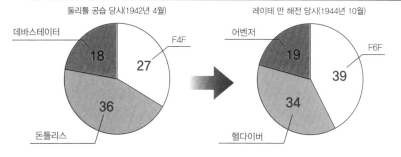

항모 「엔터프라이즈(USS Enterprise)」 (미국)

둘리틀 공습 당시(1942년 4월)

데바스테이터 18 / F4F 27 / 36 돈틀리스

레이테 만 해전 당시(1944년 10월)

어벤저 19 / F6F 39 / 34 헬다이버

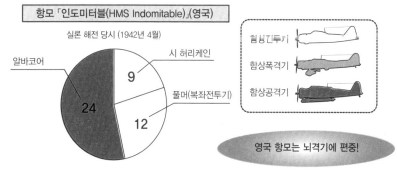

항모 「인도미터블(HMS Indomitable)」(영국)

실론 해전 당시 (1942년 4월)

알바코어 24 / 시 허리케인 9 / 풀머(복좌전투기) 12

함상전투기
함상폭격기
함상공격기

영국 항모는 뇌격기에 편중!

단편 지식

● 엔터프라이즈 → 미국의 항모 「엔터프라이즈」는, 둘리틀 공습, 미드웨이 해전, 동부 솔로몬 해전(2차 솔로몬 해전), 산타크루즈 해전, 마리아나 해전, 레이테 만 해전 등, 태평양 전쟁 당시 벌어진 주요 해전에 거의 빠짐없이 참가, 커다란 전과를 올렸던 수훈함이다. 비록 전후에 해체되고 말았지만, 그 이름은 세계 최초의 원자력 항모로 이어졌다.

기동부대를 통한 항모의 집중 운용

항모를 집중 운용하여, 다수의 함재기를 이용한 대규모 공격을 실시하는 전술을 처음으로 사용했던 것은 일본 해군이었는데, 여기에 자극받은 미 해군도 이 뒤를 따랐다.

●일본 해군이 고안해낸 항모 운용의 진정한 가치

　제2차 세계 대전이 시작되고, 항모함재기에 대한 위력이 평가를 받으면서, 복수의 항모를 집중 운용, 다수의 함재기를 출격시켜 적 함대에 집중 공격을 실시한다는 구상이 나오게 되었다. 따로따로 행동하는 항모가 제각기 함재기를 보내 공격을 시도할 경우, 적에게 대응할 기회를 주어 끝내는 각개격파 당할 가능성도 있었지만, 항모를 한데 모아 대규모 편대를 구성한 함재기로 일제 공격을 가한다면, 적 함대는 대응 한계를 넘긴 공격에 큰 타격을 입게 될 것이라는 발상에서 나온 것이었다.

　진주만 공습으로 제2차 세계 대전에 참전하게 되기 약 반년 전, 일본 해군은 「제1항공함대」를 편성했는데, 이 부대는 「아가기」, 「카가」, 「소류」, 「히류」 등, 당시 일본이 보유하고 있던 거의 모든 주력 항모를 하나의 편제로 묶은 대규모 항모 부대로, 당시 세계에서 유례를 찾아볼 수 없는 획기적인 것이었다. 여기에 고속 전함 등의 수반함을 추가한 부대를, 일본 측에서는 「기동부대」라 불렀는데, 이것은 기동력을 살려 적을 공격한다는 의미에서 만들어진 명칭이었다. 일본 해군의 경우, 보다 저속인 전함들을 중심으로 한 부대를 「주력부대」라고 불렀는데, 「기동부대」라고 하는 것은 여기에 대비되는 의미로, 고속 이동하며 원거리에서 적을 공격하는 이들 「기동부대」를 공격의 선봉으로 삼았던 것이다.

　1941년 12월에 실시된 진주만 공습에는, 이들 4척에 「쇼가쿠」와 「즈이가쿠」가 합류, 모두 6척의 항모가 기동부대에 배속되었으며, 이들 항모에서 출격한 약 350기의 함재기가 진주만을 공격했다. 2차례에 걸쳐 이뤄진 공습으로 진주만에 정박해있던 미 해군의 전함들이 커다란 타격을 입었으며, 이 소식은 전 세계를 경악시켰다.

　한편 미 해군의 경우, 대전 초기에는 1~2척의 항모로 항모부대를 편성했으나, 「에식스」급 항모가 전선에 배치되기 시작한 마리아나 해전 이후부터는 일본 해군과 마찬가지로 항모의 집중 운용을 할 수 있게 되었다. 전력에 여유가 있었던 미 해군은, 항모 2~3척에 더하여 전함 2척, 순양함 4척 그리고 구축함 12~16척으로 구성된 임무군(Task group, '기동전대'라고도 함)을 편성했으며, 다시 복수의 임무군을 모아서 일본의 기동부대와 동등, 그 이상의 전력을 지닌 임무부대(Task force, '기동부대'라고도 함)를 편성했다.

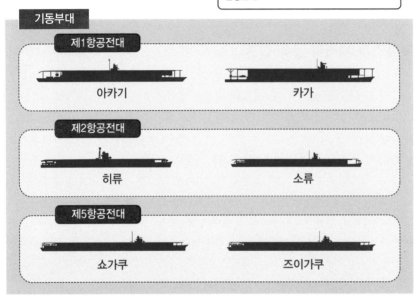

기동부대를 통한 항모의 집중 운용

● 일본의 기동부대(진주만 공습 당시)

> 일본의 항모는 2척을 묶은, 항공전대라는 단위로 행동하는 것이 기본이며, 큰 규모의 작전이 될 경우, 다시 이들을 하나로 묶어 기동부대를 편성했다.

기동부대

제1항공전대

아카기   카가

제2항공전대

히류   소류

제5항공전대

쇼가쿠   즈이가쿠

● 미 해군의 항모 부대(1941년)

> 태평양 전쟁이 개시되었을 당시 미국의 항모는 단독으로 움직이는 것이 기본이었다.

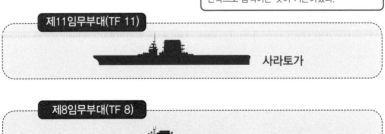

제11임무부대(TF 11)

사라토가

제8임무부대(TF 8)

엔터프라이즈

용어해설

● **항공전대** → 일본 해군의 경우, 함선의 편성 단위를 그 규모 순으로 「○○함대」, 「○○전대」, 「○○대」라 구분하여 사용했는데, 전함이나 항모 같은 대형 함선은 2척 정도를 묶어 전대를 편성했으며, 항모의 경우 「항공전대」라 불렸다. 「대」라는 단위는 구축함이나 잠수함 등, 소형 함선일 경우에 사용되었으며, 「구축대」, 「잠수대」라는 식으로 이름이 붙여졌다.

2차 대전 당시의 대함 공격 임무

제2차 세계 대전 당시의 대함 공격은 함상폭격기가 상공에서, 그리고 함상공격기의 경우는 저공으로 침투하여, 각기 별개의 루트에서 적의 약점을 노렸다.

● 폭격과 뇌격의 공동 작전

항모에서 발진한 항공대가 적 함대에 근접하게 되면, 함상폭격기 부대는 급강하 개시 고도인 약 3,000m의 고도를 취한 뒤, 상공에서 적 함선에 대한 공격을 시작했다. 일반적으로 군함은 현측보다 갑판 쪽의 장갑이 훨씬 얇은데, 함상폭격기의 공격은 바로 이 갑판을 노린 것이었다. 또한 이러한 공격은 갑판 위에 배치되어 있던 대공 무기를 파괴 또는 무력화시켜, 적 함선의 대공 방어력을 저하시키는 효과도 있었다.

한편, 어뢰를 탑재하고 있던 함상공격기 부대는 고도를 낮춰, 어뢰 투하가 가능한 50~200m 정도의, 해면에 가까운 저고도까지 하강했다. 함상폭격기와 함상공격기는 각각 고공과 저공으로 나뉜 별도의 코스로 적 함대에 접근하게 되지만, 폭탄과 어뢰의 투하는 가능한 한 동시에 이뤄지도록 타이밍을 맞추곤 했는데, 이는 적 함선이 아군의 공격을 회피하기 어렵게 하는 것이 목적이었다. 공격대를 호위하는 전투기 부대는 각 공격대보다 약간 더 높은 고도에서 움직이며 적의 전투기가 공격대에 접근하는 것을 막았다.

투하된 어뢰는 착수한 뒤 수중에서 목표를 향해 전진하기 때문에, 명중하기까지는 시간이 걸렸다. 또한 비스듬한 각도로 명중했을 경우에는 어뢰의 뇌관이 제대로 작동하지 않을 가능성도 있었기 때문에 함상공격기가 어뢰를 투하할 때는 적함의 침로를 예상하는 것이 매우 중요했다. 또한, 적함이 어느 쪽으로 변침을 하더라도 명중할 수 있도록, 각 뇌격기마다 어뢰의 발사각을 조금씩 달리하거나, 여러 방향에서 어뢰를 투하하는 등의 전술도 고안되었다.

함정의 흘수선 아래 부분은 비교적 방어력이 약하기 때문에, 수중에서 폭발하는 어뢰는 단 1발이라도 심각한 피해를 줄 수가 있었으며, 실제로도 대전 당시 일본 해군이 격침시킨 미 해군 항모의 대부분이 어뢰 공격으로 치명상을 입은 케이스였다. 하지만 전함처럼 중장갑을 두른 대형 함선의 경우, 간단히 치명상을 입힐 수는 없었다. 때문에 이러한 함선을 공격할 때는 편현에 집중적으로 공격을 가하고, 이를 통해 편현에 대량 침수가 발생, 선체가 한쪽으로 기울어지면서 전투 불능 상태에 빠지도록 만드는 전술이 채용되기도 했다. 독일의 전함인 「비스마르크」는 뇌격기의 공격으로 조타능력을 상실, 항행불능의 상태에 빠진 사례이다.

2차 대전 당시의 대함 공격 작전

● 폭격과 뇌격을 통한 동시 공격

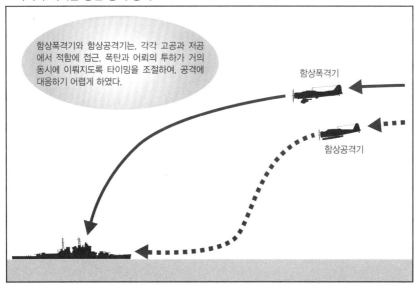

함상폭격기와 함상공격기는, 각각 고공과 저공에서 적함에 접근, 폭탄과 어뢰의 투하가 거의 동시에 이뤄지도록 타이밍을 조절하여, 공격에 대응하기 어렵게 하였다.

함상폭격기

함상공격기

● 적함의 침로와 어뢰의 발사각

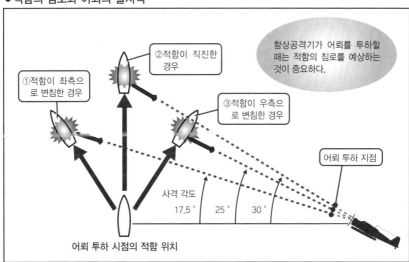

함상공격기가 어뢰를 투하할 때는 적함의 침로를 예상하는 것이 중요하다.

②적함이 직진한 경우

①적함이 좌측으로 변침한 경우

③적함이 우측으로 변침한 경우

어뢰 투하 지점

사격 각도

17.5° 25° 30°

어뢰 투하 시점의 적함 위치

● **함선의 방어** → 제1차 세계대전 당시까지는 적의 포격이 현측에 명중하는 경우가 많았고, 이 때문에 현측에 두꺼운 장갑을 두르고 있었다. 하지만 전함에 탑재된 주포의 사정거리가 늘어나면서, 포탄이 현측이 아닌 갑판 쪽에 명중하는 일이 많아졌다. 비교적 신형 함선들의 경우는 갑판의 장갑을 강화하는 등의 대비가 이루어졌지만, 구형 함선들은 갑판을 노린 공격에 대단히 취약했다.

2차 대전 당시의 항모 대 항모 전투 임무

항모 대 항모의 전투는 먼저 선수를 치는 쪽이 우위에 서게 되는 것이 일반적이지만, 뛰어난 방공 시스템을 구축했던 미국은 도리어 카운터를 날려 적을 격파했다.

●선수필승에서 시스템의 싸움으로 바뀐 항모 간 전투

적의 공격에 취약한 항모끼리의 전투는, 상대보다 먼저 적 항모를 발견, 공격하는 것이 중요하다. 이 때문에 적 항모의 존재가 예상되는 해역에는 정찰기 등을 발진시켜 주변 해역의 색적을 실시하게 된다.

미 해군은 전쟁 초반, 폭장을 한 상태의 급강하 폭격기을 사용한 색적폭격이라는 방식을 채용하고 있었다. 이는 보유하고 있던 레이더의 신뢰성이 떨어졌던 일본 해군을 상대로는 효과적인 방법이었으며, 산타크루즈 해전에서도 색적 임무에 나선 미군의 SBD 돈틀리스가 소형 항모인 「즈이호」에 폭탄을 명중시켜, 전투 능력을 빼앗은 것이 좋은 예라 하겠다.

일본 해군은 항모 대 항모의 전투에 있어, 비장의 카드로 「아웃 레인지 전법」을 고안했다. 일본 해군의 함재기는 전투기를 비롯하여 공격기와 폭격기 모두가 미군의 기체에 비해 훨씬 항속거리가 길다는 장점이 있었는데, 이러한 점을 살려 종래에는 400km 정도의 거리에서 공격대를 발진시키던 것을 바꾸어, 700km라는 먼 거리에서 발진시켰던 것이다. 즉 미군 함재기가 공격할 수 없는 먼거리에서 함재기를 출격시켜 공격한다면, 아군 항모가 공격받을 일 없이 적의 항모에 타격을 줄 수 있을 것이라는 발상에서 나온 것이었다. 하지만 이 전법은 함재기 승무원들에게 장시간에 걸친 장거리 비행을 강요하는 것이었기에, 숙련된 파일럿이 절대적으로 부족했던 대전 후기의 일본 해군의 역량으로는 이 전법의 진가를 충분히 발휘할 수 없었다.

한편, 미 해군은 항모의 방어를 중요시하여, 우수한 성능의 레이더를 활용한 방공 시스템을 구축했다. 레이더가 포착한 일본군 항공기의 정보는 **전투 정보 센터(CIC)**에서 통합, 소형이면서도 고성능을 지닌 무전기를 통해 상공에서 초계중이던 전투기에 전달되었다. 미 해군 전투기들은 이러한 시스템에 힘입어, 효과적으로 일본의 함재기들을 요격할 수 있었던 것이다. 결국 일본군은 미군의 방공 시스템을 쉽게 돌파하지 못했으며, 아무 의미 없는 희생만을 쌓아갔을 뿐이었다. 그리고 마침내 함재기를 전부 잃고만 일본의 항모는 미군 앞에 무력한 모습을 드러내고 말았다.

2차 대전 당시의 항모 대 항모 전투 임무

● 아웃 레인지 전법 vs 미군의 요격 시스템

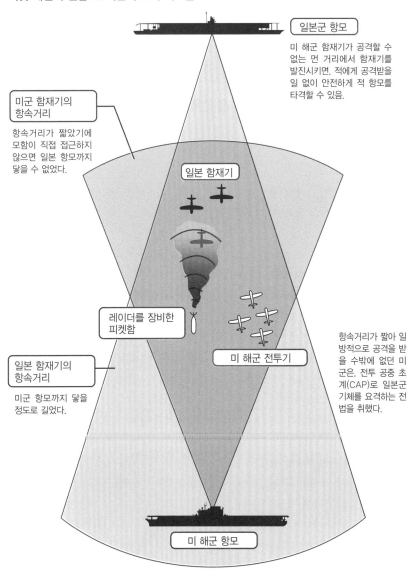

일본군 항모

미 해군 함재기가 공격할 수 없는 먼 거리에서 함재기를 발진시키면, 적에게 공격받을 일 없이 안전하게 적 항모를 타격할 수 있음.

미군 함재기의 항속거리

항속거리가 짧았기에 모함이 직접 접근하지 않으면 일본 항모까지 닿을 수 없었다.

일본 함재기

레이더를 장비한 피켓함

미 해군 전투기

일본 함재기의 항속거리

미군 항모까지 닿을 정도로 길었다.

항속거리가 짧아 일방적으로 공격을 받을 수밖에 없던 미군은, 전투 공중 초계(CAP)로 일본군 기체를 요격하는 전법을 취했다.

미 해군 항모

용어해설

● **전투 정보 센터(CIC)** → 레이더를 통해 얻은 정보를 분석하기 위해 별도로 격리된 선실에 설치되었으며, 다수의 인원이 배치되어 무전기, 레이더, 목시 정보 등을 통합, 함교, 함포, CAP 등에 전달하였다. 이후, 함교로부터 함을 지휘하는 중추 임무를 이어받았으며, 현재는 CDC라 부르고 있다.

적 함대를 발견하라!

적보다 먼저 상대를 발견하는 것은, 동서고금의 어떤 전투를 막론하고 대단히 중요한 일이었지만, 항모의 전투에 있어서 그 중요성은 정말 특별한 것이었다.

● 2차 대전당시에는 복수의 정찰기를 부채꼴로 전개하여 색적을 실시했다

항모끼리의 전투는 서로를 눈으로 볼 수 없는 먼 거리에서 공방이 이루어지기 때문에, 먼저 상대의 위치를 파악하는 것에서 싸움이 시작되었다. 이렇게 적을 찾아다니는 것을 '색적'이라 하는데, 제2차 세계 대전 당시의 색적 임무는 정찰기를 발진시켜, 승무원의 눈으로 적함을 찾는 방법으로 실시되었다.

당초, 일본 해군은 전함이나 순양함에 탑재된, 플로트가 달려 있는 수상기를 이용하였으며, 이후에는 97식 함상공격기 등의 함상기나 함상정찰기를 이용하게 되었다. 미군은 비행시간이 긴 비행정이나 함상폭격기를 이용하였다.

색적은 복수의 정찰기가 약간씩 침로를 달리하여 비행, 부채꼴 모양으로 전개하여, 해역을 빈틈없이 커버하는 방식으로 실시되었다. 개전 당시의 일본 해군은「索敵線七線(7개 색적 라인)」이라 하여 7기의 정찰기가 부채꼴로 전개하여 색적을 실시했는데, 이것은 하나의 색적 코스를 1기의 정찰기가 담당하는 1단 색적이라 불리는 방식이었다. 하지만 이 방식의 경우, 만에 하나 정찰기가 적을 놓치거나, 적 함대가 구름에 가려져 있을 경우에는 실패할 위험성이 있었다.

또한 미드웨이 해전에서처럼 정찰기의 발진이 지연되어버린 경우, 이동 중인 적 함대가 정찰기의 사각에 들어갈 우려가 있었기에 1943년에 들어와서는 하나의 정찰 코스를 복수의 기체가 비행하며 색적을 실시하는 2단 색적 방식이 채용되었다.

미국과 영국은 대형기에 함선 탐색용 레이더를 탑재하여 운용해왔으며, 곧이어 함재기에도 탑재할 수 있는 소형 레이더의 개발에도 성공하였다.

현대에는, 주로 육상에서 발진하는 정찰기(정보 감시 정찰기)가 색적을 담당하며, 미국이나 프랑스 해군의 경우는 항모에 탑재된 조기경보기도 사용하고 있다. 이들 항공기는 레이더로 적을 탐색하며, 적이 발신하는 전파 신호를 탐지한다. 또한 여기에 더하여 감시 위성이 보내오는 정보도 이용되고 있다. 냉전기의 구 소련 감시함이 미국의 항모부대를 따라다녔듯, 평시의 경우에는 눈으로 볼 수 있는 거리에 함선이나 항공기를 상시 배치하는 방법이 사용되기도 한다.

적 함대를 발견하라!

● 제2차 세계 대전 당시의 색적 패턴(일본군)

다수의 정찰기가 거의 동시에 부채 모양을 그리듯 비행, 주변 해역을 빈틈없이 탐색할 수 있었다.

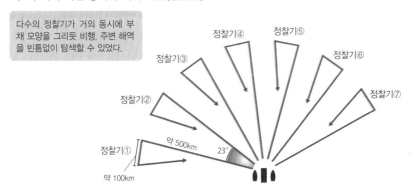

정찰기① 정찰기② 정찰기③ 정찰기④ 정찰기⑤ 정찰기⑥ 정찰기⑦

약 500km 23°

약 100km

● 제2차 세계 대전 당시의 2단 색적 패턴(일본군)

1단째 정찰기가 발진한 뒤 약간의 시간적 간격을 두고, 조금 각도를 달리한 코스로 2단째 정찰기가 발진했다.

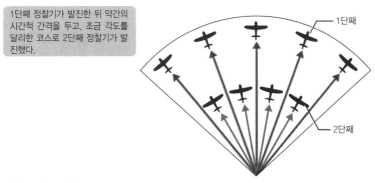

1단째

2단째

● 현대의 색적 임무

현대에는 육상에서 발진한 정찰기나 함상 조기경보기, 인공위성 등을 이용한 전자적 수단으로 색적을 실시한다.

정찰기

단편 지식

● **항모 탑재기를 이용한 색적** → 함재기에 색적 임무를 맡기게 될 경우, 공격에 참가할 함재기가 부족해지기 때문에, 대전 초기의 일본군은 항모 함재기를 색적에 사용하는 것에 소극적이었다. 하지만 마리아나 해전 무렵에는 한 번에 10여 기의 함재기를 색적에 내보내는 등의 변화를 보였다.

진주만 공습

태평양 전쟁의 개전을 알렸던, 일본 해군의 진주만 공습은 항모 부대의 위력을 전 세계에 알린 동시에, 항모가 전함을 밀어내고 해전의 주력이라는 자리에 오르는 계기가 되었다.

●항모의 집중 운용을 통한 대공습의 최초 사례

세계 최초의 대규모 항모 부대인 「기동부대」를 편성했던 일본 해군은, 치시마 열도(千島列島, 현재의 쿠릴 열도)에서 출격하여, 6,500km 떨어진 하와이를 향했다. 이전부터 항모의 위력에 주목하고 있었던 당시의 연합함대 사령관 야마모토 이소로쿠(山本五十六)는, 미국 태평양 함대의 본거지였던 진주만을 공격하여, 거기에 정박되어 있던 전함들을 격파, 서전에서의 우위를 잡을 생각을 하고 있었다.

기동부대는 항해하는 선박이 거의 없는 알류산열도 쪽 항로를 택해, 12일간의 항해를 거쳐 하와이 앞 바다에 진출했다. 그리고 12월 8일 01시 30분(현지 시각으로는 12월 7일 06시). 제1진인 183기의 함재기를, 그리고 거의 1시간 뒤에 제2진인 167기를 발진시켰다. 진주만 상공에 도달한 제1진은, 우선 전투기와 급강하 폭격기가 비행장을 공격, 주기되어 있던 미군기를 격파하여 반격의 싹을 잘라냈다.

정박 중이던 미 해군 전함들에 대한 공격은 함상공격기가 최초였다. 뇌격을 실시하기 위해서는 양호한 시계가 필요했기에, 폭격으로 인한 화재와 연기가 발생하기 전에 공격을 실시해야 했기 때문이다. 진주만의 수심은 약 12m로 대단히 얕은 편이며, 통상적인 방식으로 어뢰를 투하했을 경우, 어뢰가 해저에 격돌할 가능성이 매우 컸는데, 이를 해결하기 위해 일본군은 10~20m라는 초저공에서 어뢰를 투하했으며, 너무 깊은 심도까지 들어가지 않도록 개량한 어뢰를 사용하는 용의주도함을 보이기도 했다. 뒤이어 합류한 함상공격기들은 수평폭격을 실시했는데, 이때 사용된 폭탄은 전함의 주포에 사용되는 포탄을 개조한 800kg 철갑폭탄으로, 전함 「애리조나(USS Arizona, BB-39)」의 상갑판을 관통했으며, 해당함은 탄약의 유폭으로 침몰하고 말았다. 이후 일본 함재기들은 급강하 폭격을 실시, 남은 전함들에 폭탄을 퍼부었다. 제1진의 공격이 끝나고 약 30분 뒤, 이번에는 제2진의 공습이 시작되었는데, 제2진은 급강하폭격과 수평폭격으로, 제1진의 공격을 모면한 함정이나 비행장 시설을 공격했다.

두 차례에 걸친 공격으로, 일본 해군은 전함 2척을 격침시켰으며, 3척을 착저시킨 것 외에 약 200기 이상의 항공기를 격파하는 데 성공했다. 반면에 일본 측은 29기의 항공기를 손실하는 것에 그친 압승을 거두었는데, 이 승리는 해전의 주력이 전함에서 항모로 바뀌었다고 하는 시대의 변화를 전 세계에 알린 신호탄이기도 했다.

진주만 공습

● 기동부대의 침로

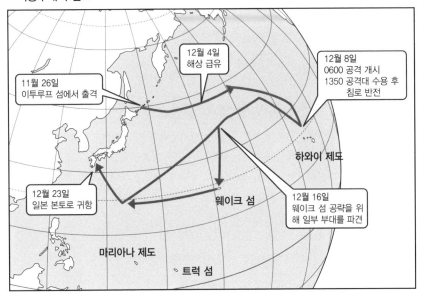

● 진주만 공습

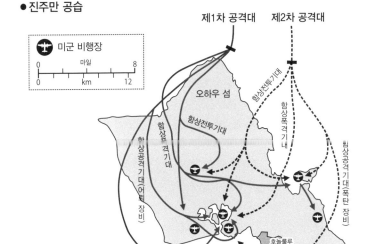

● **91식 항공 어뢰 개 2** → 항공기에서 투하된 어뢰는 관성에 의해 물속 깊숙이 가라앉기 때문에, 수심이 얕았던 진주만에서는 해저에 격돌할 우려가 있었다. 그래서 당시 사용되던 91식 항공 어뢰의 측면과 뒷면에 나무로 만든 안정판을 부착, 해면에 착수한 어뢰의 자세를 안정시키고, 물속으로 가라앉는 심도를 낮추는 데 성공했다.

미드웨이 해전

미드웨이 섬 공략을 계획한 일본 해군은 무려 4척에 달하는 항모로 구성된 기동부대를 파견했으나, 뼈아픈 패배를 당하고 말았다.

●태평양 전쟁의 전환점이 된 항모 결전

태평양 전쟁 개전 이래, 일본의 항모 부대는, 태평양에서 인도양에 이르기까지 각지에서 전과를 올리고 있었다. 미 해군도 여기에 대항하여 항모를 중심으로 한 임무부대(TF)를 편성, **히트 앤 어웨이 전법**으로 반격을 실시했다. 일본과 미국의 항모 부대가 처음으로 맞붙은 것은 1942년 5월 7~8일에 벌어진 산호해 해전으로, 사상 처음으로 쌍방의 함재기에 의한 공방이 반복된 해전이었다.

그 다음으로 양 측의 항모 부대가 맞붙은, 1942년 6월의 미드웨이 해전은, 일본 해군의 주력 항모 4척과 미국의 주력 항모 3척이 참가한 공전의 항모 결전이었다. 일본 해군은 미드웨이 섬의 공략과 미군 항모의 격멸이라는 2가지 목표를 가지고 출격했다. 한편 미 해군은 일본 항모의 격파에 모든 초점을 맞추고, 당시 가용 가능했던 항모 3척 전부를 미드웨이로 파견했다.

6월 5일, 기동부대는 이른 아침부터 미드웨이 섬에 대한 공격을 시작했다. 하지만 공격 효과는 그리 충분하지 못했으며, 2차 공격을 실시할 필요가 있었다. 기동부대에는, 미군 항모에 대비하여 함선 공격용 무장을 장비한 함상공격기 부대가 대기 중이었으나, 주변 해역에 미군 항모가 없다고 판단, 이들 기체도 대지 공격용 무장으로 무장을 교환한 뒤, 섬을 공격한다는 결정이 내려졌다. 하지만 **대지 공격용으로 전환**하는 작업이 끝났을 즈음, 갑자기 정찰기가 미군 항모를 발견했다는 소식이 들어왔다.

이 소식을 들은 일본 해군은 함상공격기의 무장을 다시 대함공격용으로 전환할 것을 명령, 부랴부랴 교환 작업을 실시했는데, 미군 함재기의 공격이 실시된 것은 바로 그 타이밍이었다. 먼저 저공으로 침투했던 미군의 뇌격기들은 제로센의 요격으로 거의 전멸당했으나, 뒤이어 고공에서 급강하 폭격기들의 공격이 시작되었다. 제로센 편대는 저공에 머물러 있었던 탓에 요격 타이밍을 맞추지 못했고, 미군의 폭격기가 투하한 폭탄은「아카기」,「카가」,「소류」에 명중, 3척의 항모는 그대로 큰 불길에 휩싸였다. 이 공격에서 살아남은「히류」는 공격대를 발진시켜, 미군 항모 1척을 대파시키는 데 성공했지만, 결국 다시 반격을 받아 대파되었다. 일본 해군은 이 전투에서 역전의 항모 4척과 그 함재기를 모조리 잃고 만 것이었다.

미드웨이 해전

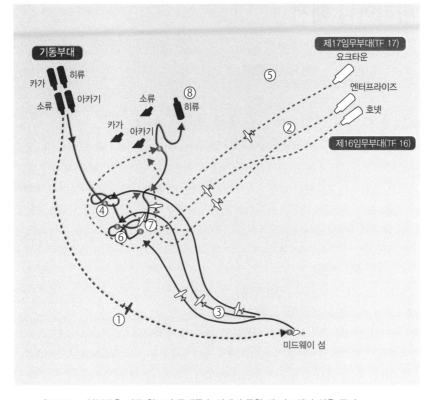

①0430~ 일본군은 미군 항모의 존재를 눈치채지 못한 채 미드웨이 섬을 공격.

②0702~0838 미군의 공격대가 항모에서 발진.

③0710~0839 미드웨이 섬에서 산발적인 반격이 이뤄짐. 기동부대에서는 이를 모두 격퇴하였으나, 이 과정에서 지속적인 히트 기동을 강요받음.

④0715 미드웨이 섬에 대한 2차 공격을 결정. 대함 무장에서 대지 무장으로 전환.

⑤0728 정찰기가 미군 항모를 발견.

⑥0830 제2차 공격 중지를 결정. 대지 무장에서 다시 대함 무장으로 전환.

⑦0928~1030 미군 함재기의 파상공격으로 일본 항모 3척이 피탄당함.

⑧유일하게 살아남은 「히류」가 「요크타운」을 대파시키지만, 미군의 반격으로 대파당함.

※위 시각은 현지 시각을 기준으로 함.

용어해설

● **히트 앤 어웨이 전법** → 소규모 공격을 가한 다음, 곧바로 그 해역을 이탈하는 전법. 상대에게 조금씩 피해를 입혀 혼란하게 만드는 효과가 있었다.

● **무장의 전환** → 목표에 따라서 탑재 무장을 바꾸는 것을 말한다. 적 함선에 대해서는 장갑을 관통한 뒤 폭발하는 철갑 폭탄이나 어뢰를, 지상 기지에 대해서는 폭발 후 파편을 뿌리는 유탄을 사용하게 된다.

마리아나 해전

곰이나 사이판 섬 등이 속해 있는 마리아나 제도에 대한 공격을 시작한 미군에 대항하기 위해 일본 군은 아웃 레인지 전법을 감행했다.

● 아웃 레인지 전법 vs 전투 공중 초계(CAP)

일본이 「절대국방권」의 일부로 삼고 있던 마리아나 제도는, 일본 본토를 방어하기 위해 빼놓을 수 없는 거점이었다. 만일 미군이 이곳을 돌파하게 된다면, 필리핀, 타이완, 그리고 일본 본토 근해까지 미군 함대의 접근을 허용하는 것에 그치지 않고, 일본 본토가 마리아나 제도에서 발진하는 B-29 폭격기의 활동거리 안에 들어갈 지도 모르는 위기 상황이었다. 그리고 마침내 1944년 6월 11일, 스프루언스 대장이 이끄는 제5함대가 15척의 항모를 거느리고 마리아나 제도를 향해 진격해왔고, 기지 항공대는 불의의 공격을 받아 순식간에 괴멸당하고 말았다.

일본의 연합함대 사령부는 영격 작전인 「아호(あ号)」작전을 발령, 9척의 크고 작은 항모(「타이호」, 「쇼가쿠」, 「즈이가쿠」, 「준요」 등)가 배속되어 있던 오자와 지사부로 중장 휘하, 제1기동함대가 보르네오 앞바다의 **타위타위(Tawi-Tawi) 정박지**에서 마리아나 제도를 향해 출격했다. 수적으로 열세에 놓여 있던 오자와 함대이긴 했으나, 오자와에게는 아웃 레인지 전법이라는 히든카드가 있었다. 이것은 일본 함재기의 항속거리가 미군 함재기에 비해 훨씬 길었다는 점을 철저하게 살린 전법이었다. 40기 이상의 정찰기로 3중에 걸친 색적망을 펼친 일본 해군은 먼저 미군을 발견하는 데 성공, 19일에는 모두 합쳐 242기에 이르는 함재기를 발진, 비장의 아웃 레인지 전법을 시도했다.

하지만 미군은 레이더를 이용, 사전에 일본군 함재기의 내습을 포착했고, 450기에 이르는 함상전투기를 대기시키고 있었다. 결국 다수의 일본군 기체들이 여기에 격추 당했고, 간신히 미군 함대 상공에 도달한 기체들은, VT 신관을 이용한 정확하면서도 맹렬한 대공 사격에 직면하여, 미군 함선에 별다른 피해를 주지 못했다. 제1기동함대는 여기서 거의 2/3 이상의 항공기를 상실했지만, 전과는 극히 미미한 것에 불과했다. 미군의 피해는 겨우 29기에 지나지 않았던 것이다. 미군은 이때의 일방적인 싸움을 「마리아나의 칠면조 사냥(The Mariana Turkey Shoot)」이라고 평했다. 하지만 오자와 함대의 비극은 이것으로 끝난 것이 아니었다. 미군 잠수함의 공격으로「타이호」와 「쇼가쿠」가 격침당한 것이었다. 이 전투로, 일본군은 거의 대부분의 함재기를 잃었고, 이후로 일본 항모 부대가 이전의 전력을 회복하는 일은 없었다.

마리아나 해전

● 마리아나 해전

★ =정찰기가 보고한 미군 항모의 위치(실제 위치와의 차이에 주목)
✳ =미군기의 영격

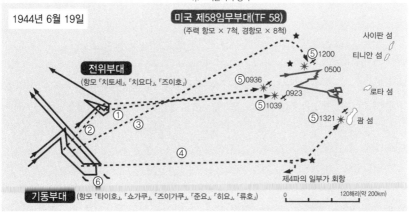

①0730 제1파 발진.
②0805 제2파 발진.
③0900 제3파 발진.
④1000 제4파 발진.
⑤공격대가 계속해서 미군 전투기의 영격을 받음.
⑥「쇼가쿠」와 「다이호」가 미군 잠수함의 공격을 받아 침몰.
※시각은 현지 시각.

일본 해군은 미군 함재기의 항속거리 바깥에서 차례차례 공격대를 발진시켰다. 2~3시간에 걸쳐 장거리를 비행한 일본 공격대의 앞을 미국의 전투기들이 가로막았다. 미군은 다방면에서 접근해오는 일본군 함재기를 레이더로 포착하여, 전투기를 띄웠다.

용어해설
● B-29 → 4발 엔진의 대형 폭격기로. 6t의 폭탄을 탑재 가능했으며, 마리아나 제도에서 도쿄까지 2,000km의 거리를 왕복할 수 있었다.
● 타위타위 정박지 → 보르네오와 필리핀 사이에 위치한 섬에 건설된 일본 해군의 기지. 근처에는 타라칸 유전이 있었고, 뉴기니 방면으로 출격하기에도 좋은 위치였다.

큐슈 앞바다의 야마토 영격전

태평양 전쟁 말기, 일본 해군의 상징이라고도 할 수 있는 전함 「야마토」가 오키나와를 향해 출격했지만, 이를 맞이한 것은 다름 아닌, 미군 항모에서 출격한 대량의 함재기들이었다.

●항모 함재기의 공격으로 격침당한 사상 최대의 전함

제2차 세계 대전도 막바지에 다다른 1945년 4월, 미군은 오키나와에 상륙했다. 이에 대항하기 위해 전함 「야마토」를 중심으로 한 일본의 함대가 오키나와를 향해 출격했다. 이미 일본 해군의 열세는 도저히 극복할 수 없는 것이었기에, 사실상의 자살 공격으로서의 출격이었다. 일본 근해를 초계 중이던 잠수함의 보고로 이 사실을 알게 된 미군은 오키나와 상륙을 지원하는 제58임무부대에 영격을 명했다.

3개 그룹으로 나뉜 미군 항모 12척에서 367기에 달하는 함재기들이 발진하여 일본 함대를 덮쳤는데, 이 가운데 117기가 「야마토」를 공격했다고 알려져 있다. 당시 해역은 두터운 구름으로 덮여 있었으나, 미군은 함재기에 탑재된 레이더를 통해 일본 함대를 발견했다.

12시 30분, 미군 함재기의 제1파가 구름 사이를 뚫고 「야마토」에 대한 공격을 감행했다. 먼저, 항모 「페닝턴(USS Bennington)」 소속의 함상폭격기가 폭탄을 투하했으며, 뒤를 이어 다른 항모에서 출격한 함재기들도 차례차례 폭탄을 투하했다. 「야마토」는 다수의 고각포와 기총으로 응전했으며, 주포인 18인치(약 46cm)포도 대공용 포탄인 **3식탄**을 미군 편대를 향해 발사했다.

「야마토」에 명중한 폭탄은 갑판 위의 대공 무기를 파괴, 선체 여러 곳에서 화재를 발생시켰으며, 이로 인해 「야마토」의 대공 포화도 한풀 꺾이고 말았고, 결국 뇌격기 편대의 공격이 시작되었다. 미군은 「야마토」의 좌현을 집중적으로 노리고 어뢰를 발사했다. 그래도 공격 초기에는 '불침전함'이라 불릴 만큼의 내구력을 자랑하는 듯, 어뢰가 명중했음에도 별다른 피해가 없는 것처럼 보였으나, 계속 이어지는 공격에 어뢰 공격으로 뚫린 파공을 통해 침수가 점점 심해지고 있었다.

13시 20분에는 제2파의 공격이 시작되었다. 공격은 소수의 기체들에 의한 파상공격으로 이뤄졌으며, 뇌격과 폭격의 동시공격이 반복되었다. 결국 「야마토」의 선체는 좌측으로 크게 기울어졌으며, 이로 인해 대공 사격도 곤란한 상황에 빠지고 말았다. 마무리의 일격은 우현에 명중한 어뢰였다. 좌측으로 기울어진 「야마토」는 장갑이 얇은 선체 바닥 부분을 드러냈는데, 여기에 어뢰가 명중했고, 이것이 치명적인 일격이 되고 말았던 것이다. 균형을 잃은 「야마토」는 완전히 옆으로 누워버린 채, 대폭발을 일으키며, 가고시마(鹿児島)현 보노미사키(坊ノ岬) 앞바다에 가라앉았다.

큐슈 앞바다의 야마토 영격전

● 보노미사키 해전(1944년 4월 6~7일)

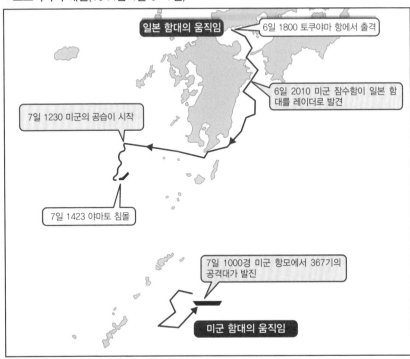

일본 함대의 움직임

6일 1800 토쿠야마 항에서 출격

6일 2010 미군 잠수함이 일본 함대를 레이더로 발견

7일 1230 미군의 공습이 시작

7일 1423 야마토 침몰

7일 1000경 미군 항모에서 367기의 공격대가 발진

미군 함대의 움직임

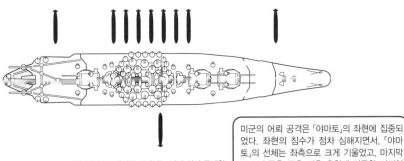

※어뢰의 명중 위치에 대해서는 여러 설이 존재함.

미군의 어뢰 공격은 「야마토」의 좌현에 집중되었다. 좌현의 침수가 점차 심해지면서, 「야마토」의 선체는 좌측으로 크게 기울었고, 마지막으로 숨통을 끊은 것은 우현에 명중한 어뢰였다. 이미 좌측으로 기운 「야마토」는 장갑이 얇은 선체 바닥을 드러냈고, 여기에 명중한 어뢰가 치명타가 되었던 것이다.

용어해설

● **3식탄** → 공중에서 소이탄을 포함한 다수의 자탄을 비산시켜 적기를 격추한다고 하는 원리의 포탄으로, 전함이나 중순양함의 주포에서 발사되었다. 하지만 고속으로 비행하는 항공기를 노리고 발사하는 것은 타이밍을 맞추기가 어려웠기에 그다지 효과를 거두지는 못했다고 전해진다.

2차 대전 당시의 대지 공격 임무

제2차 세계 대전은, 지상전과 해상전을 막론하고, 항공기가 얼마나 중요한 존재인지를 각인시킨 전쟁이었다. 특히 태평양의 여러 섬들에 실시했던 상륙작전은, 항모 없이는 절대 불가능했을 것이다.

● 기습은 항모 작전의 기본

높은 기동력을 지닌 항모를 이용한 공격은, 공격의 시기와 방향을 예측하기 어려워, 그 자체로 기습이 되는 경우가 많다. 항모가 지상의 시설이나 육상 부대를 공격할 때도 이는 마찬가지이다.

태평양 전쟁 개전으로부터 반년 뒤인 1942년 4월 18일, 항모「호넷」은 호위를 맡은 항모「엔터프라이즈」와 함께, 조용히 일본 본토로 접근했다. 그리고「호넷」에서 발진한 **B-25 폭격기**는 도쿄, 나고야, 고베에 대한 공습을 감행했다. 원래 B-25는 육상기였으나, 미군은 일본 본토로부터 떨어진 지점에서 공격하기 위해, 통상의 함재기 대신, 항속거리가 긴 육상기를 사용했던 것이다. 이함은 어찌어찌 가능했지만, B-25를 착함시킨다는 것은 도저히 불가능한 일이었기에, 폭격을 실행한 후에는 중국이나 소련으로 이탈했으며, 불시착하거나 승무원들이 낙하산으로 탈출하는 등, 작전에 참가했던 기체는 결국 전부 손실되고 말았다. 또한 이때「호넷」과 동행하고 있던「엔터프라이즈」는 통상의 함재기를 탑재하고 있었다. 이 공격과 공격을 수행한 공격대는 비행대 지휘관의 이름을 따서 둘리틀 공습, 둘리틀 특공대라 불렸는데, 폭격으로 입힌 피해는 사실 별 것 아니었으나, 처음으로 일본 본토가 폭격을 당했다는 사실은 일본에 있어 충격적인 일이었으며, 미국의 사기는 이 공격을 계기로 크게 오를 수 있었다.

태평양 전쟁의 기본 전개는 미국과 일본 사이의 도서지역의 쟁탈전이었다. 섬을 점령하고 있는 쪽은 섬에 항공 기지를 건설, 이 항공기들을 이용할 수 있었으나, 공격하는 쪽에서는, 아군이 점령한 섬이 항상 가까이 있다고는 할 수 없었기에, 적의 지상 기지 항공기에 대항하기 위해서는 항모 함재기의 지상 공격이 필수였다. 해안에 배치된 방어 병력은 함포 사격으로 제압할 수 있었지만, 내륙에 있는 적을 공격하거나, 상륙 부대 상공의 방공 임무를 수행하기 위해서는 항모의 지원이 꼭 필요했기 때문이다. 항모 없이 실시된 상륙 작전의 대표적인 실패 사례라면, 제1차 웨이크 섬 공략전을 들 수 있을 것이다. 일본군의 상륙 부대는 웨이크 섬을 수비하던 미군 항공기에 큰 피해를 입었으며, 결국 항모의 증원이 도착하기까지 작전을 연기할 수밖에 없었다.

과달카날 섬을 시작으로 한, 미국의 상륙 작전에는 항모의 지원이 빠지지 않았다. 또, 일본군의 포트 모레스비 작전(산호해 전투), 미드웨이 공략(미드웨이 해전)은, 항모 부대가 큰 피해를 입거나, 전멸당하면서 작전을 중지할 수밖에 없었던 케이스로 꼽힌다.

2차 대전 당시의 대지 공격 임무

● 둘리틀 특공대의 일본 본토 공습(1942년 4월 18일)

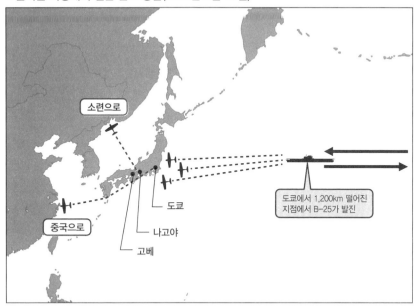

소련으로

도쿄에서 1,200km 떨어진
지점에서 B-25가 발진

도쿄

나고야

고베

중국으로

● 상륙 작전에 있어서 항모의 역할

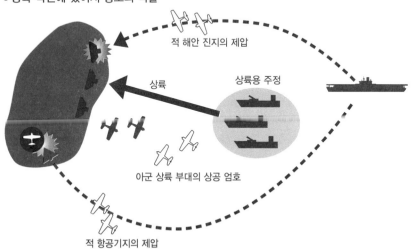

적 해안 진지의 제압

상륙

상륙용 주정

아군 상륙 부대의 상공 엄호

적 항공기지의 제압

● B-25 폭격기 → 쌍발 엔진을 장비한 중형 폭격기로, 물수제비를 튕기듯 항공 폭탄을 투하하는 이른바 반도(反跳)폭격
방식으로 함선 공격에 참가하기도 했다. 둘리틀 특공대의 공습 당시에는 장거리 비행을 위해 대형의 보조 연료탱크를
부착하는 한편, 기체의 무게를 줄이기 위해 당시의 최고 정밀 장비 중 하나였던 노던식 조준장치(Norden bombsight)를
제거하기도 했다.

2차 대전 당시의 선단 호위 임무

항모에 부여된 중요한 역할 가운데 하나가, 바로 물자와 병력을 나르는 수송선단의 항로, 즉 시레인 (Sea lane)의 수호인데, 특히 영국의 경우 많은 수의 항모를 이 임무에 투입했다.

●적 항공기나 잠수함으로부터 선단을 지키는 항모

항모의 임무는 공격만이 있는 것이 아니다. 때에 따라서는 적의 항공기나 잠수함으로부터 병력과 물자를 적재한 선단을 보호하는 호위 임무에도 종사해야 했기 때문이다.

특히 영국은 선단 호위 임무에 항모를 많이 사용했는데, 지중해 전선의 경우, 추축군(독일 + 이탈리아) 공군으로부터 수송 선단을 보호하기 위해, 함대 항모가 호위 임무에 투입되었다. 지중해에는 영국군에 있어 매우 중요한 거점인 몰타 섬이 있어, 이곳에 물자를 수송할 필요가 있었다. 몰타 섬은 대륙과 가까운 거리에 있었기에 선단은 항상 추축군 항공기의 위협에 노출된 상태였다. 영국 항모는 전쟁 이전부터 함재기에 비해 우위에 있던 육상기와의 교전을 상정하여, 비행갑판을 장갑화한 「일러스트리어스」급을 건조해두고 있었다. 이들 항모는 전쟁기간동안 추축국 항공기의 공격을 받은 일도 있었으나, 이를 견뎌내고, 선단 호위 임무를 계속해서 수행했다. 대전 후기에는 태평양 전선에 참전하기도 했는데, 「일러스트리어스」급 항모는 일본의 자살 공격기의 공격을 받았음에도 별다른 피해를 입지 않고 작전을 속행하기도 했다.

또한, 영국은 대서양을 항행하는 수송선단을 노리는 독일군의 잠수함 U보트의 습격으로 골머리를 앓고 있었는데, 영국군은 U보트로부터 선단을 보호하기 위해, 수송선단에 호위 항모를 배치했다. 이들 호위 항모는 구조가 간단하고 속도가 느린 소형 항모였지만, 군함들보다 속도가 느린 상선을 호위하는 데는 충분한 성능이었다.

호위 항모에서 발진한 함재기는 선단의 주위를 초계하며, 눈에 불을 밝히고 잠수함의 항적이나 잠망경을 찾아내는 데 주력했다. 또, 잠수함이 비교적 얕은 심도로 잠항하고 있을 경우에는 하늘에서도 잠수함의 윤곽을 확인할 수 있었다.

호위항모에는 전투기 외에 잠수함을 공격하기 위한 폭뢰를 투하할 수 있도록 개조를 받은 뇌격기 등이 탑재되어 있었다. 이들 함재기는 반드시 잠수함을 격침시킬 필요는 없었다. 항공기가 선단 주위를 초계하고 있는 것만으로도, 잠수함이 선단을 공격하기가 매우 까다로워졌으며, 때에 따라서는 공격을 그냥 단념하는 경우도 있었다고 한다. 선단이 무사히 항해를 마칠 수 있었다면, 그것만으로도 호위 항모는 성공적으로 임무를 완수한 것이었다.

2차 대전 당시의 선단 호위 임무

● 영국군의 몰타 섬 수송 임무

지브롤터 해협을 통과하여 지중해 서부를 지나, 몰타 섬에 이르는 항로는 독일과 이탈리아군 항공 부대의 공습에 노출되어 있었는데, 영국의 장갑 항모는 이 가혹한 임무를 완수해냈으며, 이후 태평양으로 이동, 일본군의 자살 공격에도 버텨내는 저력을 과시했다.

● 대서양에서 펼쳐진 선단 호위 작전

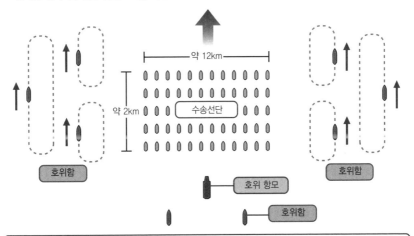

호위 항모에서 발진한 함재기가 선단 주위를 초계하며 잠수함의 항적이나 잠망경을 찾아내기 위해 눈에 불을 밝혔다.

용어해설

● **선단의 대열** → 함선에 있어서, 잠수함의 표적이 되기 가장 쉬운 곳은 실루엣이 가장 크게 드러나는 현측 부분이다. 때문에 선단의 대형을 짤 경우에는 측면의 노출이 최소한으로 이뤄지는 가로로 긴 사각형으로 선박들을 배치했으며, 호위함들은 선단의 측면을 중점적으로 경계했다.

현대의 항모 항공단 편성

현대의 항모 항공단은, 제공 임무와 공격 임무의 양자를 모두 수행할 수 있는 다목적기와 지원기로 구성되어 있다. 국가에 따라서는 대잠 임무를 중시한 편성이 이루어지기도 한다.

● 미국의 항모 항공단은 「작은 공군」이다

항모의 함재기는 각 기종별로, **비행대**(스쿼드론, Squadron)로 편성되며, 각자 전문으로 하는 임무를 수행하게 된다. 2차 대전 당시에는 전투기, 폭격기, 뇌격기라는 3종의 함재기가 각 종류별로 다른 임무를 맡는 비행대로 편성되었으며, 현대에는 1기로 다양한 임무를 수행할 수 있는 멀티롤 함재기의 도입으로, 복수의 임무를 수행하는 비행대가 편성되어 있다. 예를 들어 현대의 미군 항모에는 F/A-18 계통의 전투공격기가 약 48기 탑재되어 있고, 다시 이들로 편성된 4개 전투 공격 비행대가 배치되어 있는데, 모든 비행대가 제공, 대지, 대함 임무를 전부 수행할 수가 있다. 여기에 더해 현대의 미 해군 항모에는 조기경보기, 전자전기, 대함 헬기 등, 항모를 방어하거나 항모 함재기들의 능력을 보조하기 위한 비행대도 배치되어 있어, 미국의 항모 항공단은 항공기로 수행하는 어지간한 임무는 거의 모두 수행이 가능하다. 프랑스의 「샤를 드 골」의 경우도 멀티롤 전투기와 공격기, 조기경보기를 탑재하는 등, 미국의 항모와 거의 유사한 편제를 취하고 있는데, 이러한 양국의 항모 항공 부대는 높은 제공, 공격 능력을 갖춘 기체의 비율이 높아, '공격적'이면서 범용성을 갖춘 편성이라고 할 수 있다.

반면에 캐터펄트를 갖추고 있지 않은 그 외 국가의 항모는, 제공 및 공격 임무를 겸하는 멀티롤 함재기가 배치되어 있기는 하나, 페이로드의 제약이 있어, 대지, 대함 임무에는 충분한 성능을 발휘하기가 어렵다. 하지만 그 대신, 캐터펄트를 필요로 하지 않는 대잠 헬기가 다수 배치되어, 대잠 임무의 비중이 높은, '방어적'인 항모 항공 부대의 편성이 이뤄져 있다. 또한 고정익 조기경보기의 운용이 불가능하기에 조기경보헬기가 배치되어 있는 경우도 존재하지만, 경계 능력은 고정익기에 비해 떨어지는 편이다. 항모로 분류되지 않는 일본의 호위함 「휴우가」의 항공대는 대잠 헬기와 소해 헬기 등으로 편성되어 있다.

그 어떤 편성의 항모라도, 수송기 또는 수송 헬기, 구난 헬기 등, 전투에 직접 참가하지는 않는 항공기는 배치되어 있는 것이 보통이다.

현대의 항모 항공단 편성

● 각국 항모의 항공대 편성 유형별 구성비

캐터펄트가 장비되어 있는 미국, 프랑스의 항모와, 장비
되어 있지 않은 러시아, 이탈리아의 항모 사이에는 항공
대의 편성 비율에 큰 차이가 있다.

미국 항모 「니미츠」급

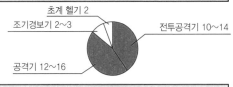

대잠 헬기 6
조기경보기 4
전자전기 4~5
전투공격기 48

공격적 편성!

미국과 프랑스의 항모는 공격
에 사용할 수 있는 함재기의
비율이 높다.

프랑스 항모 「샤를 드 골」

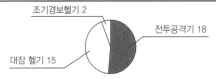

초계 헬기 2
조기경보기 2~3
공격기 12~16
전투공격기 10~14

러시아 항모 「어드미럴 쿠즈네초프」

조기경보헬기 2
대잠 헬기 15
전투공격기 18

이탈리아 항모 「카보우르」

대잠 헬기 12
V/STOL기 8

방어적 편성!

러시아, 이탈리아의 항모는 공
격에 사용할 수 있는 함재기의
비율이 낮다.

● 미국 항모 항공단의 주요 비행대 구성과 종류

명칭	약호	장비 기종
전투공격비행대	VFA	F/A-18C/D, F/A-18E/F
해병 전투공격비행대	VMFA	F/A-18C/D, F/A-18E/F
전자전 비행대	VAQ	EA-18/G
공중 조기경보 비행대	VAW	E-2C
대잠 헬리콥터 비행대	HS	SH-60F, HH-60H
함대 병참지원 비행대	VRC	C-2A

용어해설

● **비행대** → 항공기 부대 편성의 기본 단위. 전투기나 공격기의 경우 10여 기 정도로 편성되어 있으며, 지원기는 2~4기
정도로 편성되기도 한다. 지휘관으로는 대위에서 중령 정도가 보직된다.

현대의 대지 공격 임무

현대의 대지 공격은 적의 방공 시스템, 군 지휘의 중추가 되는 사령부나 통신 시설, 각종 인프라, 그리고 지상 부대에 대하여 핀포인트로 실시된다.

●적의 방공망을 돌파하기 위한 팀워크

대지 공격이란, 적의 방공 시스템, 군 지휘의 중추가 되는 사령부나 통신 시설, 각종 인프라, 그리고 지상 부대에 대하여 실시되는 공격이다.

대지 공격의 주역은 폭탄이나 공대지 미사일을 탑재한 공격기이지만, 적의 전투기나 방공 시스템이 건재하여 격렬한 반격이 예상되는 경우, 이를 돌파하기 위해 제각기 다른 역할을 담당하는 각종 함재기가 협력하여 공격 임무를 수행하게 된다.

공격기의 전방에는 대공 미사일을 장비한 전투기들이 선행 전개하여 적 전투기의 요격에 대비하며, 전자전기가 그 후속으로 들어가 전파 방해를 실시, 적 레이더를 교란하는 등, 적의 눈을 속이는 역할을 맡는다. 다음으로 대 레이더 미사일을 장비한 공격기가 적의 레이더를 파괴, 적의 방공 시스템을 무력화시키는데, 적의 방공 시스템이 강력하여 항모의 함재기 전력만으로 공격을 시도하기 어려운 경우에는, 공군의 **스텔스기**나 공격기, 전자정찰기 등의 협력을 필요로 하게 되는 경우도 있다.

공격기는 생존성을 높이기 위해 소수의 기체로 편대를 구성, 저공 침투를 실시하는 경우가 많으며, 정밀유도폭탄(스마트 폭탄), 공대지 미사일과 같은 정밀 유도 병기를 사용하는데, 만약 항모 항공단이 보유하고 있는 전투공격기 전부를 사용할 경우, 한 번에 360t이나 되는 폭탄을 투하할 수 있다고 한다. 항모에는 통상적으로 대량의 대지 공격용 무기가 탑재되어 있어, 짧게는 수 일, 길게는 2주 정도에 걸쳐 공격 임무를 수행할 수 있다.

이들 공격기의 후방에는, 미군 항모의 경우라면 공중급유기가 대기하고 있으며, 출격 시, 복귀 시에 수시로 연료를 보급해준다. 또한 조기경보기도 후방에 대기하며, 탑재하고 있는 레이더로 전체적인 전황을 파악하여 출격한 함재기들이 효과적으로 작전을 실시할 수 있도록 지시를 내린다. 그러다 적기가 출현했을 경우에는 즉시 이를 발견, 아군의 전투기에게 요격을 지시하기도 한다.

아직 항모에는 스텔스기가 배치되지 않았지만, 장래에는 레이더에 탐지되기 어려운 스텔스기가 대지 공격의 선봉 역할을 맡을 것으로 예상되고 있다.

현대의 대지 공격 임무

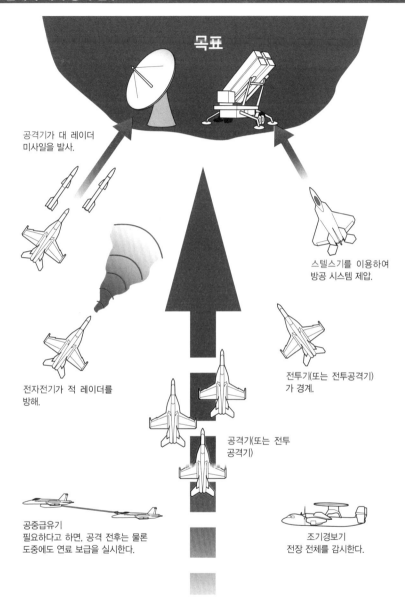

목표

공격기가 대 레이더 미사일을 발사.

스텔스기를 이용하여 방공 시스템 제압.

전자전기가 적 레이더를 방해.

전투기(또는 전투공격기) 가 경계.

공격기(또는 전투 공격기)

공중급유기
필요하다고 하면, 공격 전후는 물론 도중에도 연료 보급을 실시한다.

조기경보기
전장 전체를 감시한다.

용어해설

●**스텔스기** → 기체의 소재, 구조, 형상 등의 개선을 통해 레이더 파의 반사나 적외선의 방출을 최소한으로 억제, 적에게 감지당할 확률을 크게 낮춘 항공기. 미군의 차기 함재기인 F−35C도 스텔스기에 해당하며, 장차 무인기와 함께 항모 항공단의 새로운 주력이 될 예정이다.

현대의 대함 공격 임무

현대의 항모 함재기가 실시하는 함선 공격에는 대함 미사일이 사용되는데, 이 대함 미사일은 안전하게 공격을 실시할 수 있는 먼 거리에서 발사된다.

● 수평선 저편에서 목표를 포착하는 대함 미사일

현대의 항모에서 실시하는 대함 공격은, 공격기에서 발사하는 대함 미사일에 의해 이루어진다. 대함 미사일에는 200kg 전후의 장약이 실려 있으며, 대개는 터보 제트 등을 동력으로 하여 저공을 비행한다. 사정거리는 50~200km 정도로, 개중에는 장거리를 비행할 수 있는 대형 미사일도 존재한다. 대표적인 것으로는 미국의 「하푼(AGM-84)」, 프랑스의 「엑조세」등이 있다.

대함 미사일의 등장으로, 공격기는 적의 수상함이 대공 전투를 수행할 수 있는 범위 바깥에서 공격을 할 수 있게 되었다. 이는, 대함 미사일을 발사하기 전에 적의 공격기를 격추하기 위해서는, 전투 공중 초계(CAP)기에 의존하는 것 외에 다른 수단이 없다는 것을 의미했다.

공격기 측에서 적함의 위치 좌표 등의 데이터를 입력한 뒤, 대함 미사일을 분리하면, 모기(母機)에서 떨어져 나온 미사일은 제트 엔진을 점화, 입력된 좌표를 향해 비행을 개시한다. 이때 대함 미사일은 적의 레이더 탐지를 피하고, 요격이 어려워지도록 해면에 스칠 듯 아슬아슬한 고도로 비행하는 경우가 많으며, 이러한 기능을 갖춘 미사일을 **시스키밍**(Sea-skimming) 미사일이라 부른다.

목표에 접근한 미사일은, 자체 레이더를 작동시켜 최종 목표 탐색에 들어가는데, 대부분의 경우, 가장 레이더 파를 강하게 반사하는 표적, 다시 말해 대형 함선의 함교 부분이 최종 목표로 선택된다. 최근에는 화상 처리 장치를 갖추고, 채프(Chaff) 등의 기만 수단에 속지 않는, 정밀한 미사일도 등장한 상태이다.

현대의 함정들은 두터운 장갑을 갖추고 있지 않기 때문에, 목표에 돌입한 대함 미사일은, 관성의 힘으로 적함의 외벽을 뚫고 들어가 함체 내부에서 폭발하는데, 이때 미사일에 남은 연료가 비산하면서 2차적 화재를 유발하기도 한다.

대함 공격에는 폭탄을 이용하기도 한다. 이 경우, 폭탄을 탑재한 공격기는 적함의 대공 사격을 피하기 위해, 저공으로 접근하는데, 공격 직전에 급상승을 하며 탑재한 폭탄을 던지듯 투하하는 '토스폭격'이라는 전술이 사용된다.

현대의 대함 공격 임무

● (시스키밍) 대함 미사일을 이용한 공격

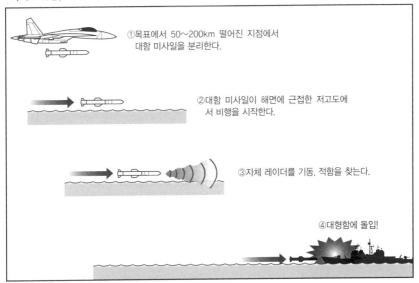

① 목표에서 50~200km 떨어진 지점에서 대함 미사일을 분리한다.

② 대함 미사일이 해면에 근접한 저고도에서 비행을 시작한다.

③ 자체 레이더를 기동, 적함을 찾는다.

④ 대형함에 돌입!

● 토스 폭격

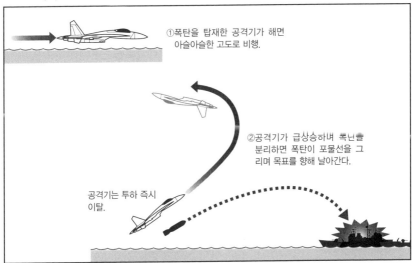

① 폭탄을 탑재한 공격기가 해면 아슬아슬한 고도로 비행.

② 공격기가 급상승하며 폭탄을 분리하면 폭탄이 포물선을 그리며 목표를 향해 날아간다.

공격기는 투하 즉시 이탈.

단편 지식

● **시스키밍 →** 현재의 대함미사일은 거의 모두가 이 기능을 지니고 있지만, 연료를 절약하기 위해, 고공으로 비행하는 경우도 있다. 또한 저공으로 비행을 하다가도 목표를 찾기 위해 고도를 올리는 「팝업(Pop-up)」이라는 기동을 하는 경우가 있는데, 이때는 방공 시스템에 포착되기가 쉽다.

현대의 제공 임무

각종 항공작전을 수행하기 위해서는, 먼저 제공권을 장악, 항공 우세를 점할 필요가 있다. 항모에 탑재된 멀티롤 함재기의 경우, 육상 기지에서 발진한 제공전투기에 비해서는 조금 성능이 뒤처지는 편이다.

●항공 우세를 확보하기 위한 전투기들의 싸움

제공 임무란, 적의 전투기를 격파함으로써 아군의 항공부대가 방해를 받지 않게 하는 한편, 적의 항공 부대의 행동에 제약을 가하는 임무를 말한다. 적 전투기를 격추하여 해당 공역에서의 주도권을 얻는 것을 항공 우세, 또는 제공권을 장악했다고 말하며, 이는 항공 작전을 펼치기 위한 전제 조건이자 필수 조건이라 할 수 있다. 항공 우세를 확보하는 데에는 2가지의 방법이 있다. 우선 첫 번째는, 적의 항공기지를 파괴하여 적 전투기들을 지상에서 격파하는 것으로, 적 항공 기지에 대한 대지 공격의 실행을 통해 이루어진다.

나머지 하나는 공대공전투(공중전)를 통해 적 전투기를 격파하는 것이다. 현대의 공중전은 먼 거리에서도 적을 탐지할 수 있는 레이더와, 긴 사정거리를 지닌 공대공 미사일을 통해 실시되는데, 양측 모두 공대공 미사일 공격이 실패로 돌아가고, 상대거리가 좁혀지게 되면, 고정무장인 기관포를 이용한 격투전에 들어가게 된다. 때문에 전투기는 이러한 능력들을 골고루 갖추고 있어야만 한다. 한때 미군의 항모에 탑재되었던 F-14 톰캣 전투기는, 당시 최대의 사정거리를 자랑했던 AIM-54 피닉스 미사일을 장비했으며, 가변익이라는 특성을 살려 격투전에서도 우수한 성능을 발휘했다. 하지만, F-14의 퇴역 이후, 순수한 의미의 **제공전투기**가 항모에 탑재되는 일은 없어졌으며, 최근에는 멀티롤 전투기가 제공 임무도 같이 맡는 경우가 대부분이다.

공격 임무에서 제공 임무까지 다방면에서 활약하는 전투공격기이지만, 지상에서 발진하는 제공전투기를 상대로는, 전투기로서의 능력이라는 측면에서 조금 뒤처지는 편이다. 항모에 탑재되어 운용 중인 조기경보기 또한, 지상에서 발진하는 기체에 비한다면 크기도 작고, 그 성능도 열세에 놓여 있는 것이 사실이다. 이 때문에, 소규모 공군밖에 보유하지 않는 적을 상대로 하는 것이 아닌 한, 항모의 함재기만으로 지상에서 발진하는 항공기 부대와 항공 우세를 다투는 일은 피할 것을 권하고 있다. 따라서 항모 함재기에 의한 제공 임무는 대지, 대함 공격을 실시하는 아군 공격기의 엄호나, 항모 주위 상공의 방위 등, 한정적인 항공 우위 확보에 주안점이 맞춰져 있다.

현대의 제공 임무

●현대의 공대공 전투

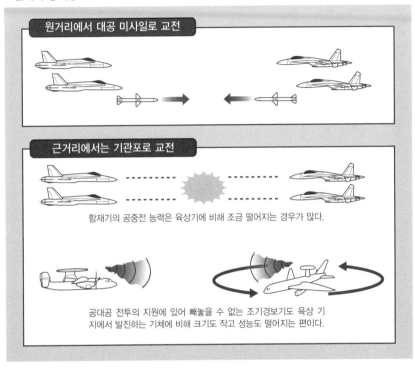

원거리에서 대공 미사일로 교전

근거리에서는 기관포로 교전

함재기의 공중전 능력은 육상기에 비해 조금 떨어지는 경우가 많다.

공대공 전투의 지원에 있어 빼놓을 수 없는 조기경보기도 육상 기지에서 발진하는 기체에 비해 크기도 작고 성능도 떨어지는 편이다.

●항모에 탑재된 멀티롤기를 이용한 제공 임무는 한정적이다

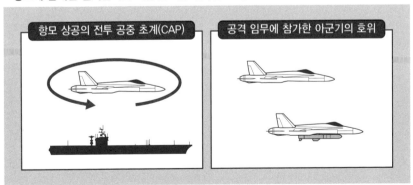

항모 상공의 전투 공중 초계(CAP)

공격 임무에 참가한 아군기의 호위

용어해설
●제공전투기 → 적의 전투기를 격파, 항공 우세를 확보하는 것에 중점을 두고 만들어진 전투기. 고속 성능에 더해, 높은 기동성을 지니고 있으며, 원거리에서 미사일 공격을 실시할 수 있도록, 고성능의 레이더와 화기 관제 시스템을 갖추고 있다. 미국의 F-14, F-15나 F-22, 러시아의 Su-22, Su-33 등이 대표적인 기체들이다.

시레인 방위와 포함 외교

공해상이나 대륙 근해에 전개되는 항모는, 그 존재만으로 해당 지역의 안전보장이나 외교에 있어 큰 영향을 줄 수 있는 힘을 지니고 있다.

●항모는 그 존재감 하나만으로도 영향력을 발휘할 수 있다

항모에 부여된 큰 역할 가운데 하나로, 시레인(Sea lane, 해상 교통로)의 방위를 들 수 있다. 시레인이란, 각국의 경제활동에 있어 꼭 필요한 물자를 주로 운송하는 상선이나 유조선 등의 항로, 또는 이러한 교통의 흐름을 의미하는 것이다. 예를 들어 중동에서 일본으로 석유를 운반하는 시레인은 중동에서 아라비아 해, **인도양**, 동남아시아 연안을 거쳐 일본에 이르는 대단히 긴 항로이며, 도중 어딘가에서 분쟁이 발발하기라도 하면 곧바로 심각한 위기에 처하게 된다. 이 때문에 제2차 세계 대전 당시 영국은 다수의 호위 항모를 건조, 북미 대륙에서 영국 본토로 물자와 병력을 운송하는 선단 호위에 임했으며, 냉전시대의 경우에도, 구 소련 잠수함으로부터 유시시 미국에서 유럽으로 파견될 증원부대를 운송하는 선단을 보호하는 것이 항모 부대에 내려진 주요 임무 가운데 하나였다. 항모는 이동이 가능했으며, 함재기를 이용해 넓은 해역의 초계 임무를 수행할 수 있었기에, 전 세계에 거미줄처럼 펼쳐져 있는 시레인의 안전 보장에 있어 꼭 필요한 존재였던 것이다. 초강대국끼리의 대립이었던 냉전이 끝난 현대에 들어와서는, 외양에서 시레인이 위협받을 가능성이 희박해진 대신, 대륙 연안에서 활동하는 해적이나 테러리스트 정도가 위협의 중심이 되었으며, 덕분에 소형 수상함정이나, 탑재 헬기, 육상 기지에서 초계기 정도로도 시레인의 위협에 충분히 대처할 수 있게 되었다. 하지만, 초강대국이 외양에서 대립하게 되는 사태가 벌어진다면, 시레인의 방위에 다시금 항모를 필요로 하게 되는 시대가 찾아올 것이다.

항모에는 **현시**, 다시 말해 그 존재를 과시하는 것만으로도, 우호국의 안전보장에 기여하는 동시에, 적대세력에 대한 압박을 주는 효과가 있다. 이른바 '포함 외교'라는 것이다. 포함 외교란, 군사력을 배경으로 하는 외교 전략의 일종으로, 일찍이 서구 열강들이 상대 국가의 연안 지역에 포함을 파견한 상태에서 교섭을 진행했던 것에서 유래한다. 항모는, 언제라도 적성국가 주변 해역의 공해상에 파견할 수 있으며, 거기에 머무를 수도 있다. 또한, 해당 해역에 머무르고 있는 항모는 언제라도 그 전력을 투사할 수 있기에, 상대는 한 발 물러서거나 교섭에 응하지 않을 수 없게 되는 것이다.

시레인의 방위와 포함 외교

● 일본의 시레인

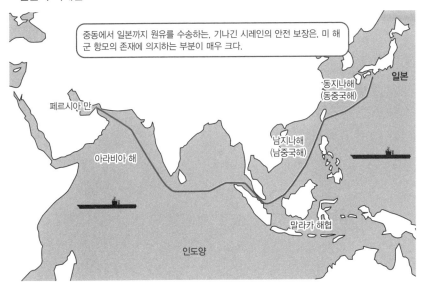

중동에서 일본까지 원유를 수송하는, 기나긴 시레인의 안전 보장은, 미 해군 항모의 존재에 의지하는 부분이 매우 크다.

일본

동지나해
(동중국해)

페르시아 만

남지나해
(남중국해)

아라비아 해

말라카 해협

인도양

● 포함 외교

항모가 자국 근해에 존재할 경우, 교섭에 응하지 않을 수가 없게 된다.

언제라도 날려 보낼 수 있거든?

에도시대 말기, 일본의 개국을 종용했던 미국의 페리 함대 또한 포함 외교라 할 수 있다.

어서 개국하시치?

용어해설
● **인도양** → 일본 해상자위대와 인도 해군은 합동 훈련을 실시하고 있다.
● **현시(presence)** → 원래 '드러내어 나타내다' 라는 뜻으로, 특히 군사적으로 강한 영향력을 가지고 있으며, 이를 대외적으로 드러낼 때 사용한다.

항모에 의한 핵 공격

냉전시대, 미국, 소련, 영국, 프랑스의 항모에는 핵폭탄, 핵어뢰 등의 전술핵병기가 탑재되어 있었으나, 현재는 모습을 감추고 있는 중이다.

●점차 사라지는 추세인 항모의 핵병기

　제2차 세계 대전 말기에 개발된 핵무기는 그때까지의 군사상식을 완전히 뒤집어버릴 정도로 강력한 위력을 갖고 있었다. 때문에, 핵무기만 있다면 항모와 같은 재래식의 통상 전력 따위는 아무 의미를 갖지 못하며, 항모 또한 전부 폐기해야 한다는 극단적인 주장까지 나올 정도였다.

　미 해군은 항모의 가치를 알리기 위해, 핵폭탄을 운용할 수 있는 대형의 장거리 함상 공격기 A-3 스카이워리어를 개발했으며, 덕분에 항모는 미국의 핵전략의 일부를 간신히 떠맡을 수 있었다.

　하지만, 얼마 가지 않아, 이전부터 핵공격을 맡아왔던 전략폭격기에 더하여 새로이 개발된 대륙간 탄도 미사일(ICBM)과 잠수함 발사 탄도 미사일(SLBM)이 핵전력의 주요 전력으로 부상하면서, 전략 핵전력으로서의 항모의 역할은 종말을 고하게 되었다.

　한편, 소형의 핵탄두가 개발되면서, 통상의 함상공격기로도 핵병기를 운용할 수 있게 되었는데, 이는 미국을 비롯하여 소련, 영국, 프랑스의 항모에 전장에서의 사용을 목적으로 하는 전술 핵병기, 다시 말해 핵폭탄과 핵어뢰 등을 상시 탑재하게 된다는 것을 의미했다. 또한, 1980년대에 미국은 핵탄두를 탑재 가능한 순항 미사일을 개발, 수상 전투함에 이를 배치했다. 항모와 함재기에서는 순항 미사일을 운용하지 않았으나, 항모 전단을 구성하는 함정이 긴 사정거리를 자랑하는 순항 미사일을 탑재하고 있었기에, 다시 항모가 전략 핵공격의 일익을 담당하게 되었다.

　냉전 종식 이후, 핵병기를 항모 등에 배치하는 의미가 약해지면서, 미국과 러시아는 수상함에 핵병기를 배치하지 않기로 결정했다. 2014년 현재 핵병기를 보유하고 있는 국가로, 항모에 핵병기를 탑재한 것은 프랑스가 유일하다. 예전부터 미국이 제공하는 핵우산에 의존하지 않는 전략을 택해왔던 프랑스만이 예외적으로, 항모 「샤를 드 골」에 탑재되어 있는 쉬페르 에탕다르 공격기는 공대지 핵 미사일「ASMP」를 운용할 수 있다. 장차 이 임무는 멀티롤 전투 공격기인 라팔 M이 이어받을 예정이라고 한다.

항모에 의한 핵공격

● 전략 핵전력의 3대 주력

기지에서 발사되는 ICBM
(대륙간 탄도 미사일)

잠수함에서 발사되는 SLBM
(잠수함 발사 탄도 미사일)

전략 폭격기

냉전 체제 아래에서도 항모는 「전략」 핵전력에 끼지 않았다.

● 프랑스 항모에 탑재된 핵병기

쉬페르 에탕다르 공격기

프랑스의 공대지 핵 미사일 「ASMP」

TNT화약 300킬로톤에 해당하는 위력의 탄두를
탑재하고 있으며, 고고도에서 발사했을 경우, 최
고 속도는 마하 3, 사정거리는 250km에 달한다.

단편 지식

● 항모불요론 → 제2차 세계 대전 종전 후, 핵병기의 등장으로 통상 병기가 더 이상 필요치 않다는 의견이 제기되기 시
작하면서, 미국의 경우 특히 가격이 비싼 항모가 냉랭한 시선의 표적이 되었다. 이러한 분위기는, 1947년 「코럴시(USS
Coral Sea)」가 취역한 뒤, 1955년에 「포레스탈」이 취역하기까지 신규 항모 건조의 공백이 발생하는 원인이 되기도 하
였다.

전 세계를 커버하는 미 해군

미국은 언제나 2~3척의 항모를 지중해, 서태평양, 인도양 방면에 파견하고 있다. 또한 일본 요코스카의 해군기지에도 이곳을 모항으로 삼은 1척의 항모가 상시 대기 중이다.

●항모는 어디에 있는가?

세계 어딘가에서 긴장이 고조되었을 때, 미국 대통령은 먼저 측근에게 「우리 항모는 어디에 있는가?」라고 묻는다고 하는 것은 유명한 얘기이다. 미국은 세계의 안전 보장에 깊이 관여하고 있으며, 그 힘을 뒷받침해주는 것이 바로 미 해군의 항모와 해병대인 것이다. 특히 항모의 경우는 세계의 육지 60%를 함재기의 작전 행동 범위 안에 두고 있다고 알려져 있으며, 이 범위 안에는 전 세계의 주요도시 대부분이 포함되어 있다. 미국의 항모는 다양한 함재기를 탑재하고 있으며, 제공, 대지 공격, 정찰, 초계 등, 항모 1척으로 다양한 임무를 수행할 수 있다는 점 또한 큰 장점이라 할 수 있다. 다만, F-14 함상전투기가 퇴역한 뒤로는 제공 임무의 수행능력이 감소했으며, 공격 임무의 비중이 좀 더 올라간 상태이다.

항모가 출동하게 되면, 굳이 실제로 전력을 투사하지 않더라도, 해당 지역의 국가들에게는 무언의 압박을 가할 수가 있다. 항모를 통한 해군력의 현시, 흔히 말하는 포함 외교인 것이다. 긴장이 고조된 지역에 출동하여, 거기에 「주류」하고 있는 것을 통해 분쟁 당사국의 지도부에 무언의 「압력」을 가할 수 있게 된다. 기본적으로 항모는 바다 위에 있기 때문에, 해외에 주류하는 미군 기지와는 달리 일반 시민들의 눈에 잘 띄지 않으며, 덕분에 타국의 주민들에게서 불필요한 반감을 사게 될 우려도 적은 편이다. 항모가 출동할 때, 가장 중요한 것은 **공해** 항해의 자유이다. 미국에 있어 공해라는 것은 항모가 자유롭게 이동할 수 있는 해역에 다름 아닌 것이다.

미국의 항모는 항상 2~3척이 지중해, 서태평양, 인도양 방면에 파견되어 있다. 중동, 북한, 대만 등의 주변 해역에 전개하여, 공해상에서 테러리스트, 적성국가, 적성 세력을 위협하며, 정보를 수집하면서, 불의의 사태에 대비하고 있는 것이다. 또한 항모 1척은 일본의 요코스카를 모항으로 삼은 상태에서 본국에 돌아가지 않는 이른바「전진 배치」상태로 있는 중이다.

미국의 항모는 한국 전쟁, 베트남 전쟁, 걸프전, 이라크 전쟁 때에도 출동하여, 본국에서 멀리 떨어진 전장에서 각종 임무를 수행했다.

전 세계를 커버하는 미 해군

● 미국의 항모가 전개되어 있는 주요 해역

한반도 주변 해역
남과 북으로 갈린 채 분단이 지속되고 있는 한반도에서 긴장이 고조되면 항모가 출동한다.

대만 해협
대만의 독립을 둘러싸고 의견의 대립이 심해지면, 바로 항모가 출동한다. 1996년의 「대만 해협 미사일 위기」 당시에도 항모가 출동, 중국을 견제했다.

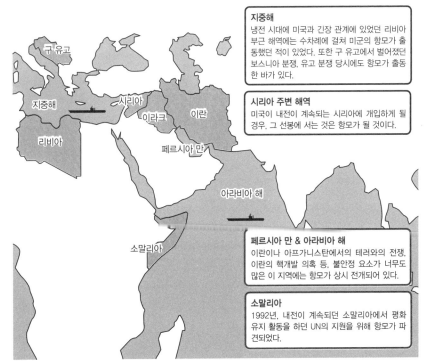

지중해
냉전 시대에 미국과 긴장 관계에 있었던 리비아 부근 해역에는 수차례에 걸쳐 미군의 항모가 출동했던 적이 있었다. 또한 구 유고에서 벌어졌던 보스니아 분쟁, 유고 분쟁 당시에도 항모가 출동한 바가 있다.

시리아 주변 해역
미국이 내전이 계속되는 시리아에 개입하게 될 경우, 그 선봉에 서는 것은 항모가 될 것이다.

페르시아 만 & 아라비아 해
이란이나 아프가니스탄에서의 테러와의 전쟁, 이란의 핵개발 의혹 등, 불안정 요소가 너무도 많은 이 지역에는 항모가 상시 전개되어 있다.

소말리아
1992년, 내전이 계속되던 소말리아에서 평화 유지 활동을 하던 UN의 지원을 위해 항모가 파견되었다.

용어해설
● 공해(公海) → 한 국가의 해안에서 12해리(약 22km) 범위에 속하는 해역은 그 국가의 영해이다. 공해란 어느 국가의 영해에도 속하지 않는 해역을 말하며, 각 국가의 함정들은 공해를 자유로이 항해할 수 있다. 또한 타국의 영해 안이라도, 해당국가의 안전에 위해를 가하지 않는 한은 그 해역을 통과할 수 있는 「무해통항권(right of innocent passage)」이 국제법으로 보장되어 있다.

각국이 항모에 요구하는 역할 1 - NATO 가맹국

냉전 시대, 동유럽 국가들과의 전쟁을 상정하고 있던 NATO 가맹국들이었지만, 오늘날에는 유럽 주변 지역의 안전보장에 적극적으로 관여하려고 하고 있는 상태이다.

●역내 방위에서 역외의 안전보장으로

냉전이 종식된 뒤, 구 소련을 비롯한 동유럽 국가들과의 전쟁에 대비하여 결성된 NATO (북대서양 조약기구)군의 활동 목적은 서유럽 지역의 안전보장에서, 동유럽을 포함한 유럽 전체의 분쟁 예방이나 위험 관리로 이행되었다. 그리고 NATO는 중동, 아프가니스탄, 북아프리카 등의 지역에까지 활동 영역을 넓히고 있으며, UN에 협력하여 세계 각지의 안전보장에도 관여하고 있다.

이러한 흐름 속에 NATO 회원국들이 보유하고 있는 항모가 맡고 있던 역할에도 변화가 시작되었다. 냉전기에는 주로 영국의 「인빈시블」급 항모나 이탈리아의 「주세페 가리발디」로 대표되는, 구 소련 해군의 잠수함에 대항하고자 건조된 V/STOL 항모가 중심이었다. 하지만 현대에 들어와서는, 항모에 전력의 투사, 다시 말해 대지 공격 임무나 상륙 부대를 분쟁 지역까지 수송하는 임무를 요구하게 된 것이다. 현재 영국은 F-35B를 운용하는 대형 항모 「퀸 엘리자베스」(만재배수량 : 65,000t)을 건조 중으로, 이것이 완성된다면, 제공과 대지 공격 임무에서 능력을 발휘할 것이라 예상되고 있다. 또한 이탈리아의 「카보우르」는 V/STOL 항모이지만, 상륙함으로서의 기능도 겸하고 있으며, 스페인의 「후안 카를로스 1세」의 경우는 강습상륙함으로 분류되지만, V/STOL기의 운용이 가능하다. 이 2척은 한정적인 제공, 대지 공격 능력을 지닌 것에 그치지 않고, 상륙 부대나 물자를 운반할 수 있는 능력을 지니고 있어, 1척으로 지역 분쟁에 대응할 수 있으며, 이 능력은 재해 파견이나 인도적 지원 임무에 투입되었을 때에도 대단히 유효하다 할 수 있을 것이다.

프랑스는 원자력 추진으로 CTOL기의 운용 능력을 지닌 CATOBAR 항모 「샤를 드 골」을 운용하고 있다. 「샤를 드 골」은 미 해군 항모와 함께 아프가니스탄 전쟁에 참가, 정찰 및 대지 공격을 수행했다. 또한 「샤를 드 골」은 핵 미사일 운용 능력을 보유하고 있어, 프랑스 항모는, 미국을 제외한 NATO 가맹국 중에서는 정말 예외적이라 할 정도로 공격적인 성격이 강하다고 할 수 있을 것이다.

각국이 항모에 요구하는 역할 1 – NATO 가맹국

● NATO 각국 항모의 역할

미국처럼 본격적인 항모를 갖고 싶다!

프랑스「샤를 드 골」

「공격력이 높다!」

영국「퀸 엘리자베스」(건조 중)

「퀸 엘리자베스」는 건조 도중에, CATOBAR 방식과 STOVL 방식 사이에서 어느 쪽을 채택할 것인지, 건조 방향을 둘러싸고 혼란이 있었으나, 현재는 F–35B를 운용하는 STOVL 방식으로 방향을 잡아 건조가 진행 중이다.

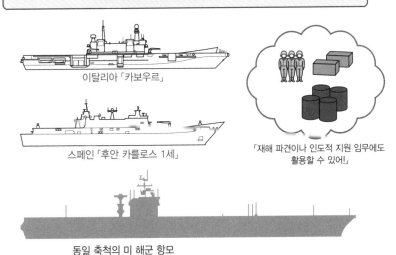

상륙 부대나 물자도 운반했으면 한다!

이탈리아「카보우르」

스페인「후안 카를로스 1세」

「재해 파견이나 인도적 지원 임무에도 활용할 수 있어!」

동일 축척의 미 해군 항모

단편 지식

● **NATO와 세계의 안전보장** → NATO는 미국과 서유럽 국가들이 소련을 비롯한 동유럽 국가에 대항하기 위해 결성한 군사 동맹 기구이지만, 냉전이 끝난 이후로는 구 유고슬라비아 등, NATO 역외 지역에서도 평화 유지 활동을 실시하고 있다. 지난 2001년, 미국이 동시다발적 테러를 당했을 때에도 NATO는 집단자위권을 발동, 아프가니스탄 전쟁과, 전후의 평화 유지 활동에 참가하였다.

각국이 항모에 요구하는 역할 2 – 그 외 기타국가

예산이나 정치적 제약으로 인해 본격적인 대형 항모를 보유할 수 없는 국가에서는 그 용도를 한정하여 항모를 운용하고 있다.

●각 국가별로 달라지는 항모의 운용

미국, 프랑스 이외 국가의 항모는 대부분 캐터펄트를 장비하지 않았으며, 대신에 스키점프대를 이용하여 CTOL기나 V/STOL기를 이함시키는 방식을 사용하고 있다. 하지만 이로 인해, 중무장을 한 함재기를 운용하기 어려웠으며, 공격력, 특히 대지 공격 능력이 크게 떨어지는 문제점이 있었다. 이러한 이유 때문에, 한정적인 **해상 항공 전력**으로, 방공 임무에 사용되거나, 대잠 헬기를 탑재하고 대잠 임무에 투입되는 모습을 보였다. 또, 커다란 선체를 살려, 재해 시 물자 운송에도 사용되었다.

러시아의 STOBAR 항모인 「어드미럴 쿠즈네초프」는 Su-33 함상전투기와 대잠 헬기 등을 탑재하고, 방공 및 대잠 임무를 주로 담당하고 있다.

중국의 경우는 STOBAR 항모인 「랴오닝」(구 소련이 건조했던 「어드미럴 쿠즈네초프」급 항모 「바리야그」)을 시험 운용 중인데, J-15 전투기를 탑재할 예정이며, 현재 **대양 해군**을 목표로 빠른 성장세를 보이고 있는 중국 함대의 방공 임무에 사용될 것으로 보인다.

인도는 해리어를 탑재한 「비라트」(원래는 영국의 「허미즈」)를 운용 중이며, MIG-29 함상전투기를 탑재하는 「비크라마디티야」(원래는 러시아의 **「어드미럴 고르시코프」**)가 취역을 앞두고 있다(※역자 주 : 2013년 12월에 취역). 인도 해군도 자국 함대가 아라비아 해나 벵골 만에 출동했을 때 함대의 상공을 지키는 방공 임무에 항모를 사용하고 있으나, 주변국에 대하여 군사력을 과시하는 역할을 맡고 있기도 하다.

브라질은 CATOBAR 항모인 「상파울루」(원래는 프랑스의 항모 「포슈」)를 운용하고 있으나, 탑재기로 운용중인 AF-1 스카이호크 공격기가 구식화되었다는 문제가 있으며, 태국의 경우도 마찬가지로, 동남아시아에서 유일하게 V/STOL 항모인 「차크리 나루에벳」을 운용하고 있으나, 만재배수량이 불과 11,000t에 불과하여 능력이 대단히 낮다는 문제가 있다. 이 때문에, 두 항모 모두 실제 사용되는 전력이라기보다는, 그 국가의 심볼이라는 측면이 더 강한 케이스라 할 수 있을 것이다.

일본의 「휴우가」나 「이즈모」형 호위함은 항모와 마찬가지로 전통식 평갑판을 가지고 있으나, 「이즈모」형 호위함이 어느 정도의 수송 능력을 보유하고 있다는 차이가 있을 뿐, 양쪽 모두 기본적으로는 대잠 임무를 주로 수행하고 있다.

각국이 항모에 요구하는 역할 2 – 그 외 기타국가

해상 항공 전력으로서

중국 「랴오닝」
J-15와 헬기를 합쳐 20기 전후의 함재기를 운용할 수 있을 것으로
보이며. 온전한 전력으로 실전 배치된다면 중국 항공 전력의 활동 범
위가 크게 넓어질 것으로 전망된다.

국가의 심볼?

태국 「차크리 나루에벳」
AV-8S 마타도르 6기, 대잠 헬기 4기가 탑재기의 전부로, 「왕실 전용
요트」라는 등의 야유를 듣고 있는 실정이다.

대잠 임무 중시

일본의 헬기 탑재 호위함 「휴우가」
항모까지는 아니지만, 다수의 헬기를 운용하는 함정은 사실상 항모에
준하는 존재라 할 수 있다. 「휴우가」는 대잠 헬기와 수송 헬기 등, 최
대 10기를 탑재, 운용 가능하며, 고정익기의 운용은 불가능하지만, 장
래에는 틸트로터기인 오스프리를 운용하게 될 가능성도 있다.

동일 축척의 미 해군 항모

용어해설

● **해상 항공 전력** → 외양에서 활동하는 함대를 지원하거나, 외양의 적 함대를 공격하는 항공기. 육상기의 행동 범위 바
깥에서는 항모와 항모 함재기가 그 임무를 맡는다.

● **대양 해군** → 보다 적극적인 해양 정책을 펼치기 위해 외양(대양)에서 활동 할 수 있는 대형함 중심으로 편제된 해군.

● **어드미럴 고르시코프** → 「키예프」급 항모 4번함으로 원래의 함명은 「바쿠」였다.

냉전 시대 항모의 역할

냉전 시대, 동서간의 대립이 격화되어가던 중에 일어났던 한국 전쟁과 베트남 전쟁에 참가한 항모는 전장 부근까지 진출하여 각종 임무를 수행했다.

●냉전기에 발발한 「뜨거운 전쟁」에 참전했던 항모

제2차 세계 대전이 끝난 뒤, 미국을 중심으로 한 서유럽 국가들과 소련을 중심으로 한 동유럽 국가들이 대립하는 냉전 시대에 돌입했다. 이 시대에는 양 진영이 대량으로 배치한 핵병기로 인해 항모불요론 등이 제창되기도 했으나, 그럼에도 불구하고 통상의 재래식 전력 가운데, 항모의 중요성은 변치 않았다. 대전이 끝나고, 불과 5년 후에 발발한 한국전쟁에서 항모는 중요한 역할을 수행했다. 1950년 북한이 대한민국을 기습적으로 침공, 아직 장비가 빈약했던 한국군은 불의의 기습 앞에 총체적으로 붕괴하며 국토의 거의 대부분을 침략군에 내줄 수밖에 없는 상황에 빠지게 되었다. 하지만 미국의 항모 「밸리포지(USS Valley Forge)」와 영국의 「트라이엄프(HMS Triumph)」 등이 대한민국을 지원하기 위해 급파되면서 북한군 부대와 북한의 보급선을 공격, UN의 대규모 지상군 증원이 도착하기 전까지, 불리했던 상황 속에서도 전선을 유지하는 데 크게 기여했다. 이후 3년에 걸쳐 지속된 전쟁의 전 기간 동안, 항모 부대는 각종 임무를 수행하며 바쁘게 움직였다.

한국전에서 보여준 활약을 통해 항모가 그 가치를 다시금 증명하면서, 미국은 초대형 항모인 「포레스탈」급의 건조를 시작했다. 「포레스탈」급이 실전에 투입된 것은 베트남 전쟁이 처음이었다. 둘로 갈라져 있던 남과 북, 양 베트남 사이에 일어난 분쟁이 본격적인 전쟁으로 발전하면서, 남베트남을 지원하고 있던 미국은, 1964년에 일어난 **「통킹 만 사건」**을 계기로, 본격적인 군사 개입에 들어갔다. 당시 수 척의 미국 항모가 북베트남의 통킹 만에 전개되어 있었고, 이들이 전개되어 있던 해역을 「양키 스테이션」이라 불렀는데, 「미드웨이」급, 「포레스탈」급, 그리고 세계 최초의 원자력 항모였던 「엔터프라이즈」가 북베트남에 대한 대지 공격과 기뢰 부설 임무를 수행했다.

냉전 시대 당시, 분쟁 지역에서의 우방국 지원 임무에 이어 항모에 부여된 또 한 가지의 중요한 역할은 대잠 임무였다. 구 소련 해군은 대량의 잠수함 전력을 보유하고 있었기에, 서방측에서는 전 세계 규모에서 이들의 동향을 감시, 유사시에는 이를 격파할 필요가 있었던 것이다. 육상에서 멀리 떨어진 외양에서의 대잠 작전에는 항모에서 발진하는 대잠초계기와 대잠 헬기 전력이 필수였다.

냉전 시대 항모의 역할

● 한국 전쟁 당시 출동한 미국 항모

38도선을 넘어 대한민국에 대한 군사 침략을 감행한 북한군은 일시적으로 대한민국의 영토를 거의 석권할 기세를 보였으나, 미국의 항모를 시작으로 한 반격에 점차 그 기세를 상실했다.

중국

북한

대한민국

현재의 군사분계선(MDL)

일본

● 베트남 전쟁 당시 출동했던 미국 항모

중국

북베트남

통킹 만

라오스

태국

캄보디아

남베트남

북베트남 앞바다인 통킹 만에는, 언제나 수 척의 미 해군 항모가 전개되어 있었으며, 해당 해역은, 일명 「양키 스테이션」이라 불렸다.

용어해설

● **통킹 만 사건 →** 남북 베트남이 전쟁 상태에 들어가던 1964년 8월, 통킹 만에서 작전 중이던 미 해군 구축함이 북베트남 초계정으로부터 어뢰 공격을 한 것으로 알려진 사건. 그 진상에 관해서는 여러 가지로 의문이 제기되고 있으며, 남베트남의 함으로 오인하고 공격했다는 등, 미국 측의 음모였다는 설도 돌고 있다.

포클랜드 전쟁 당시의 항모의 역할

포클랜드 전쟁에 있어 영국이 파견한 2척의 V/STOL 항모는 포클랜드 제도의 탈환에 결정적인 역할을 수행했지만, 방공능력의 부족은 이후의 숙제로 남았다.

● 포클랜드 탈환의 필요조건이었던 항모

1984년 4월 2일, 아르헨티나는 이전부터 영유권을 주장해왔던 영국령 포클랜드 제도를 군사적으로 점령했다. 여기에 대하여 영국 측은 그 즉시 항모 「인빈시블」과 「허미즈」를 중심으로 한 기동부대와 해병대를 파견했는데, UN주도의 외교적 중재도 불발로 끝나고 말았기 때문에, 결국 양국의 군사적 충돌은 피할 수 없는 것이 되었다. 포클랜드 제도는 대서양 남부에 위치했는데, 가장 가까운 곳에 위치한 영국군의 항공기지인 어센션(Ascension) 섬에서도 2,000km 이상 떨어져 있어, 대형 폭격기라고 해도 수차례에 걸친 공중 급유를 받지 못하면 도저히 출격 불가능한 곳이었다.

해병대 병력으로 포클랜드를 탈환하기 위해서는 항공 전력의 지원이 반드시 필요했으며, 항공 부대는 상륙 함정과 상륙 부대를 아르헨티나 공군으로부터 보호해야만 했는데, 이 모든 임무를 2척의 항모에 탑재되어 있던 해리어가 수행했다. 당초에는 해군 소속의 시 해리어 20기뿐이었던 항공부대였지만, 공군의 해리어 GR.3이 추가 배치되면서, 최종적으로는 42기가 포클랜드로 파견되었다.

아르헨티나 군은 영국 원정군의 핵심 전력이라 할 수 있는 2척의 항모를 공격하기 위해 본토의 기지에서 쉬페르 에탕다르 공격기를 출격시켰으며, 아르헨티나의 공격기들은 영국 함대가 발신하는 레이더 파의 방향으로 엑조세 대함 미사일을 발사했다. 첫 번째 공격은 함대 외곽에서 피켓함으로서의 임무를 수행하던 구축함 「쉐필드(HMS Sheffield)」를 격침시켰으며, 두 번째 공격은 해리어와 헬기를 운반하는 데 사용되었던 컨테이너선 「애틀란틱 컨베이어(SS Atlantic Conveyor)」를 격침했다. 이 두 번째 공격은 영국의 항모에 명중할 뻔 했으나, 전파 방해로 인해 표적을 상실한 엑조세 미사일이 다음 표적으로, 상대적으로 덩치가 큰 컨테이너선을 노린 것이 아닌가하고 추측되고 있다. 영국 항모에는 조기경보기가 탑재되어 있지 않았는데, 이 때문에 아르헨티나 공격기의 접근을 허락했다는 지적이 나왔으며, 이 일을 교훈삼아 영국 해군은 레이더를 장비한 조기경보헬기를 도입, 항모에 탑재하여 운용하게 되었다.

포클랜드 전쟁 당시의 항모의 역할

● 포클랜드 제도의 위치

영국

어센션 섬

아르헨티나

포클랜드 제도

사우스조지아 섬

0   2000km

영국 본토에서 포클랜드 제도까지의 거리는 약 13,000km로, 그 사이에서 영국이 이용할 수 있는 것은 대서양 한가운데에 있는 작은 섬인 어센션 섬뿐이다. 아르헨티나는 영국이 포클랜드 제도를 탈환하러 올 리가 없다고 생각했지만, 당시 영국의 수상이었던 마거릿 대처는 대원정을 결정했다.

영국 항모의 함재기들은 바로 코앞에 있는 아르헨티나 본토에서 몰려오는 적기와 사투를 치러야 했다.

영국 원정군은 항모의 지원을 받으며 5월 21일에 포클랜드 제도에 상륙, 격렬한 전투를 치른 끝에 6월 14일, 점령군인 아르헨티나 군의 항복을 받아냈다.

● 영국 항모에 대한 아르헨티나 공군의 공격(5월 4일)

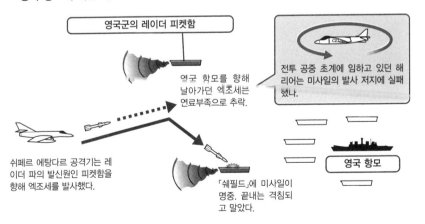

영국군의 레이더 피켓함

영국 항모를 향해 날아가던 엑조세는 연료부족으로 추락.

전투 공중 초계에 임하고 있던 해리어는 미사일의 발사 저지에 실패했나.

쉬페르 에탕다르 공격기는 레이더 파의 발신원인 피켓함을 향해 엑조세를 발사했다.

「쉐필드」에 미사일이 명중. 끝내는 격침되고 말았다.

영국 항모

단편 지식

● **아르헨티나의 항모** → 당시 아르헨티나는 A-4 스카이호크 공격기와 쉬페르 에탕다르 공격기를 탑재하는 항모 「베인티 싱코 데 마요」(원래는 영국의 「베네러블」)을 보유하고 있었으나, 기관 고장 등의 문제로 전쟁 중에는 단 한 차례 출동했던 것이 고작이었고, 줄곧 본국의 항구에 묶여 있었다. 만약 양측의 항모가 맞붙었다면, 1944년 레이테 만 해전 이래, 처음으로 치러지는 항모 결전이 되었을 것이다.

걸프 전쟁 당시의 항모의 역할

걸프 전쟁 당시 다국적군의 핵심이었던 미군은 다수의 항모를 파견했으며, 이들 대규모 항모 전력은 이라크 군의 전의를 상실시키는 데 많은 기여를 했다.

●다수의 항모가 정규군을 상대로 싸운 최후의 전쟁

1990년 8월, 이라크는 쿠웨이트에 대한 침공을 실시했다. 당시, 세계 4위의 군사 대국이라 일컬어졌던 이라크가 돌연히 군사 행동에 나선 것은 전 세계에 충격을 주었다. 사우디아라비아의 요청을 받은 미국은 이라크가 이 이상의 침공을 꿈꾸지 못하도록, 페르시아 만에 부대를 전개했는데, 전진 배치 중이었던 항모「인디펜던스」는, 그 즉시 인도양을 출발하여 페르시아 만으로 들어갔으며, 곧바로 전투 공중 초계를 실시, 이라크 군의 움직임에 대비한 경계에 들어갔다. 이윽고 다른 항모들도 속속 페르시아 만에 집결, 미국을 중심으로 하여 쿠웨이트를 해방시키기 위해 결성된 다국적군의 항공 부대 및 지상 부대가 현지에 전개할 때까지 시간을 버는 임무를 수행했다.

이듬해인 1991년 1월, 이라크 군에 대한 폭격이 시작되었는데 여기에는 「사라토가」, 「케네디」, **「미드웨이」**, 「시어도어 루즈벨트」, 「아메리카」, 「레인저」, 이렇게 6척의 항모가 참가, 토마호크 순항 미사일과 스텔스기가 이라크 군의 통신 중추나 방공 시스템을 파괴한 후, 공군과 협력하여 이라크 군 부대에 대한 공격을 실시했다. 이들 항모에서는 합계 14,000기 이상이 출격했으며, 스마트 폭탄을 비롯한 정밀 유도 병기가 효과를 거둬, 야간의 대지 공격 임무에도 사용되었다. 함재기의 목표물 가운데 하나로, 대함 미사일을 장비한 이라크 해군의 함정들이 있었는데, 항모의 위협이 될 수도 있었던 이들 존재에 대하여 미군은 철저한 공격을 가했고, 80척 이상의 이라크 함정들이 격파되었다.

강습상륙함의 함재기도 폭격을 실시했다. 강습상륙함에 탑재되어 있던 AV-8B 해리어 II는 야간 대지 공격 능력을 보유하고 있지 않았으나, 조종사들에게 암시 고글을 착용시키고 주야간에 걸쳐 공격 임무를 수행했다.

또한 전후에도 이라크에 설정된 군용기의 비행 금지 구역의 경계 임무를 실시하는 등, 항모가 지닌 지속적 전력 투사 능력이 계속 빛을 발했다.

걸프 전쟁 당시의 항모의 역할

● 걸프 전쟁에 파견된 미 해군의 항모

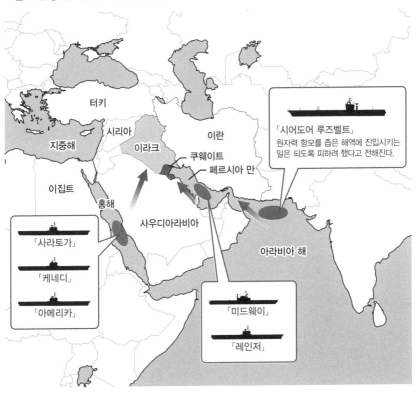

터키

시리아

지중해

이란

이라크

쿠웨이트

페르시아 만

이집트

홍해

사우디아라비아

아라비아 해

「시어도어 루즈벨트」
원자력 항모를 좁은 해역에 진입시키는
일은 되도록 피하려 했다고 전해진다.

「사라토가」

「케네디」

「아메리카」

「미드웨이」

「레인저」

● 미 해군 항모 탑재기의 진용

F-14 전투기	144
F/A-18 전투공격기	120
A-7 공격기	24
A-6E 공격기	60
E-2C 조기경보기	24
EA-6B 전자전기	24
KA-6D 공중급유기	24
	합계 420기

6개 항모 전단의 총 전력은 420기에 달한다. 이것은 항공 자위대가 보유한 작전기의 합계를 상회하는 것이며, 이후로 이상노 규모의 항모 부대가 하나의 작전을 위해 투입되는 일은 없을 지도 모른다.

1991년 1월부터 시작된 다국적군의 공습 효과는 절대적이어서, 2월 24일, 지상군의 공격이 시작되었을 때, 이라크 군은 이미 전의를 상실한 상태였다고 한다.

● 미드웨이 → 제2차 세계 대전 말기에 진수한 「미드웨이」는 장기간에 걸쳐 현역에 머물러 있었으며, 1980년대에는 일본의 요코스카를 모항으로 삼고 있기도 했다. 미 해군의 최고참 항모로 걸프 전쟁에 참전한 뒤, 1991년에 「인디펜던스」와 교대하며, 요코스카를 떠났고, 이듬해에 현역에서 물러났다.

아프가니스탄 전쟁 및 이라크 전쟁에서의 항모의 역할

미국이 '테러와의 전쟁'이라 명한 2개의 전쟁에 협력한 국가의 수는 그리 많지 않았지만, 미국은 항모를 이용하여 전쟁을 수행할 수 있었다.

●항모가 해상 기지로서 진가를 발휘하다

2001년에 발생한 동시 다발 테러, 통칭 9.11테러 이후, 미국은 테러를 실행한 알카에다와 이를 지원한 아프가니스탄의 탈레반 정권에 대하여 공격을 실시했다. 하지만 주변 지역에는 미군이 사용할 수 있는 항공 기지가 한정되어 있었기에, 미 해군은 「칼빈슨」을 비롯하여 「엔터프라이즈」, 「시어도어 루즈벨트」, 「키티호크」 등 4척의 항모를 아라비아 해에 파견, 항공 지원 임무를 수행했다. 하지만 아라비아 해에서 아프가니스탄까지의 거리는 함재기, 특히 F/A-18에 있어서 너무 멀었다. 때문에 항속거리가 긴 F-14 전투기에 폭탄을 달아 출격시키기도 했다. 원래 전투기인 F-14가 폭격 임무를 수행할 수 있었던 것은, 아프가니스탄의 방공망이 조기에 무력화되었기 때문이다. F-14는 그저 폭탄을 싣고 날아가, 목표 지점에 떨구기만 하면 그만이었던 것이다. 투하한 폭탄은 지상 부대가 목표에 조사한 레이저나 GPS의 유도에 따라 정확하게 목표를 타격했다.

또한 요코스카를 출항한 항모 「키티호크」에는, 미국 육·해·공군 및 영국군의 특수부대를 태운 헬기가 다수 탑재되어 있는 등, 특수 작전 헬기의 해상 기지라는 역할을 수행하기도 했다.

탈레반 정권을 무너뜨린 미국은 이어서 2003년, 이라크의 후세인 정권을 공격했다. 대량 파괴 무기의 보유와 테러에 대한 관여 등의 의혹이 있던 이라크의 후세인 정권에 대하여 다시 무력을 행사한 것이다. 이 이라크 전쟁의 경우, 지난 걸프 전쟁 때와는 달리 많은 수의 이슬람 국가들이 자국의 기지 사용 허가를 내주지 않았으며, 심지어는 자국 영공의 통과조차 허락하지 않는 국가까지 있을 정도였다. 이 때문에 미국은 쿠웨이트나 카타르 등에 위치한 공군 기지 외에 「컨스텔레이션」, 「해리 S. 트루먼」, 「에이브러햄 링컨」, 「시어도어 루스벨트」 등 4척의 항모를 페르시아 만에 파견했다. 그리고 이들 항모는 바그다드가 함락될 때까지 폭격으로 지상 부대의 진군을 지원했다.

아프가니스탄 전쟁 및 이라크 전쟁에서의 항모의 역할

●아프가니스탄 전쟁 및 이라크 전쟁에서의 미국 항모

주변에 미군이 이용할 항공 기지가 한정되어 있어, 해상의 항모로 보완했다.

터키
시리아
이라크
이란
아프가니스탄
파키스탄
페르시아 만
사우디아라비아
아라비아 해
홍해

▨ 미국의 군사력 행사에 협력적인 국가

❖ 항속 거리와 전투 행동반경

항공기의 성능을 나타내는 지표 가운데 하나로 「항속 거리」가 있는데, 이것은 연료의 효율을 최대한으로 살리기 위해, 최적 고도에서 최적의 속도로 비행했을 때의 거리이다. 하지만 외부 장착 연료탱크를 사용하는 것이 조건으로 되어 있다는 점도 있어 실전에서는 그다지 의미가 없는 수치상의 데이터일 뿐이나.

한편 군용기가 임무에 필요한 장비와 무기를 탑재하고, 항모나 기지를 발진하여 임무를 완수한 뒤, 원래 출발했던 항모나 기지로 귀환할 수 있는 최대 거리를 전투 행동반경이라 한다. 탑재하게 되는 무장이나 장비에 따라 달라지지만, 대략 항속거리의 1/3 정도라고 보는 것이 일반적이다. 전투 행동반경보다 훨씬 먼 거리까지 진출하여 임무를 수행해야 할 경우에는 공중급유기의 지원이 필수적이다.

아프가니스탄과 같은 내륙 지역에서 항모 함재기가 임무를 수행하는 것은 결코 쉬운 일이 아닌 것이다.

단편 지식

●**폭격 임무에 투입된 F-14** → 지상 목표를 조준하기 위한 장비를 부착하고, GPS와 연동, 또는 레이저로 유도되는 폭탄을 운용 가능하도록 개조된 톰캣. 폭탄은 동체 아랫면에 있는, 피닉스 미사일 전용 파일런에 장착되며, 개조를 통해 대지 공격 능력을 부여받은 F-14를 가리켜 「봄캣」이라 부르기도 한다.

「토모다치 작전」(Operation Tomodachi)과 미 해군

2011년 3월 11일 14시 46분, 산리쿠 연안에서 발생한 매그니튜드 9.0 규모의 대지진은, 일본의 도호쿠(東北)지방을 중심으로 미증유의 재해를 가져왔다. 이 재해에 대해, 각 지방 자치단체의 대응은 신속했다. 지진 발생으로부터 불과 수분에서 10분 후에는 자위대에 재해 파견을 요청했고, 이후 최대 10만 명의 인원이 동원되는 자위대의 구조 활동이 시작되었던 것이다. 주일 미군을 중심으로 태평양 지역에 전개되어 있던 미군 또한 사태를 파악하자마자, 구조 활동 및 인도적 지원을 개시, 12일에는 「토모다치(친구)」라는 이름으로 정식 작전명이 부여되었다.

지진 발생 당시, 한국군과의 합동 훈련을 위해 서태평양을 향해 중이었던 항모 「로널드 레이건」(이하 「레이건」)은 침로를 변경하여 급히 미야기 현 앞바다로 향했고, 13일부터는 지원 활동을 시작했다. 당시는 해일의 여파로 센다이 공항이나 마츠시마 기지가 사용할 수 없게 되는 등, 주변 지역에 고정익 항공기가 착륙할 만한 곳이 없었는데, 이에 주일 미군의 아츠기 비행장에서 「레이건」까지 C-2 그레이하운드 수송기로 물자를 운반하고, 항모 타격 전단 소속의 HH-60H 시 호크 헬기나 지원 임무를 위해 달려온 AS-332 수퍼 푸마 헬기 등이, 100t이 넘는 물과 식료품, 의복, 담요, 의약품 등을 「레이건」에서 다시 피해 지역을 향해 운반했다. 또한 피해 지역에서 활동 중이던 항공자위대나 해상보안청 소속의 헬기 일부는 「레이건」 함상에서 연료를 보급받기도 했다. 「레이건」은 재해로 인해 사용할 수 없게 된 공항이나 비행장을 대신하는 항공 거점으로, 항모 특유의 장점을 유감없이 발휘한 것이었다. 또한 함재기들의 정보 수집 능력도 지원 활동에 있어 한 몫을 했다. 정찰 포드를 탑재한 F/A-18은 피해 지역의 도로 상황의 파악이나, 고립되어 있는 주민들의 수색에서 많은 활약을 보였던 것이다.

하지만 트러블도 뒤따랐다. 13일, 「레이건」에서 후쿠시마 제1원자력발전소의 사고에 따른 영향으로 짐작되는 방사선이 검출되었으며, 다음날인 14일에는 탑재되어 있던 헬기 3기에 탑승했던 17명의 인원이 방사능에 피폭된 것이 판명되면서, 일시적으로 이탈하지 않을 수 없게 되었다. 「레이건」은 위치를 북쪽으로 옮겨 지원 활동을 재개했으나, 비행갑판과 함재기의 세정 작업을 실시할 필요가 있었다.

이후 「레이건」은 4월 4일까지 산리쿠 연안에 머물면서 지원 활동을 계속했는데, 이 동안 「레이건」의 승무원들이 모포와 스웨터 등 1,000장 이상의 구호품을 기부하기도 했다. 통상 임무에 복귀한 「레이건」은 4월 19일이 되어서야 사세보에 입항, 승무원들에게는 오랜만의 상륙 허가가 내려졌다.

또한, 말레이시아에 기항 중이던 강습상륙함 「에식스」도 소요 물자와 해병대 병력을 싣고 북상했다. 「에식스」는 항모처럼 고정익기를 사용하는 물자의 중계 임무를 수행할 수는 없었지만, 헬기의 이착륙이 가능한, 넓은 비행갑판과, 상륙주정의 발진이 가능한 웰 도크를 갖추고 있어, 하늘과 바다 양 쪽으로 물자의 운반이 가능했으며, 상륙한 해병대 병력들도 피해 지역에서 큰 활약을 했다.

미 해군은 4월 8일에 작전이 종료되기까지 130기의 항공기와, 12,000명의 인원, 16척 이상의 함정을 투입하여 구조와 인도적 지원 활동을 실시했다.

색인

228

231

참고문헌

『福井静夫著作集 軍艦七十五年回想記 第3巻 世界空母物語』 福井静夫 著／阿部安雄、戸高一成 編 光人社

『福井静夫著作集 軍艦七十五年回想記 第7巻 日本空母物語』 福井静夫 著／阿部安雄、戸高一成 編 光人社

『空母ミッドウェイ アメリカ海軍下士官の航海記』 ジロミ・スミス 著 光人社

『空母入門 動く前線基地徹底研究』 佐藤和正 著 光人社

『護衛空母入門 その誕生と運用メカニズム』 大内建二 著 光人社

『間に合った兵器 戦争を変えた知られざる主役』 徳田八郎衛 著 光人社

『グラマン戦闘機 零戦を駆逐せよ』 鈴木五郎 著 潮書房光人社

『写真集 日本の戦艦』 「丸」編集部 編 光人社

『トム・クランシーの空母（上、下）』 トム・クランシー 著／町屋俊夫 訳 東洋書林

『図解 軍艦』 高平鳴海、坂本雅之 著 新紀元社

『図解 戦闘機』 河野嘉之 著 新紀元社

『歴群［図解］マスター 航空母艦』 白石光、おちあい熊一 著 学研パブリッシング

『知られざる空母の秘密 海と空に展開する海上基地の舞台裏に迫る』 柿谷哲也 著 ソフトバンククリエイティブ

『軍用機パーフェクトbook.2』 安藤英彌、後藤仁、嶋田久典、谷井成章 著 コスミック出版

『世界の傑作機別冊 世界の空母』 坂本明 著 文林堂

『世界の傑作機別冊 アメリカ海軍機 1909-1945』 野原茂 著 文林堂

『世界の艦船別冊 世界の空母ハンドブック』 海人社

『世界の艦船増刊 アメリカ航空母艦史』 海人社

『別冊ベストカー 空母マニア！』 三推社

『アメリカ海軍「ニミッツ」級航空母艦』 イカロス出版

『日本の防衛戦略』 江畑謙介 著 ダイヤモンド社

『ミサイル事典』 小都元 著 新紀元社

『ゲームシナリオのためのミリタリー事典』 坂本雅之 著 ソフトバンククリエイティブ

『空母決戦のすべて～激突!! 日米機動部隊～』 坂本雅之、坂東真紅郎、竹内修、奈良原裕也 著 エンターブレイン

『マルタ島攻防戦』 ピーター・シャンクランド、アンソニー・ハンター 著／杉野茂 訳 朝日ソノラマ

『日本海軍空母 vs 米海軍空母 太平洋1942』 マーク・スティル 著／待兼音二郎、上西昌弘 訳 大日本絵画

『同一縮尺「世界の空母」パーフェクトガイド』 太平洋戦争研究会 著 世界文化社

『戦争のテクノロジー』 ジェイムズ・F・ダニガン 著／小川敏 訳 河出書房新社

『真相・戦艦大和ノ最期』 原勝洋 著 ベストセラーズ

『第二次大戦海戦事典』 福田誠、光栄出版部 編 光栄

『軍事学入門』 防衛大学校・防衛学研究会 編著 かや書房

『平成23年版 日本の防衛 —防衛白書—』 防衛省 著 ぎょうせい

『戦史叢書 南東方面海軍作戦〈1〉—ガ島奪回作戦開始まで—』 防衛庁防衛研修所戦史室 編 朝雲新聞社

『第二次世界大戦 全作戦図と戦況』 ピーター・ヤング 編著／戦史刊行会 編訳 白金書房

『ライフ大空への挑戦 日米航空母艦の戦い』 クラーク・G・レイノルズ 著／堀元美、小秋元龍 訳 タイムライフブックス

『続軍用機知識のABC』 イカロス出版

『「アメリカ空母」完全ガイド』 潮書房光人社

『徹底解剖！ 世界の最強海上戦闘艦』 洋泉社

『軍事研究』 ジャパン・ミリタリー・レビュー

『丸』 潮書房光人社

『世界の艦船』 海人社

『エアワールド』 エアワールド

「The Official History of the Falklands Campaign」 Lawrence Freedman (Author) Routledge

「Carrier: A Guided Tour of an Aircraft Carrier」 Tom Clancy (Author) Berkley Trade

「Conway's All the World's Fighting Ships 1922-1946」 Roger Chesneau (Author) Conway Maritime Press

「Fleet Tactics and Coastal Combat 2nd Edition」 Wayne P. Hughes (Author) Naval Institute Press

「History of United States Naval Operations in World War II: Volume III The Rising Sun in the Pacific」 Samuel Eliot Morison (Author) Little, Brown and Company

「History of United States Naval Operations in World War II: Volume XIV Victory in the Pacific」 Samuel Eliot Morison (Author) Little, Brown and Company

「Battles and Campaigns: Mapping History」 Malcolm Swanston (Author) Cartographica Press

「War in Peace: An Analysis of Warfare Since 1945」 Robert Thompson (Author) Orbis Publishing

「The Naval Institute Guide to Combat Fleets of the World, 16th Edition」 Eric Wertheim (Author) Naval Institute Press

「Naval Institute Proceedings」 Naval Institute Press

도해 항공모함

초판 1쇄 인쇄 2014년 12월 20일
초판 1쇄 발행 2014년 12월 25일

저자 : 노가미 아키토, 사카모토 마사유키
일러스트 : 후쿠치 다카코
DTP : 주식회사 메이쇼도(株式会社 明昌堂)
편집 : 주식회사 신기겐샤 편집부
번역 : 오세찬

〈한국어판〉
펴낸이 : 이동섭
편집 : 이민규
디자인 : 고미용, 이은영
영업 · 마케팅 : 송정환
e-BOOK : 홍인표
관리 : 이윤미

㈜에이케이커뮤니케이션즈
등록 1996년 7월 9일(제302-1996-00026호)
주소 : 121-842 서울시 마포구 서교동 461-29 2층
TEL : 02-702-7963~5 FAX : 02-702-7988
http://www.amusementkorea.co.kr

ISBN 978-89-6407-834-1 03390

한국어판ⓒ에이케이커뮤니케이션즈 2014

図解 空母
"ZUKAI KUUBO" written by Akito Nogami, Masayuki Sakamoto
CopyrightⓒAkito Nogami, Masayuki Sakamoto 2014 All rights reserved.
Illustrations by Takako Fukuchi 2014.
Originally published in Japan by Shinkigensha Co Ltd, Tokyo.

This Korean edition published by arrangement with Shinkigensha Co Ltd, Tokyo
in care of Tuttle-Mori Agency, Inc., Tokyo

이 도서의 국립중앙도서관 출판예정도서목록(CIP)은 서지정보유통지원시스템 홈페이지(http://seoji.nl.go.kr)와
국가자료공동목록시스템(http://www.nl.go.kr/kolisnet)에서 이용하실 수 있습니다.
(CIP제어번호: CIP2014033418)

*잘못된 책은 구입한 곳에서 무료로 바꿔드립니다.